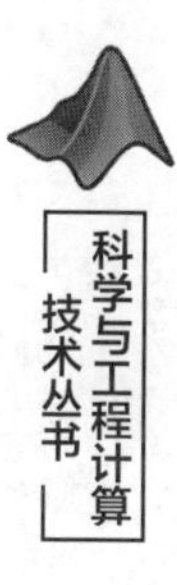

科学与工程计算技术丛书

MATLAB机器学习

邓奋发◎编著

清華大學出版社
北京

内容简介

本书以实际应用为背景，采用理论＋公式＋经典应用相结合的形式，深入浅出地介绍 MATLAB 机器学习，重点介绍各种机器学习的经典应用。全书共 12 章，主要介绍了机器学习、MATLAB 软件、数学基础知识、线性回归分析、逻辑回归分析、*K*- 均值聚类算法分析、决策树分析、主成分分析、支持向量机分析、朴素贝叶斯算法分析、随机森林算法分析、神经网络分析等内容。通过学习本书，读者能够了解机器学习在各领域中的应用，以及利用 MATLAB 实现机器学习的方便、快捷、专业性强等特点。

本书可以作为高等院校人工智能相关专业的教材，也可以作为广大科研人员、学者、工程技术人员的参考用书。

图书在版编目（CIP）数据

MATLAB 机器学习 / 邓奋发编著 . -- 北京 : 清华大学出版社 , 2025. 4.
(科学与工程计算技术丛书). -- ISBN 978-7-302-68755-9
Ⅰ. TP181
中国国家版本馆 CIP 数据核字第 202506LY90 号

策划编辑：刘　星
责任编辑：李　锦
封面设计：李召霞
责任校对：王勤勤
责任印制：丛怀宇

出版发行：清华大学出版社
网　　址：https://www.tup.com.cn，https://www.wqxuetang.com
地　　址：北京清华大学学研大厦 A 座　　**邮　　编**：100084
社 总 机：010-83470000　　**邮　　购**：010-62786544
投稿与读者服务：010-62776969，c-service@tup.tsinghua.edu.cn
质 量 反 馈：010-62772015，zhiliang@tup.tsinghua.edu.cn
课 件 下 载：https://www.tup.com.cn，010-83470236
印 装 者：三河市天利华印刷装订有限公司
经　　销：全国新华书店
开　　本：185mm×260mm　　**印　　张**：18.25　　**字　　数**：477 千字
版　　次：2025 年 5 月第 1 版　　**印　　次**：2025 年 5 月第 1 次印刷
印　　数：1 ～ 1500
定　　价：69.00 元

产品编号：109669-01

前言

PREFACE

近年来，随着计算机技术及互联网技术的发展，机器学习已经广泛应用于多个领域。未来，随着信息技术的进一步发展，机器学习技术将会更加深入地应用到生产、生活的方方面面。

机器学习技术正处于朝阳时期，现阶段对这方面人才的需求远远大于供给。机器学习发展迅猛，应用于多个领域。在自动驾驶领域，机器学习用于汽车控制系统的多方面；在金融领域，机器学习用于预测股票市场；在医疗领域，机器学习用于医疗诊断；在执法领域，机器学习用于面部识别，在面部识别的辅助下可以解决若干犯罪行为的定罪问题；在自适应控制领域，机器学习用于自适应控制系统操纵油轮。

将来，随着信息技术的发展，机器学习将会在更多的领域得到应用。

MATLAB 的主要功能主要包括：一般数值分析、矩阵运算、数字信号处理、建模和系统控制与优化等，以及集应用程序和图形于一体的集成环境，在此环境下所处理问题的 MATLAB 语言表述形式和其数学表达形式相同，无须按传统的方法编程。MATLAB 语言降低了对使用者的数学基础和计算机语言知识的要求，提高了编程效率和计算效率，还可在计算机上直接输出结果和精美的图形。

本书的目的是帮助读者利用 MATLAB 的功能来解决各种机器学习的问题，适用于每个对机器学习感兴趣的人。

编写本书具有如下特点。

1. 由浅入深，循序渐进

本书基于 MATLAB 平台介绍相关编程知识，并在 MATLAB 上利用各种机器学习算法解决实际问题，大大简化了问题并提高了解决问题的效率。

2. 内容新颖，应用全面

本书将理论与实践相结合，结合机器学习算法的使用经验和实际领域应用问题，介绍机器学习算法的原理及其 MATLAB 实现方法。

3. 轻松易学，方便快捷

本书给出了大量典型的应用实例，在讲解过程中辅以相应的图片，使读者在阅读时一目了然，从而轻松、快速掌握书中的内容，提高学习效率。

全书共 12 章，主要包括如下内容。

第 1 章介绍机器学习，主要包括机器学习的分类、选择正确的算法、常用的机器学习算法、机器学习的应用领域等内容。

第 2 章介绍 MATLAB 软件，主要包括 MATLAB 数据类型、MATLAB 作图等内容。

第 3 章介绍数学基础知识，主要包括矩阵的微分、向量和矩阵积分、特征值分解和奇异值分解、最优化方法等内容。

第 4 章介绍线性回归分析，主要包括线性回归模型、多元线性回归、广义线性模型、多重共线性、其他线性回归等内容。

第 5 章介绍逻辑回归分析，主要包括逻辑回归概述、模型表达式、损失函数、模型求解、逻辑回归的应用等内容。

第 6 章介绍 *K*- 均值聚类算法分析，主要包括 *K*- 均值聚类算法概述、*K*- 均值聚类算法实现、*K*- 均值聚类改进算法等内容。

第 7 章介绍决策树分析，主要包括决策树的简介、决策树的原理、3 种算法的对比、剪树处理、决策树的特点、决策树的函数、决策树的应用等内容。

第 8 章介绍主成分分析，主要包括降维方法、进行 PCA 的原因、PCA 数学原理、PCA 涉及的主要问题、PCA 的优化目标、PCA 的求解步骤、PCA 的优缺点与应用场景，PCA 相关函数、偏最小二乘回归和主成分回归等内容。

第 9 章介绍支持向量机分析，主要包括线性分类、硬间隔、支持向量机的相关函数、用于二类分类的支持向量机等内容。

第 10 章介绍朴素贝叶斯算法分析，主要包括贝叶斯公式、朴素贝叶斯算法的原理、朴素贝叶斯常用模型、拉普拉斯平滑、朴素贝叶斯算法的优缺点、朴素贝叶斯算法的创建函数、朴素贝叶斯算法的实现等内容。

第 11 章介绍随机森林算法分析，主要包括集成学习、集成学习的常见算法、随机森林算法等内容。

第 12 章介绍神经网络分析，主要包括神经网络的概述、卷积神经网络、循环神经网络等内容。

全书实用性强，应用范围广，可作为广大在校本科生和研究生的学习用书，也可以作为广大科研人员、学者、工程技术人员的参考用书。

本书主要由佛山大学邓奋发编写。

【配套资源】

本书提供教学课件、程序代码等配套资源，可以在清华大学出版社官方网站本书页面下载，或者扫描封底的“书圈”二维码在公众号下载。

由于时间仓促，加之编者水平有限，书中疏漏之处在所难免。在此，诚恳地期望得到各领域的专家和广大读者的批评指正。

编者

2025 年 1 月

目录

CONTENTS

第 1 章

CHAPTER 1

机器学习

机器学习（Machine Learning，ML）是一门多领域交叉学科，它涉及概率论、统计学、计算机科学等学科。机器学习的概念就是输入海量训练数据对模型进行训练，使模型掌握数据所蕴含的潜在规律，进而对新输入的数据进行准确的分类或预测。机器学习流程如图 1-1 所示。

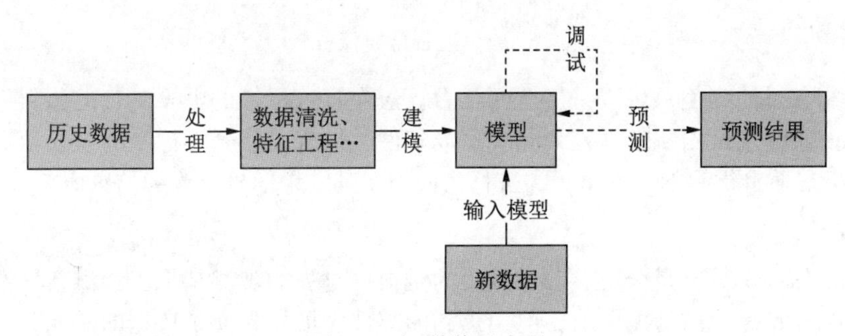

图 1-1　机器学习流程

1.1　机器学习的分类

根据数据类型的不同，对一个问题的建模有不同的方式。在机器学习或者人工智能领域，人们首先会考虑算法的学习方式，将算法按照学习方式分类，可以让人们在建模和算法选择时考虑能根据输入数据来选择最合适的算法获得最好的结果。图 1-2 为监督学习、无监督学习及强化学习的实际应用领域。

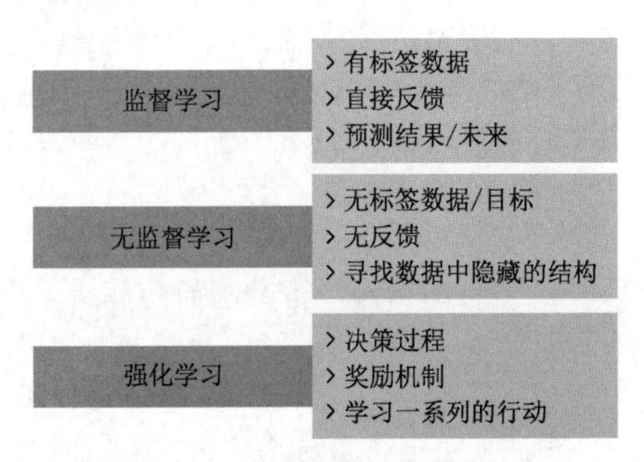

图 1-2　三种机器学习的应用领域

1.1.1 用监督学习预测未来

监督学习目标是从有标签的训练数据中学习模型，以便对未知或未来的数据作出预测。一个典型的监督学习流程如图 1-3 所示，先为机器学习算法对打过标签的训练数据提供拟合预测模型，然后用该模型对未打过标签的新数据进行预测。

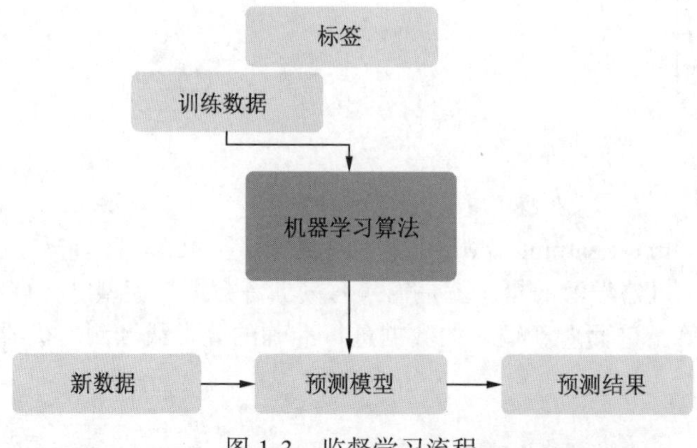

图 1-3　监督学习流程

以垃圾邮件过滤为例，可以采用监督学习算法在打过标签的电子邮件的语料库上训练模型，然后用该模型来预测新邮件是否属于垃圾邮件。带有离散分类标签的监督学习任务也被称为分类任务。监督学习的另一个子类被称为回归，其结果信号是连续的数值。

1. 分类

监督学习的一个分支是分类，分类的目的是根据过去的观测结果来预测新样本的分类标签。这些分类标签是离散的无序值。前面提到的邮件垃圾检测就是典型的二元分类任务，机器学习算法学习规则用于区分垃圾邮件和非垃圾邮件。

接下来将通过 30 个训练样本介绍二元分类任务（见图 1-4）的概念。30 个训练样本中有 15 个标签为负类（–），15 个标签为正类（+）。该数据集是二维的，这说明每个样本都与 x_1 和 x_2 的值相关，即可通过监督学习算法来学习一个规则：用一条虚线来表示决策边界，用于区分两类数据，并根据 x_1 和 x_2 的值为新数据分类。

值得注意的是，类标签集并不都是二元的，经过监督学习算法学习所获得的预测模型可以将训练数据集中出现过的任何维度的类标签分配给，还未打标签的新样本。手写字符识别是多元分类任务的典型实例。首先，收集包含字母表中所有字母的多个手写实例所形成的训练数据集。字母（A、B、C 等）代表要预测的不同的无序类别或类标签。然后，当用户通过输入设备提供新的手写字符时，预测模型能够以某一准确率将其识别为字母表中的正确字母。然而，该机器学习系统却无法正确地识别 0 到 9 的任何数字，因为它们并不是训练数据集中的一部分。

2. 回归

第二类监督学习是对连续结果的预测，也称为回归分析。回归分析包括一些预测（解释）变量和一个连续的响应变量（结果），用于寻找那些变量之间的关系，从而能够预测结果。

注意，机器学习领域的预测变量通常被称为“特征”，而响应变量通常被称为“目标变量”。

图 1-5 为线性回归图，给定特征变量 x 和目标变量 y，对数据进行线性拟合，最小化样本点和拟合线之间的距离（常用距离为平均平方距离）。

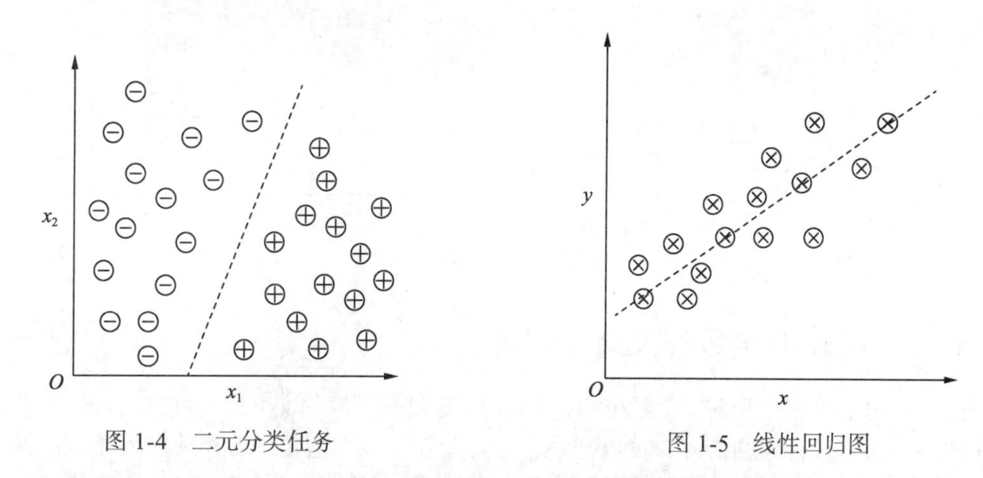

图 1-4　二元分类任务　　图 1-5　线性回归图

这时可以用从该数据中学习到的截距和斜率来预测新数据的目标变量。

1.1.2　用无监督学习发现隐藏结构

监督学习训练模型时，事先知道正确的答案。但是无监督学习处理的是无标签或结构未知的数据。用无监督学习技术，可以在没有已知结果变量或奖励函数的指导下，探索数据结构来提取有意义的信息。

1. 寻找子群

聚类是探索性的数据分析技术，可以在事先不了解成员关系的情况下，将信息分成有意义的子群（集群）。在分析过程中为出现的每个集群定义一组对象，集群的成员之间具有一定程度的相似性，但与其他集群中对象的差异性较大，这就是为什么聚类有时也被称为无监督分类。

聚类是一种构造信息和从数据中推导出有意义关系的有用技术，图 1-6 解释了如何应用聚类把无标签数据根据 x_1 和 x_2 的相似性分成三组。

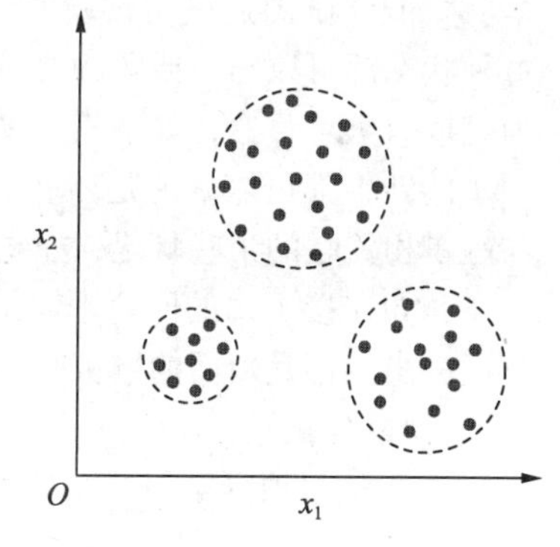

图 1-6　聚类分析法

2. 压缩数据

无监督学习的另一个常用子类是降维，我们经常要面对高维数据，然而，高维数据的每个观察通常都伴随着大量的测量数据，这对有限的存储空间和机器学习算法的计算性能提出了挑战。

无监督降维是特征预处理中一种常用的数据去噪方法，它不仅可以降低某些算法对预测性能的要求，还可以在保留大部分相关信息的同时将数据压缩到较小维数的子空间上。有时降维有利于数据的可视化，如为了通过二维散点图、三维散点图或直方图实现数据的可视化，可以把高维特征数据集映射到一维、二维或三维特征空间。图 1-7 展示了一个采用非线性降维将三维特征空间压缩成新的二维特征子空间的实例。

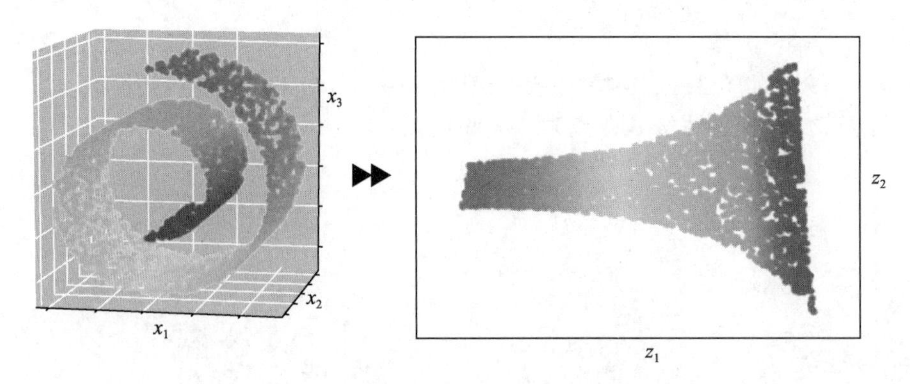

图 1-7　非线性降维效果

1.1.3　用强化学习解决交互问题

强化学习的目标是开发一个系统（智能体），通过与环境的交互来提高其性能。当前环境状态的信息通常包含奖励信号，可以把强化学习看作一个与监督学习相关的领域。但强化学习的反馈并非标定过的正确标签或数值，而是奖励函数对行动度量的结果。智能体可以与环境交互完成强化学习，并通过探索性的试错或深思熟虑的规划来最大化这种奖励。

强化学习的常见实例是国际象棋。智能体根据棋盘的状态或环境来决定一系列的行动，奖励定义为比赛的输或赢，如图 1-8 所示。

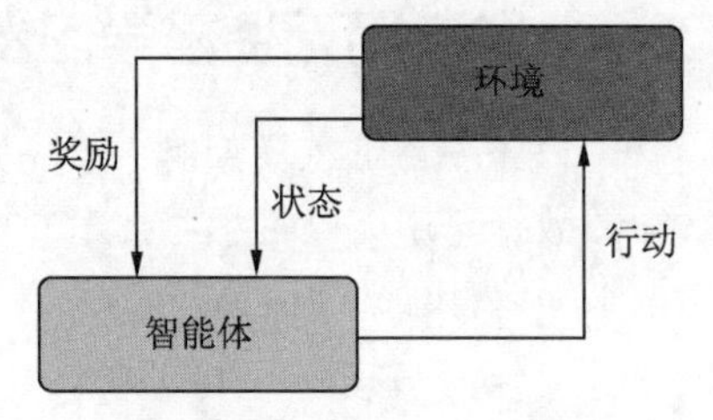

图 1-8　强化学习过程

强化学习有多种不同的子类，然而，一般模式是强化学习智能体试图通过与环境的一系列交互来最大化奖励。每种状态都可以与正或负的奖励相关联，奖励可以被定义为完成一个总目标，如赢棋或输棋。例如，国际象棋每走一步的结果都可以认为是环境的一个不同状态。为进一步探索国际象棋的实例，观察棋盘上与赢棋相关联的某些状况，如吃掉对手的棋子或威胁“皇后”。也注意棋盘上与输棋相关联的状态，如在接下来的回合中输给对手一个棋子。下棋只有到了结束时才会得到奖励（无论是正面的赢棋还是负面的输棋）。另外，最终的奖励取决于对手的表现，如对手可能牺牲了“皇后”，但最终赢棋了。

强化学习根据学习一系列的行动来最大化总体奖励，这些奖励可能即时获得，也可能延后获得。

1.1.4　分类和回归术语

分类和回归都包含很多专业术语，这些术语在机器学习领域都有确切的定义。

（1）样本（sample）或输入（input）：进入模型输出的数据点。

（2）目标（target）：真实值，对于外部数据源，理想情况下，模型应该能够预测出目标。

（3）预测（prediction）或输出（output）：从模型出来的结果。

（4）预测误差（prediction error）或损失值（loss value）：模型预测与目标之间的距离。

（5）标签（label）：分类问题中类别标注的具体例子。例如，如果 abcd 号图像被标注为包含类别“狗”，那么“狗”就是 abcd 号图像的标签。

（6）类别（class）：分类问题中供选择的一组标签。例如，对猫狗图像进行分类时，“狗”

和“猫”就是两个类别。

（7）真值（ground-truth）或标注（annotation）：数据集的所有目标，通常由人工收集。

（8）二分类（binary classification）：一种分类任务，每个输入样本都应被划分到两个互斥的类别中。

（9）多分类（multi classification）：一种分类任务，每个输入样本都应被划分到两个以上的类别中，如手写数字分类。

（10）多标签分类（multilabel classification）：一种分类任务，每个输入样本都可以分配多个标签。例如，如果一幅图像中可能既有猫又有狗，那么应该同时分配“猫”标签和“狗”标签。每幅图像的标签个数通常是可变的。

（11）标量回归（scalar regression）：目标是连续标量值的任务。预测房价就是一个很好的例子，不同的目标价格形成一个连续的空间。

（12）向量回归（vector regression）：目标是一组连续值（如一个连续向量）的任务。如果对多个值（如图像边界框的坐标）进行回归，那就是向量回归。

（13）小批量（mini-batch）或批量（batch）：模型同时处理的一小部分样本，样本数通常取 2 的幂次方（通常为 8 ~ 128），这样便于 GPU 上的内存分配。训练时，小批量用来为模型权重计算一次梯度下降更新。

1.2 选择正确的算法

有些问题非常具体，需要采取独特的方法。例如，如果使用推荐系统，这是一种常见的机器学习算法，解决的是非常具体的问题。而其他问题非常开放，则需要采用试错的方法去解决。监督学习、分类和回归都是非常开放的，它们可以用于异常检测，或者用来打造更通用的预测模型。有几个因素会影响机器学习选择正确的算法。可通过以下几方面缩小选择机器学习算法的范围。

1. 数据科学过程

在开始审视不同的机器学习算法前，必须对数据、面临的问题和局限有一个清晰的认识。

2. 了解对象数据

在决定使用哪种算法时，必须考虑数据的类型。一些算法只需要少量样本，另一些则需要大量样本，或某些算法只能处理特定类型的数据。例如，朴素贝叶斯算法与分类数据相得益彰，但对缺失数据完全不敏感。

因此，需要做到以下几点。

（1）了解数据。

首先，需要查看汇总统计信息和可视化，原因在于：

① 百分位数可以帮助确定大部分数据的范围；

② 平均值和中位数可以描述集中趋势；

③ 相关性可以指明紧密的关系。

其次，可视化数据，原因在于：

① 箱形图可以识别异常值；

② 密度图和直方图显示数据的分布；

③ 散点图可以描述双变量关系。

（2）清理数据。

清理数据的过程如下。

① 处理缺失数据。缺失数据对一些模型的影响很大，即便是能够处理缺失数据的模型，也可能受到影响（某些变量的缺失数据会导致糟糕的预测）。

② 选择如何处理异常值。异常值在多维数据中非常常见。一些模型对异常值的敏感性低于其他模型。通常，树模型对异常值的存在不太敏感。但是，回归模型或任何尝试使用等式的模型肯定会受到异常值的影响。异常值可能是数据收集不正确的结果，也可能是真实的极端值。

（3）增强数据。

增强数据可通过以下过程进行。

① 特征工程是从原始数据到建模可用数据的过程，这有几个目的：

- 使模型更易于解释（如分箱）；
- 抓取更复杂的关系（如神经网络）；
- 减少数据冗余和维度（如主成分分析）；
- 重新缩放变量（如标准化或正则化）。

② 不同的模型可能对特征工程有不同的要求。可根据输入数据或输出数据对问题进行归类。

第一步，按输入数据分类。

- 如果是标签数据，那就是监督学习问题；
- 如果是无标签数据，想找到结构，那就是非监督学习问题；
- 如果想通过与环境互动来优化一个目标函数，那就是强化学习问题。

第二步，按输出数据分类。

- 如果是一个数字，那就是回归问题；
- 如果是一个类，那就是分类问题；
- 如果是一组输入数据，那就是聚类问题；
- 如果想检测一个异常，那就是异常检测。

影响模型选择的因素包括：

- 模型是否符合商业目标；
- 模型需要多大程度的预处理；
- 模型的准确性；
- 模型的可解释性；
- 模型的速度，即建立模型需要多久、模型作出预测需要多久；
- 模型的扩展性。

影响算法选择的一个重要标准是模型的复杂性。一般来说，更复杂的模型：

- 需要更多的特征来学习和预测（如使用 10 个特征来预测一个目标）；
- 需要更复杂的特征工程（如使用多项式项、交互关系或主成分）；
- 需要更大的计算开销（如由 100 棵决策树组成的随机森林）。

此外，同一种机器学习算法会因为参数的数量或者对某些超参数的选择而变得更加复杂。例如：

- 一个回归模型可能拥有更多的特征或者多项式项和交互项；
- 一棵决策树可能拥有更大或更小的深度。

1.3　常用的机器学习算法

常用的机器学习算法主要包括以下几大类。

1. 线性回归

线性回归可能是最简单的机器学习算法。当想计算某个连续值时，可以使用回归算法，而分类算法的输出数据是类。所以，每当要预测一个正在进行的过程的某个未来值时，可以使用回归算法。但线性回归在特征冗余（也就是存在多重共线性）的情况下会不稳定。

线性回归的几个典型应用实例：预测特定产品在下个月的销量；预测血液酒精含量对身体协调性的影响；预测每月礼品卡销量和改善每年收入预期。

2. 逻辑回归

逻辑回归进行二元分类，所以输出数据是二元的。这种算法把非线性函数（Sigmoid）应用于特征的线性组合，所以它是一个非常小的神经网络实例。

逻辑回归提供了模型正则化的很多方法，与决策树和支持向量机相比，逻辑回归提供了出色的概率解释，能轻易地用新数据来更新模型。如果想建立一个概率框架，或者希望以后将更多的训练数据迅速整合到模型中，可以使用逻辑回归。

下面为逻辑回归的几个应用实例：预测客户流失；信用评分和欺诈检测；衡量营销活动的效果。

3. 决策树

人们很少使用单一的决策树，但与其他很多决策树结合起来，就能变成非常有效的算法，如随机森林和梯度提升树。

决策树的优点是：可以轻松地处理特征的交互关系，并且是非参数化的。其缺点是：不支持在线学习，所以在新样本到来时，必须重建决策树；容易过拟合，但随机森林和梯度提升树等集成方法可以克服这一缺点；占用很多内存（特征越多，决策树就可能越深、越大）。

决策树是帮助人们几个行动方案之间作出选择的出色工具，主要应用有：投资决策；客户流失；银行贷款违约人；自建与购买决策；销售线索资质。

4. *K*-Means（*K*- 均值）

聚类任务是并不知道任何标签，但目标是根据对象的特征赋予标签。聚类算法的一个实例是根据某些共同属性，将一大群用户分组。

如果在问题陈述中，存在“这是如何组织的”等疑问，或者要求将某物分组或聚焦特定的组，那么应该采用聚类算法。

K-Means 的最大缺点在于必须事先知道数据中将有多少个簇。因此，这可能需要进行很多的尝试，来“猜测”簇的最佳 *K* 值。

5. 主成分分析

主成分分析（Principal Component Analysis，PCA）能降维。有时，数据的特征很广泛，可能彼此高度相关，在数据量大的情况下，模型容易过拟合，这时可以使用 PCA。PCA 大受欢迎的一个关键在于除了样本的低维表示以外，它还提供了变量的同步低维表示。同步的样本和变量表示提供了以可视方式寻找一组样本的特征变量。

6. 支持向量机

支持向量机（Support Vector Machine，SVM）是一种监督学习方法，广泛用于模式识别和分类问题（前提是数据只有两类）。

SVM 的优点是精度高，对避免过拟合有很好的理论保障，而且只要有了适当的核函数，哪怕数据在基本特征空间中不是线性可分的，SVM 也能运行良好。在解决高维空间是常态的文本分类问题时，SVM 特别受欢迎。SVM 的缺点是消耗大量内存、难以解释和不易调参。

SVM 在现实中的几个应用：探测常见疾病（如糖尿病）患者；手写文字识别；文本分类——按话题划分新闻报道；股价预测。

7. 朴素贝叶斯

朴素贝叶斯是一种基于贝叶斯定理的分类方法，构建容易，对大数据集特别有用。该方法相对简单，分类效果却比某些高度复杂的分类方法要好。在 CPU 和内存资源是限制因素的情况下，朴素贝叶斯是很好的选择。

朴素贝叶斯算法十分简单，只需要做些算术运算即可。如果朴素贝叶斯关于条件独立的假设确实成立，那么朴素贝叶斯分类器将比逻辑回归等判别模型更快地收敛，因此需要的训练数据更少。即使假设不成立，朴素贝叶斯分类器在实践中仍然常常表现较好。如果需要的是快速简单且表现出色的方法，朴素贝叶斯将是不错的选择。其主要缺点是学习不了特征间的交互关系。

朴素贝叶斯在现实中的几个应用：情感分析和文本分类；推荐系统，如 Netflix 和亚马逊；把电子邮件标记为垃圾邮件或者非垃圾邮件；面部识别。

8. 随机森林算法

随机森林算法包含多棵决策树，它能解决拥有大数据集的回归和分类问题，还有助于从众多的输入变量中识别最重要的变量。但随机森林算法的学习速度可能很慢（取决于参数化），而且不可能迭代地改进生成模型。随机森林算法可用于预测制造业的零件故障、预测贷款违约人等。

9. 神经网络

神经网络包含神经元之间的连接权重。权重是平衡的，在学习数据点后继续学习数据点。所有权重被训练后，神经网络可以用来预测类或者量，如果发生了一个新的输入数据点的回归，用神经网络可以训练极其复杂的模型，再加上“深度方法”，即便是更加不可预测的模型也能被用来实现新的可能性。例如，利用深度神经网络，对象识别近期取得巨大进步。神经网络可以应用于非监督学习任务，如特征提取，深度学习还能从原始图像或语音中提取特征，不需要太多的人类干预。

但是，神经网络非常难以解释说明，参数化极其令人头疼，而且非常耗费资源和内存。

1.4 机器学习的应用领域

机器学习作为一种强大的人工智能技术，已经在多个领域得到广泛应用。以下为机器学习的几个主要应用领域。

1. 数据分析

机器学习在数据分析中的应用非常广泛，数据分析是一个三重过程，涉及从不同来源收集数据、以全面的方式呈现数据（即可视化）及应用机器学习算法来确保过程的效率和准确性。

2. 金融风险管理

机器学习在金融领域的应用越来越重要，特别是在风险管理方面。此外，机器学习和预测分析还被用于股票市场预测、市场研究和欺诈预防。由于网络欺诈活动大多是自动算法帮助完成的，机器学习和预测分析赋予了洞察欺诈活动的能力，并可以提供完整的犯罪情况。

3. 预测与推荐系统

机器学习在预测和推荐系统中也有广泛的应用，机器学习可以根据用户的偏好、意图和行为来做出相关内容的假设，实现服务个性化，从而提高用户对服务的参与度和整个用户体验的有效性和充实感。

4. 医疗健康

机器学习在医疗领域有着广泛的应用，包括医疗图像分析、疾病预测、药物发现等。例如，机器学习可以帮助识别无症状的左心室功能障碍，这是心力衰竭的前兆。

5. 自动驾驶

机器学习可以应用于自动驾驶技术，如图像识别和预测等。通过机器学习，自动驾驶车辆可以实现对周围环境的准确识别和理解，从而实现安全、高效的自动驾驶。

6. 工业生产

机器学习在工业生产中可以用于设备故障预测、优化生产流程、质量控制等。通过实时分析传感器数据，机器学习可以帮助企业实现设备预测性维护，提高生产效率并降低成本。

7. 决策支持与智能分析

机器学习在决策支持系统中可以帮助分析大量数据，辅助决策制定。基于数据的决策可以更加准确和有据可依。此外，机器学习还可以用于图像识别与计算机视觉，使计算机能够理解和解释图像，这在许多领域非常有价值。

以上只是机器学习部分应用领域的一小部分例子，随着技术的不断进步，机器学习在多个领域的应用将继续扩展和深化。通过机器学习，人们可以更好地理解和预测未来的趋势，为社会创造更大的效益。

第2章 CHAPTER 2 MATLAB软件

数以百万计的工程师和科学家都在使用 MATLAB 分析和设计改变着世界的系统和产品。基于矩阵的 MATLAB 语言是世界上表示计算数学最自然的方式。可以使用内置图形可视化数据和深入了解数据。

2.1 MATLAB 数据类型

MATLAB 是“matrix laboratory”的缩写形式。MATLAB 主要用于处理整个的矩阵和数组，而其他编程语言大多逐个处理数值。

2.1.1 矩阵

在默认情况下，MATLAB 中的所有变量都是双精度矩阵，不需要显式声明变量类型。矩阵可以是多维的，通过在圆括号中使用基于 1 的索引访问。可以使用单个索引，按列方式或每个维度一个索引的方式来寻址矩阵元素。要创建一个矩阵变量，只需为其分配值即可，创建 2×2 矩阵 a 的示例代码如下。

```
>> a=[1,4;5 7]
a =
     1     4
     5     7
>> a(1,1)
ans =
     1
>> a(4)
ans =
     7
```

可以简单地对没有特殊语法定义的矩阵进行加、减、乘、除等运算，矩阵必须符合所请求的线性代数运算的正确大小。使用单引号后缀 ' 表示转置，而矩阵幂运算使用运算符 ^。

```
>> a'
ans =
     1     5
     4     7
>> b=a'*a
```

```
b =
    26    39
    39    65
>> c=a^2
c =
    21    32
    40    69
>> d=b+c
d =
    47    71
    79   134
```

在默认情况下，每个变量都属于数值变量。可以使用 zeros、ones、eye、rand 等函数将矩阵初始化为给定数值，它们分别为 0 矩阵、1 矩阵、单位矩阵（对角线全为 1）、随机数矩阵。使用 isnumeric 函数来识别数值变量，各函数的相应说明如下。

（1）zeros：将矩阵初始化为 0 矩阵。

（2）ones：将矩阵初始化为 1 矩阵。

（3）eye：将矩阵初始化为单位矩阵。

（4）rand、randn：将矩阵初始化为随机数矩阵。

（5）isnumeric：判断是否为数值类型的矩阵。

（6）isscalar：判断是否为标量值（即 1 × 1 矩阵）。

（7）size：返回矩阵大小。

2.1.2　元胞数组

元胞数组是 MATLAB 独有的一种变量类型，它实际上是一个列表容器，可以在数组元素中存储任何类型的变量。就像矩阵一样，元胞数组可以是多维的，并且在许多代码运行环境中都非常有用。

过去建议用元胞数组处理文本和不同类型的表格数据，如电子表格中的数据。现在建议用 string 数组存储文本数据，用 table 存储表格数据。而对于异构数据，最适合用元胞数组，这种数据最适合在数组中按位置引用。

可使用 {} 运算符或 cell 函数创建元胞数组。当将数据放入元胞数组时，使用元胞数组构造运算符 {}。

```
>> C = {1,2,3;
    'text',rand(5,10,2),{11; 22; 33}}
C =
  2×3 cell 数组
    {[   1]}    {[              2]}    {[      3]}
    {'text'}    {5×10×2 double}     {3×1 cell}
```

与所有 MATLAB 数组一样，元胞数组也是矩阵，每一行中具有相同的元胞数。C 是一个 2 × 3 元胞数组。可以使用 {} 运算符创建一个空的 0 × 0 元胞数组。

```
>> C2={}
C2 =
空的 0×0 cell 数组
```

当要随时间推移或以循环方式向元胞数组添加值时，可先使用 cell 函数创建一个空数组，这种方法会为元胞数组的头部预分配内存，每个元胞包含一个空数组 []。

```
>> C3=cell(3,4)
C3 =
  3×4 cell 数组
    {0×0 double}    {0×0 double}    {0×0 double}    {0×0 double}
    {0×0 double}    {0×0 double}    {0×0 double}    {0×0 double}
    {0×0 double}    {0×0 double}    {0×0 double}    {0×0 double}
```

要对特定元胞数组进行读取或写入，可将索引括在花括号中。例如，用随机数据数组填充 C3。根据数组在元胞数组中的位置更改数组大小。

```
>> for row = 1:3
   for col = 1:4
      C3{row,col} = rand(row*10,col*10);
   end
end
C3
C3 =
  3×4 cell 数组
    {10×10 double}    {10×20 double}    {10×30 double}    {10×40 double}
    {20×10 double}    {20×20 double}    {20×30 double}    {20×40 double}
    {30×10 double}    {30×20 double}    {30×30 double}    {30×40 double}
```

元胞数组对于字符串集特别有用，许多 MATLAB 字符串搜索函数针对元胞数组（如 strcmp）进行了优化，使用 iseell 来判断变量是否为元胞数组，使用 deal 来操作结构数组和元胞数组的内容，常用函数说明如下。

（1）cell：初始化元胞数组。

（2）cellstr：从字符数组中生成元胞数组。

（3）iscell：判断是否为元胞数组。

（4）iscellstr：判断元胞数组中是否只包含字符串。

（5）celldisp：递归显示元胞数组的内容。

2.1.3 结构体

当有要按名称组织的数据时，可以使用结构体来存储这些数据。结构体将数据存储在名为字段的容器中，然后可以按指定的名称访问这些字段。使用圆点表示法创建、分配和访问结构体字段中的数据。如果存储在字段中的值是数组，则可以使用数组索引来访问数组的元素。当将多个结构体存储为一个结构体数组时，可以使用数组索引和圆点表示法来访问单个结构体及其字段。

1. 创建标量结构体

创建一个名为 patient 的结构体，其中包含存储患者数据的字段。图 2-1 显示该结构体如何存储数据。像 patient 这样的结构体也被称为标量结构体，因为该变

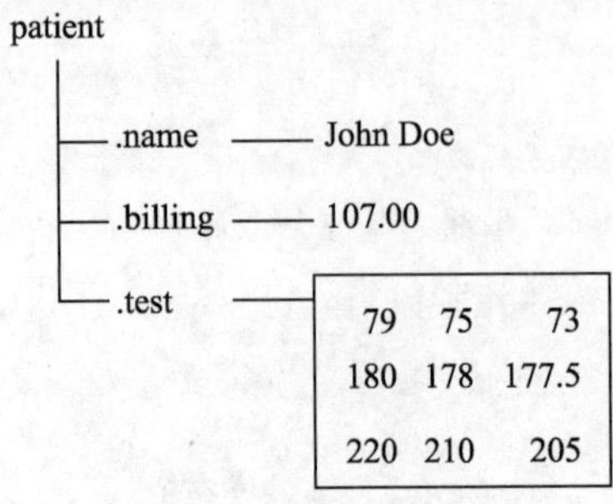

图 2-1 patient 的结构体

量只存储一个结构体。

使用圆点表示法添加字段 name、billing 和 test，为每个字段分配数据。在实例中，语法 patient.name 创建结构体及其第一个字段。

```
>> patient.name = 'John Doe';
patient.billing = 107.00;
patient.test = [79 75 73; 180 178 177.5; 220 210 205]
patient =
包含以下字段的 struct:
       name: 'John Doe'
    billing: 107
       test: [3×3 double]
```

2. 访问字段中的值

创建字段后，可以继续使用圆点表示法来访问和更改它存储的值。例如，更改 billing 字段的值。

```
>> patient.billing = 502.00
patient =
包含以下字段的 struct:
       name: 'John Doe'
    billing: 502
       test: [3×3 double]
```

3. 对非标量结构体数组进行索引

结构体数组可以是非标量的。可以创建任意大小的结构体数组，只要数组中的每个结构体都有相同的字段即可。

例如，向 patients 添加第二个结构体，其中包含第二个患者的有关数据。此外，将原始值 107 赋给第一个结构体的 billing 字段。由于该数组现在有两个结构体，必须通过索引来访问第一个结构体，如 patient(1).billing = 107.00 所示。

```
>> patient(2).name = 'Ann Lane';
patient(2).billing = 28.50;
patient(2).test = [68 70 68; 118 118 119; 172 170 169];
patient(1).billing = 107.00
patient =
包含以下字段的 1×2 struct 数组：
    name
    billing
    test
```

因此，patient 是 1×2 结构体数组，其内容如图 2-2 所示。

数组中的每条患者记录都是 struct 类的结构体。由结构体构成的数组有时可称为结构体数组。与其他 MATLAB 数组类似，结构体数组可以具有任意维度，其具有下列属性。

（1）数组中的所有结构体都具有相同数目的字段。

（2）所有结构体都具有相同的字段名称。

（3）不同结构体中的同名字段可包含不同类型或大小的数据。

（4）如果向数组中添加新结构体而未指定其所有字段，则未指定的字段包含空数组。

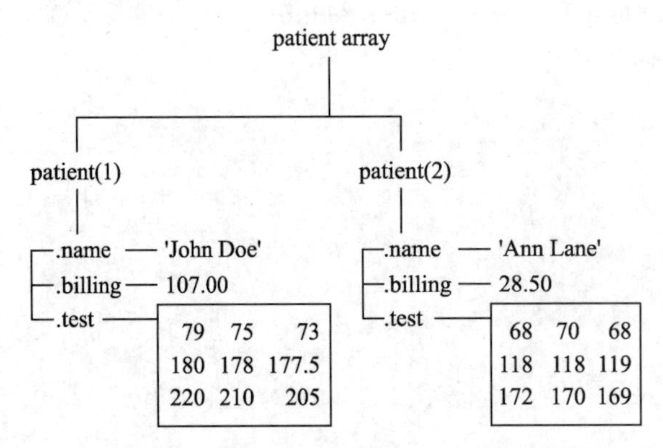

图 2-2 添加新内容后的 patient 结构体

```
>> patient(3).name = 'New Name';
patient(3)
ans =
包含以下字段的 struct:
       name: 'New Name'
    billing: []
       test: []
```

要对结构体数组进行索引，可使用数组索引。例如，patient(2) 返回第二个结构体：

```
>> patient(2)
ans =
包含以下字段的 struct:
       name: 'Ann Lane'
    billing: 28.5000
       test: [3×3 double]
```

要访问字段，可使用数组索引和圆点表示法。例如，返回第二个患者的 billing 字段的值。

```
>> patient(2).billing
ans =
28.5000
```

2.1.4 数据存储

1. 什么是数据存储

数据存储相当于一个存储库，用来存储具有相同结构和格式的数据。例如，数据存储中每个文件包含的数据必须具有相同的类型（如数字或文本）、以相同顺序显示并用相同的分隔符分隔。

在以下两种情况下，数据存储很有用。

（1）集合中的每个文件可能太大，无法放入内存中。数据存储允许从每个文件可放入内存的较小部分中读取和分析数据。

（2）集合中的文件具有任意名称。数据存储充当一个或多个文件夹中文件的存储库，这些文件不需要具有序列名称。

可根据数据或应用程序的类型来创建数据存储。不同类型的数据存储包含与其支持的数据类型相关的属性，如表 2-1 所示。

表 2-1　数据存储类型

文件或数据的类型	数据存储类型
包含列向数据的文本文件，包括 CSV 文件	TabularTextDatastore
图像文件，包括 imread 支持的格式，如 JPEG 和 PNG	ImageDatastore
具有支持的 Excel 格式（如 .xlsx）的电子表格文件	SpreadsheetDatastore
作为 mapreduce 的输入或输出的键 - 值对组数据	KeyValueDataStore
包含列向数据的 Parquet 文件	ParquetDatastore
自定义文件格式。需要提供用于读取数据的函数	FileDatastore
用于存放 tall 数组的检查点的数据存储	TallDatatore

2. 创建和读取数据存储

使用 tabularTextDatastore 函数从实例文件 airlinesmall.csv 创建一个数据存储，其中包含有关各航空公司航班的出发和到达信息。结果是一个 TabularTextDatastore 对象。

```
>> s = tabularTextDatastore('airlinesmall.csv')
s =
  TabularTextDatastore - 属性 :
                    Files: { ' ...\MATLAB\SupportPackages\R2023b\
examples\matlab\data\airlinesmall.csv'}
                  Folders: {                             'C:\
ProgramData\MATLAB\SupportPackages\R2023b\examples\matlab\data'
                           }
             FileEncoding: 'UTF-8'
   AlternateFileSystemRoots: {}
       VariableNamingRule: 'modify'
        ReadVariableNames: true
            VariableNames: {'Year', 'Month', 'DayofMonth' ... and 26
more}
           DatetimeLocale: en_US
```

文本格式属性：

```
           NumHeaderLines: 0
                Delimiter: ','
             RowDelimiter: '\r\n'
           TreatAsMissing: ''
             MissingValue: NaN
```

高级文本格式属性：

```
          TextscanFormats: {'%f', '%f', '%f' ... and 26 more}
                 TextType: 'char'
       ExponentCharacters: 'eEdD'
             CommentStyle: ''
```

```
              Whitespace: ' \b\t'
   MultipleDelimitersAsOne: false
```

控制 preview、read、readall 返回表的属性：

```
      SelectedVariableNames: {'Year', 'Month', 'DayofMonth' ... and 26
more}
            SelectedFormats: {'%f', '%f', '%f' ... and 26 more}
                   ReadSize: 20000 行
                 OutputType: 'table'
                   RowTimes: []
```

特定于写入的属性：

```
      SupportedOutputFormats: ["txt"   "csv"   "xlsx"   "xls"   "parquet"
"parq"]
         DefaultOutputFormat: "txt"
```

创建数据存储后，可以预览数据而无须将其全部加载到内存中。可以使用 SelectedVariableNames 属性指定相关变量（列），以预览或只读这些变量，效果如图 2-3 所示。

A	B	C	D	E	F	G	H	I	J	K	L	
					airlinesmall							
Year	Month	DayofMo...	DayOfWeek	DepTime	CRSDepTi...	ArrTime	CRSArrTime	UniqueCar...	FlightNum	TailNum	ActualElap...	CR
数值	数值	数值	数值	数值	数值	数值	数值	分类	数值	分类	数值	数
1987	10	23	5	2055	2035	2218	2157	PS	1589	NA	83	82
1987	10	23	5	1332	1320	1431	1418	PS	1655	NA	59	58
1987	10	22	4	629	630	746	742	PS	1702	NA	77	72
1987	10	28	3	1446	1343	1547	1448	PS	1729	NA	61	65
1987	10	8	4	928	930	1052	1049	PS	1763	NA	84	79
1987	10	10	6	859	900	1134	1123	PS	1800	NA	155	14
1987	10	20	2	1833	1830	1929	1926	PS	1831	NA	56	56
1987	10	15	4	1041	1040	1157	1155	PS	1864	NA	76	75
1987	10	15	4	1608	1553	1656	1640	PS	1907	NA	48	47
1987	10	21	3	949	940	1055	1052	PS	1939	NA	66	72
1987	10	22	4	1902	1847	2030	1951	PS	1973	NA	88	64
1987	10	16	5	1910	1838	2052	1955	TW	19	NA	162	13
1987	10	2	5	1130	1133	1237	1237	TW	59	NA	187	18
1987	10	30	5	1400	1400	1920	1934	TW	102	NA	200	21
1987	10	28	3	841	830	1233	1218	TW	136	NA	172	16

图 2-3　预览 airlinesmall.csv 数据

```
>> s.SelectedVariableNames = {'DepTime','DepDelay'};
preview(s)
ans =
  8×2 table
    DepTime    DepDelay
    _______    ________
      642         12
     1021          1
     2055         20
     1332         12
      629         -1
     1446         63
      928         -2
      859         -1
```

可以指定数据中表示缺失值的值。在 airlinesmall.csv 中，缺失值由 NA 表示。

```
>> ds.TreatAsMissing = 'NA';
```

如果相关变量的数据存储中的所有数据都放入内存，则可以使用 readall 函数读取。

```
>> T = readall(s);
```

否则，使用 read 函数读取放入内存的较小子集中的数据。在默认情况下，read 函数一次从 TabularTextDatastore 读取 20000 行。但是，可以通过为 ReadSize 属性分配一个新值来更改此值。

```
>> s.ReadSize = 15000;
```

在重新读取之前，使用 reset 函数将数据存储重置为初始状态。通过在 while 循环中调用 read 函数，可以对每个数据子集执行中间计算，然后在结束时汇总中间结果。以下代码计算 DepDelay 变量的最大值。

```
>> reset(s)
X = [];
while hasdata(s)
      T = read(s);
      X(end+1) = max(T.DepDelay);
end
maxDelay = max(X)
maxDelay =
        1438
```

如果每个单独文件中的数据都能放入内存，则可以指定每次调用 read 时应读取一个完整文件，而不是特定行数。

```
>> reset(s)
s.ReadSize = 'file';
X = [];
while hasdata(s)
      T = read(s);
      X(end+1) = max(T.DepDelay);
end
maxDelay = max(X);
```

除了读取数据存储中的数据子集，还可以使用 mapreduce 将 map 和 reduce 函数应用于数据存储，或使用 tall 函数创建一个 tall 数组。

2.1.5 tall 数组

tall 数组是 MATLAB R2016b 发行版中的新功能，它允许数组中拥有超出内存大小的更多的行，可以使用它来处理可能有数百万行的数据存储。tall 数组可以使用几乎任意 MATLAB 类型作为列变量，包括数值数据、元胞数组、字符串、时间和分类数据。MATLAB 文档提供了支持 tall 数组的函数列表。仅当使用 gather 函数显式请求在数组上的操作结果时才会对其进行求值。histogram 函数可以与 tall 数组一起使用，并将立即执行。

统计和机器学习工具箱、数据库工具箱、并行计算工具箱、分布式计算服务器和编译器都提供了额外的扩展来处理 tall 数组。

表 2-2 列出了创建和计算 tall 数组的相关函数。

表 2-2　创建和计算 tall 数组的相关函数

函　　数	说　　明
tall	创建 tall 数组
datastore	为大型数据集合创建数据存储
gather	执行排队的运算后，将 tall 数组收集到内存中
write	将 tall 数组写入本地和远程位置以设置检查点
mapreduce	为 mapreduce 或 tall 数组定义执行环境
tallrng	控制 tall 数组的随机数生成

调用 tall 函数创建 tall 数组的语法为：

```
t = tall(ds)                              %基于数据存储 ds 创建一个 tall 数组
```

如果 ds 是用于表格数据的数据存储（以使数据存储的 read 和 readall 方法返回表），则 t 是一个 tall 表，具体取决于数据存储配置为返回哪种类型。表格数据是以矩形方式排列且每一行具有相同条目数的数据。否则，t 为一个 tall 元胞数组。

t = tall(A)：将内存数组 A 转换为 tall 数组。t 与 class(A) 具有相同的基本数据类型。当需要快速创建一个 tall 数组时，如对算法进行调试或原型构建时，该语法非常有用。

在 MATLAB R2019b 及更高版本中，可以将内存数组转换为 tall 数组，对数组执行更高效的运算。在转换为 tall 数组后，MATLAB 可免于生成整个数组的临时副本，而是以较小的分块处理数据。这让 MATLAB 能够对数组执行各种运算，而不会耗尽内存。

【例 2-1】创建 tall 数组并进行计算。

```
%为 airlinesmall.csv 数据集创建数据存储。将 'NA' 值视为缺失数据，以使它们被替换为 NaN 值。
%此处选择要使用的变量的小型子集
>> varnames = {'ArrDelay', 'DepDelay', 'Origin', 'Dest'};
ds = tabularTextDatastore('airlinesmall.csv', 'TreatAsMissing', 'NA', ...
    'SelectedVariableNames', varnames);
>> %使用 tall 函数为数据存储中的数据创建一个 tall 数组。由于 ds 中的数据是表格数据，因此
%结果是一个 tall 表。如果数据不是表格数据，则 tall 函数将改为创建一个 tall 元胞数组
>> T = tall(ds)
Starting parallel pool (parpool) using the 'Processes' profile ...
Connected to parallel pool with 4 workers.
T =
  M×4 tall table
    ArrDelay    DepDelay    Origin      Dest
    ________    ________    _______    _______
       8           12       {'LAX'}    {'SJC'}
       8            1       {'SJC'}    {'BUR'}
      21           20       {'SAN'}    {'SMF'}
      13           12       {'BUR'}    {'SJC'}
       4           -1       {'SMF'}    {'LAX'}
      59           63       {'LAX'}    {'SJC'}
       3           -2       {'SAN'}    {'SFO'}
      11           -1       {'SEA'}    {'LAX'}
       :            :          :          :
```

```
      :                :                :                :
>>% 计算 tall 表的大小。由于计算 tall 数组的大小需要完全遍历数据，因此 MATLAB 不会立即计算
% 该值。而是与 tall 数组的大多数运算一样，结果是一个未计算的 tall 数组
>> s = size(T)
s =
  1×2 tall double 行向量
    ?    ?
```

使用 gather 函数可执行延迟计算并在内存中返回结果。size 返回的结果是一个非常小的 1×2 向量，适合放在内存中。

```
>> sz = gather(s)
正在使用 Parallel Pool 'rocesses' 计算 tall 表达式：
- 第 1 次遍历（共 1 次）：用时 9.5 秒
计算已完成，用时 12 秒
sz =
     123523            4
```

如果对未约简的 tall 数组使用 gather，则结果可能不适合放在内存中。如果不确定 gather 返回的结果是否适合放在内存中，可使用 gather(head(X)) 或 gather(tail(X))，只将一小部分计算结果放入内存中。

2.1.6　稀疏矩阵

稀疏矩阵中的大多数元素为 0，它属于一种特殊类别的矩阵，通常出现在大型优化问题中，并被许多工具箱使用。矩阵中的 0 被“挤压”出来，MATLAB 只存储非 0 元素及其索引数据，使得完整矩阵仍然可以重新创建。许多常规 MATLAB 函数（如 chol 或 diag）保留输入矩阵的稀疏性。

在 MATLAB 中，提供了相关函数用于创建稀疏矩阵，如表 2-3 所示。

表 2-3　创建稀疏矩阵的函数

函　数	说　明
spalloc	为稀疏矩阵分配空间
spdiags	提取非零对角线并创建稀疏带状对角矩阵
speye	稀疏单位矩阵
sprand	稀疏均匀分布随机矩阵
sprandn	稀疏正态分布随机矩阵
sprandsym	创建稀疏矩阵
sparse	从稀疏矩阵外部格式导入
spconvert	直接建立稀疏存储矩阵

MATLAB 从不会自动创建稀疏矩阵，相反，还必须确定矩阵中是否包含足够高百分比的零元素，以便利用稀疏方法。

1. **将满矩阵转换为稀疏矩阵**

可以使用带有单个参数的 sparse 函数将满矩阵转换为稀疏矩阵，例如：

```
>> A = [ 0   0   0   5
     0   2   0   0
     1   3   0   0
     0   0   4   0];
S = sparse(A)
S =
   (3,1)        1
   (2,2)        2
   (3,2)        3
   (4,3)        4
   (1,4)        5
```

在输出结果中，列出了 S 的非零元素及其行索引和列索引。这些元素按列排序，反映了内部数据结构体。

扩展：如果矩阵阶数不太高，可以使用 full 函数将稀疏矩阵转换为满矩阵，例如，A = full(S)。

2. 直接创建稀疏矩阵

可以使用带有 5 个参数的 sparse 函数，基于一列非零元素来创建稀疏矩阵。

```
S = sparse(i,j,s,m,n)
```

i 和 j 分别是矩阵中非零元素的行索引和列索引的向量，s 是由对应的 (i,j) 对指定索引的非零值的向量，m 是生成的矩阵的行维度，n 是其列维度。

例 2-1 中的矩阵 S 可以直接通过以下代码生成。

```
>> S = sparse([3 2 3 4 1],[1 2 2 3 4],[1 2 3 4 5],4,4)
S =
   (3,1)        1
   (2,2)        2
   (3,2)        3
   (4,3)        4
   (1,4)        5
```

sparse 函数具有许多备用形式。上面代码使用的形式将矩阵中的最大非零元素数设置为 length(s)。如果需要，可以追加第六个参数用来指定更大的最大数，这样能在以后添加非零元素，而不必重新分配稀疏矩阵。

二阶差分算子的矩阵表示形式是一个很好的稀疏矩阵实例。实质上，生成稀疏矩阵的方式有多种，下面演示其中的一种。

```
>> n = 5;
D = sparse(1:n,1:n,-2*ones(1,n),n,n);
E = sparse(2:n,1:n-1,ones(1,n-1),n,n);
S = E+D+E'
S =
   (1,1)       -2
   (2,1)        1
   (1,2)        1
```

```
   (2,2)        -2
   (3,2)         1
   (2,3)         1
   (3,3)        -2
   (4,3)         1
   (3,4)         1
   (4,4)        -2
   (5,4)         1
   (4,5)         1
   (5,5)        -2
```

用 F = full(S) 可显示相应的满矩阵。

```
>> F = full(S)
F =
    -2     1     0     0     0
     1    -2     1     0     0
     0     1    -2     1     0
     0     0     1    -2     1
     0     0     0     1    -2
IdleTimeout has been reached.
Parallel pool using the 'Processes' profile is shutting down.
```

3. 基于稀疏矩阵的对角线元素创建稀疏矩阵

基于稀疏矩阵的对角线元素创建稀疏矩阵是一种常用操作，函数 spdiags 可以处理此任务。其语法格式为：

```
S = spdiags(B,d,m,n)             %创建大小为 m×n 且元素在 p 对角线上的输出矩阵 S
```

（1）B 是大小为 min(m,n) × p 的矩阵，B 的列是用于填充 S 对角线的值。

（2）d 是长度为 p 的向量，其整数元素可以指定要填充的 S 对角线。

【例 2-2】利用 spdiags 函数创建稀疏矩阵。

```
%考虑使用矩阵 B 和向量 d
>> B=[41 11 0;52 22 0;63 33 13;74 44 24];
>> d=[-3 0 2];
>> %使用这些矩阵创建 7×4 稀疏矩阵 A
>> A = spdiags(B,d,7,4)
A =
   (1,1)        11
   (4,1)        41
   (2,2)        22
   (5,2)        52
   (1,3)        13
   (3,3)        33
   (6,3)        63
   (2,4)        24
   (4,4)        44
   (7,4)        74
>> %在其满矩阵形式中，A 类似于
>> full(A)
```

```
ans =
    11     0    13     0
     0    22     0    24
     0     0    33     0
    41     0     0    44
     0    52     0     0
     0     0    63     0
     0     0     0    74
```

2.1.7 表与分类数组

1. 表数组

表（table）是 MATLAB R2013b 发行版本中引入的一个新数据结构，它允许将表格数据与元数据共同存储在一个工作区变量中。表格中的列可以被命名、分配单元和描述，并作为数据结构中的一个字段来访问，即 T. DataName。

要对表进行索引，可以使用圆括号返回子表，或者使用花括号提取内容，还可以使用名称访问变量和行。

在 MATLAB 中，可利用 table 函数根据现有的电子表格变量创建一个表。函数的语法格式为：

T = table(var1,...,varN)：根据输入变量 var1,...,varN 创建表，变量的大小和数据类型可以不同，但所有变量的行数必须相同。

如果输入是工作区变量，则 table 将输入名称指定为输出表中的变量名称。否则，table 将指定 'Var1',...,'VarN' 形式的变量名称，其中 N 是变量的数量。

T = table('Size',sz,'VariableTypes',varTypes)：创建一个表并为具有指定的数据类型的变量预分配空间。sz 是二元素数值数组，其中 sz(1) 指定行数，sz(2) 指定变量数。varTypes 指定变量的数据类型。

T = table(___,Name,Value)：使用一个或多个名称 - 值对组参数指定其他输入参数。例如，可以使用 'VariableNames' 名称 - 值对组指定变量名称。可将此语法与上述语法中的任何输入参数一起使用。

T = table：创建一个空的 0 × 0 表。

【例 2-3】在表中存储相关数据变量，并以矩阵形式访问所有表数据。

```
>> clear all;
>>% 创建包含患者数据的工作区变量。这些变量可以具有任何数据类型，但必须具有相同的行数
LastName = {'Sanchec';'Johnson';'chen';'Diaz';'Brown'};
Age = [38;43;37;38;49];
Smoker = logical([1;0;1;0;1]);
Height = [72;69;65;67;64];
Weight = [175;162;134;133;129];
BloodPressure = [125 93; 119 77; 125 83; 117 75; 121 80];
% 创建一个表 T，作为工作区变量的容器。table 函数使用工作区变量名称作为 T 中表变量的名称，一
% 个表变量可以有多个列。例如，T 中的 BloodPressure 变量是一个 5×2 数组
T = table(LastName,Age,Smoker,Height,Weight,BloodPressure)
T =
  5×6 table
```

```
     LastName       Age     Smoker     Height     Weight     BloodPressure
    ___________     ___     ______     ______     ______     _____________

    {'Sanchec'}     38      true         72        175        125      93
    {'Johnson'}     43      false        69        162        119      77
    {'chen'   }     37      true         65        134        125      83
    {'Diaz'   }     38      false        67        133        117      75
    {'Brown'  }     49      true         64        129        121      80
>> % 可以使用点索引来访问表变量。例如，使用 T.Height 中的值计算患者的平均身高
>> meanHeight = mean(T.Height)
meanHeight =
   67.4000
% 计算身体质量指数（Body Mass Index，BMI），并将其添加为新的表变量，还可以使用圆点在一
% 个步骤中添加和命名表变量
>> T.BMI = (T.Weight*0.453592)./(T.Height*0.0254).^2
T =
  5×7 table
  LastName        Age     Smoker     Height     Weight     BloodPressure      BMI

  __________      ___     ______     ______     ______     ___________      ______

  {'Sanchec'}     38      true         72        175        125      93     23.734
  {'Johnson'}     43      false        69        162        119      77     23.923
  {'chen'   }     37      true         65        134        125      83     22.299
  {'Diaz'   }     38      false        67        133        117      75     20.831
  {'Brown'  }     49      true         64        129        121      80     22.143
>>% 使用 BMI 计算的描述对表进行注释，可以使用通过 T.Properties 访问的元数据来对 T 及其变量
% 进行注释
>> T.Properties.Description = 'Patient data, including body mass index (BMI)
calculated using Height and Weight';
T.Properties
ans =
  TableProperties - 属性：
             Description: 'Patient data, including body mass index (BMI)
calculated using Height and Weight'
                UserData: []
          DimensionNames: {'Row'  'Variables'}
           VariableNames: {'LastName'  'Age'  'Smoker'  'Height'  'Weight'
'BloodPressure'  'BMI'}
    VariableDescriptions: {}
           VariableUnits: {}
      VariableContinuity: []
                RowNames: {}
        CustomProperties: 未设置自定义属性
% 使用 DimensionNames 属性显示表的维度名称，第二个维度的默认名称是 Variables
>> T.Properties.DimensionNames
ans =
  1×2 cell 数组
    {'Row'}    {'Variables'}
%% 语法 T.Variables 以矩阵形式访问表数据。此语法等同于使用花括号语法 T{:,:} 访问所有内容。
% 如果表数据不能串联为一个矩阵，则会产生错误消息
>> T.Variables
错误使用   .
```

表无法串联表变量 'LastName' 和 'Age'，因为这两个变量的类型为 cell 和 double。

2. 分类数组

分类数组允许存储离散的非数值数据，并且经常在表中用于定义行组。例如，时间数据可以按照星期几来分组，地理数据可以按照州或县来组织。它们可以使用 unstack 在表中重新排列数据。

例如，语法 C = categorical({'R','G','B','B','G','B'}) 将创建一个分类数组，此数组包含 6 个属于类别 R、G 或 B 的元素。

分类数组可用来有效地存储并方便地处理非数值数据，同时还可为数据值赋予有意义的名称。这些分类可以采用自然排序，但并不要求一定如此。

【例 2-4】创建分类数组。

```
%% 基于字符串数组创建分类数组 %%
>> % 创建一个包含新英格兰各州名称的 1×11 字符串数组
state = ["MA","ME","CT","VT","ME","NH","VT","MA","NH","CT","RI"]
state =
  1×11 string 数组
    "MA"   "ME"   "CT"   "VT"   "ME"   "NH"   "VT"   "MA"   "NH"   "CT"   "RI"
>> % 将字符串数组 state 转换为无数学排序的分类数组
state = categorical(state)
state =
  1×11 categorical 数组
  MA     ME     CT     VT     ME     NH     VT     MA     NH    CT     RI
>> % 列出变量 state 中的离散类别
categories(state)
ans =
  6×1 cell 数组
    {'CT'}
    {'MA'}
    {'ME'}
    {'NH'}
    {'RI'}
    {'VT'}
>> %% 添加新元素和缺失的元素 %%
% 向原始字符串数组添加元素，其中一个元素是缺失字符串，显示为 <missing>
state = ["MA","ME","CT","VT","ME","NH","VT","MA","NH","CT","RI"];
state = [string(missing) state];
state(13) = "ME"
state =
  1×13 string 数组
<missing>  "MA"    "ME"     "CT"     "VT"     "ME"     "NH"     "VT"     "MA"
"NH"     "CT"     "RI"     "ME"
>> % 将字符串数组转换为 categorical 数组
state = categorical(state)
state =
  1×13 categorical 数组
<undefined>  MA  ME  CT  VT  ME  NH  VT  MA  NH  CT  RI  ME
%% 基于字符串数组创建有序分类数组 %%
% 创建一个包含 8 个对象的 1×8 字符串数组
```

```
>> AllSizes = ["medium","large","small","small","medium",...
            "large","medium","small"];  % 字符串数组 AllSizes 包含 "large"、
%"medium" 和 "small" 三个不同值
>> valueset = ["small","medium","large"];
sizeOrd = categorical(AllSizes,valueset,'Ordinal',true)
sizeOrd =                                % 分类数组 sizeOrd 中值的顺序保持不变
  1×8 categorical 数组
   medium    large    small    small   medium    large   medium    small
```

从结果可看出，分类数组 sizeOrd 中值的顺序保持不变。

```
>> % 列出分类变量 sizeOrd 中的离散类别
categories(sizeOrd)
ans =
  3×1 cell 数组
    {'small' }
    {'medium'}
    {'large' }
```

这些类别按指定的顺序列出以匹配数学排序 small < medium < large。

```
>> %% 基于 bin 创建有序分类数组
% 创建由 0 到 50 的 100 个随机数构成的向量
x = rand(100,1)*50;
% 使用 discretize 函数，通过对 x 的值进行分 bin，创建一个分类数组。将 0 到 15 的所有数归入第
%一个bin,15到35的所有数归入第二个bin,35到50的所有数归入第三个bin。每个bin包括左端点,
% 但不包括右端点
>> catnames = ["small","medium","large"];
binnedData = discretize(x,[0 15 35 50],'categorical',catnames);
>> % 使用 summary 函数输出每个类别中的元素数量
summary(binnedData)
     small        30
     medium       35
     large        35
```

2.1.8　大型 MAT 文件

使用 matfile 函数可直接从磁盘上的 MAT 文件访问 MATLAB 变量，而不必将全部变量都载入内存。当使用 matfile 创建新文件时，该函数将创建一个版本为 7.3 的 MAT 文件，后者还允许保存大小超过 2GB 的变量。

【例 2-5】使用 matfile 函数保存和加载。

解析：实例说明如何使用 matfile 函数在现有 MAT 文件中加载、修改和保存变量的一部分。

```
% 创建具有两个变量 A 和 B 的 7.3 版 MAT 文件
A = rand(5);
B = magic(10);
save example.mat A B -v7.3;
clear A B
```

基于 MAT 文件 example.mat 构造一个 MatFile 对象（exampleObject）。matfile 函数创建一个对应于 MAT 文件的 MatFile 对象，并包含 MatFile 对象的属性。默认情况下，matfile 仅允许从现有 MAT 文件加载。

```
>> exampleObject = matfile('example.mat');
```

要启用保存，需使用 Writable 参数调用 matfile。

```
>> exampleObject = matfile('example.mat','Writable',true);
```

构造该对象并在单独的步骤中设置 Properties.Writable。

```
>>exampleObject = matfile('example.mat');
exampleObject.Properties.Writable = true;
```

将 B 的第一行从 example.mat 加载到变量 firstRowB 中，并修改数据。当索引与 7.3 版的 MAT 文件关联的对象时，MATLAB 仅加载所指定的变量部分。

```
>> firstRowB = exampleObject.B(1,:);
firstRowB = 2 * firstRowB;
```

使用存储在 firstRowB 中的值更新 example.mat 中变量 B 的第一行中的值。

```
>> exampleObject.B(1,:) = firstRowB;
```

对于非常大的文件，最佳做法是应一次将尽可能多的数据读取和写入到内存中。否则，重复的文件访问会严重影响代码的性能。例如，假设文件包含许多行和列，并且加载一行就需要占用大部分可用内存。这种情况下不要一次更新一个元素，而应该更新一行。

```
>> [nrowsB,ncolsB] = size(exampleObject,'B');
for row = 1:nrowsB
  exampleObject.B(row,:) = row * exampleObject.B(row,:);
end
```

如果内存大小不是问题，则可以一次更新一个变量的完整内容。

```
>> exampleObject.B = 10 * exampleObject.B;
```

或者，通过使用 -append 选项调用 save 函数来更新变量。-append 选项要求 save 函数仅替换指定变量 B，并保留文件中的其他变量不变。此方法始终要求加载并保存整个变量。

```
>> load('example.mat','B');
B(1,:) = 2 * B(1,:);
save('example.mat','-append','B');
```

使用 matlab.io.MatFile 对象向文件中添加变量。

```
>> exampleObject.C = magic(8);
```

还可以通过使用 -append 选项调用 save 函数来添加变量。

```
>>C = magic(8);
save('example.mat','-append','C');
clear C
```

2.2　MATLAB 作图

强大的绘图功能是 MATLAB 的特点之一。MATLAB 可以给出数据的二维、三维乃至四维的图形表现，MATLAB 提供了两个层次的绘图操作：对图形句柄进行的低层图形命令与建立在低层绘图操作之上的高层绘图操作。高层绘图操作简单明了、方便高效，是用户最常用的绘图方法；而低层绘图操作和表现能力更强，为用户更加自主地绘制图形创造了条件。

2.2.1　二维线图

在 MATLAB 中，提供了许多相关函数用于绘制二维线图，其中 plot 是一个具有代表性的函数。根据输入数据对 plot 函数进行创建。

1. 向量和矩阵数据

当输入的数据是向量或矩阵时，plot 函数的语法格式如下。

plot(X,Y)：创建 Y 中数据对应 X 中值的二维线图。

① 要绘制由线段连接的一组坐标，需将 X 和 Y 指定为相同长度的向量。

② 要在同一组坐标区上绘制多组坐标，需将 X 或 Y 中的至少一个数据指定为矩阵。

plot(X,Y,LineSpec)：使用指定的线型、标记和颜色创建绘图。

plot(X1,Y1,...,Xn,Yn)：在同一组坐标轴上绘制多对 X 和 Y 坐标。此语法可替代将坐标指定为矩阵的形式。

plot(X1,Y1,LineSpec1,...,Xn,Yn,LineSpecn)：可为每个 X-Y 对组指定特定的线型、标记和颜色。可以对某些 X-Y 对组指定特定的线型，而对其他对组省略它。例如，plot(X1,Y1, "o",X2,Y2) 对第一个 X-Y 对组指定标记，但没有对第二个对组指定标记。

plot(Y)：绘制 Y 对一组隐式 X 坐标的图。

plot(Y,LineSpec)：使用隐式 X 坐标绘制 Y，并指定线型、标记和颜色。

【例 2-6】利用输入的向量或矩阵数据绘制线图。

```
>> clear all;
% 将 y 创建为 x 的正弦值，创建数据的线图
x = 0:pi/100:2*pi;
y = sin(x);
subplot(2,2,1);plot(x,y);
title(' 绘制一个线条 ')
x = linspace(-2*pi,2*pi);
y1 = sin(x);
y2 = cos(x);
subplot(2,2,2);
plot(x,y1,x,y2)
title(' 创建多个线条 ')
% 绘制三条正弦曲线，第一条正弦曲线使用绿色线条，不带标记
% 第二条正弦曲线使用蓝色虚线，带圆形标记。第三条正弦曲线只使用青蓝色星号标记
x = 0:pi/10:2*pi;
y1 = sin(x);
y2 = sin(x-0.25);
y3 = sin(x-0.5);
subplot(2,2,3);
```

```
plot(x,y1,'g',x,y2,'b--o',x,y3,'c*')
title('带标记的三条正弦曲线')
%创建线图并使用 LineSpec 选项指定带正方形标记的绿色虚线
x = -pi:pi/10:pi;
y = tan(sin(x)) - sin(tan(x));
subplot(2,2,4);
plot(x,y,'--gs',...
    'LineWidth',2,...             %使用 Name,Value 对组指定线宽、标记大小和标记颜色
    'MarkerSize',10,...
    'MarkerEdgeColor','b',...
    'MarkerFaceColor',[0.5,0.5,0.5])
title('指定线宽、标记大小和标记颜色')
```

运行程序，效果如图 2-4 所示。

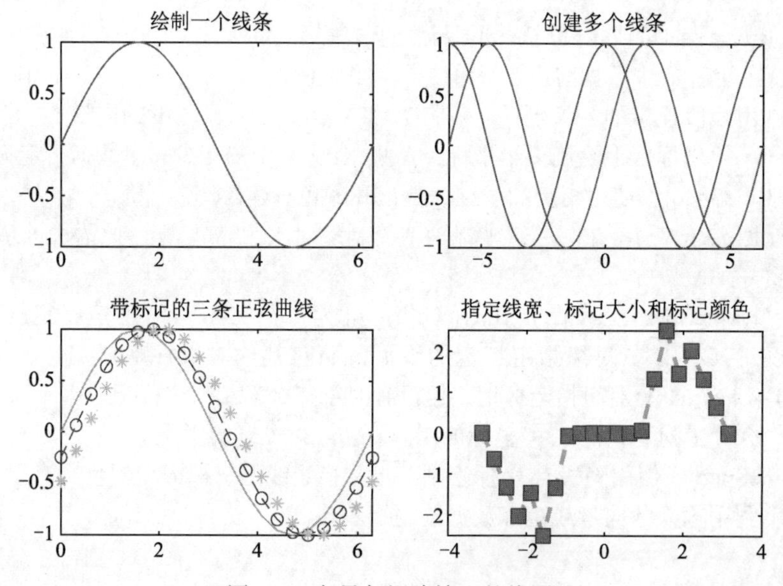

图 2-4　向量与矩阵输入的线图

2. 表数据

如果输入数据为表数据，则 plot 函数的调用格式如下。

plot(tbl,xvar,yvar)：绘制表 tbl 中的变量 xvar 和 yvar。要绘制一个数据集，需为 xvar 和 yvar 各指定一个变量。要绘制多个数据集，需为 xvar、yvar 或两者指定多个变量。如果两个参数都指定多个变量，它们的变量数目必须相同。

plot(tbl,yvar)：绘制表中的指定变量对表的行索引的图。如果该表是时间表，则绘制指定变量对时间表的行时间的图。

【例 2-7】以时间表形式读取文件 quarterlyFinances1999To2019.csv 中的数据。

```
%将连续性时间之间的时间长度指定为一个日历季度，从 1999 年 1 月 1 日开始。将
%'VariableNamingRule' 设置为 preserve 以保留变量名称中的空白，并将
%'TrimNonNumeric' 设置为 true 以删除数据中数值前的 "$" 符号
>>tbl=readtimetable("quarterlyFinances1999To2019.csv","TimeStep",
calquarters(1),"StartTime", datetime(1999, 1, 1),...
```

```
    "VariableNamingRule", "preserve", "TrimNonNumeric", true);
summary(tbl)
plot(tbl,"Research and Development Expenses");
ylabel('研发费用/元')
xlabel('时间')
```

运行程序，输出如下，效果如图 2-5 所示。

```
RowTimes:
    Time: 80×1 datetime
        Values:
            Min          1999-01-01
            Median       2008-11-16
            Max          2018-10-01
Variables:
    Net Sales: 80×1 double
        Values:
            Min               35066
            Median       1.0407e+05
            Max          1.7684e+05
    Cost of Sales: 80×1 double
        Values:
            Min          18106
            Median       48624
            Max          77742
    Gross Margin: 80×1 double
        Values:
            Min          14563
            Median       56719
            Max          99097
    Research and Development Expenses: 80×1 double
        Values:
            Min          4904.9
            Median        24637
            Max           45234
    Administrative Expenses: 80×1 double
        Values:
            Min          1047.4
            Median       2015.3
            Max          2811.5
    Total Operating Expenses: 80×1 double
        Values:
            Min          5992.5
            Median        26518
            Max           48045
    Net Income: 80×1 double
        Values:
            Min          7634.3
            Median        28586
            Max           51051
    Total Shares: 80×1 double
```

```
    Values:
        Min            822
        Median      1820.5
        Max           2710
Earnings per Share: 80×1 double
    Values:
        Min           6.52
        Median      15.515
        Max          24.62
```

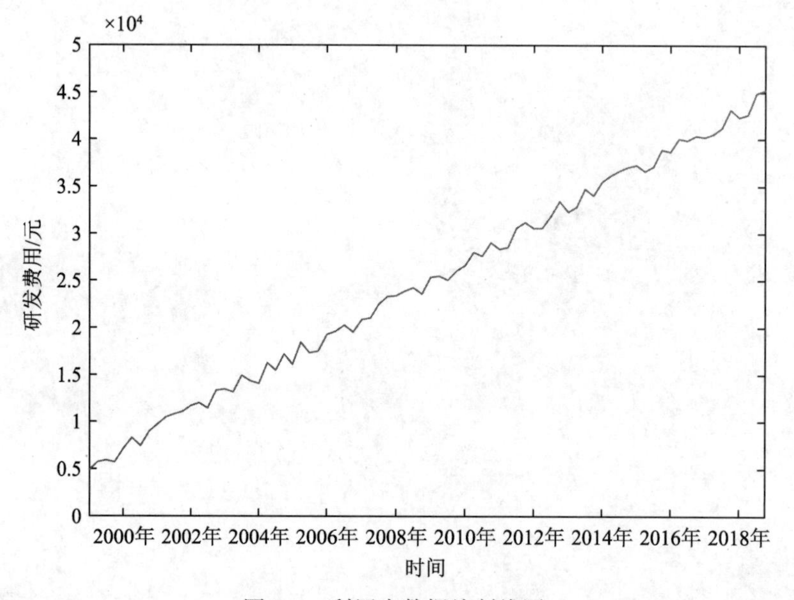

图 2-5　利用表数据绘制线图

3. 其他选项

输入除了向量、矩阵、表数据外，其他选项形式的语法格式如下。

plot(ax,___)：在目标坐标区上显示绘图。将坐标区指定为上述任一语法中的第一个参数。

plot(___,Name,Value)：使用一个或多个名称 - 值参数指定 Line 属性。这些属性应用于绘制的所有线条。需要在上述任一语法中的所有参数之后指定名称 - 值参数。

p = plot(___)：返回一个 Line 对象或 Line 对象数组。创建绘图后，使用 p 修改该绘图的属性。

【例 2-8】绘制以点 (4,3) 为中心、以 2 为半径的圆。

解析：使用 axis equal 可沿每个坐标方向使用相等的数据单位。

```
>> r = 2;
xc = 4;
yc = 3;

theta = linspace(0,2*pi);
x = r*cos(theta) + xc;
y = r*sin(theta) + yc;
plot(x,y)
axis equal
```

运行程序，效果如图 2-6 所示。

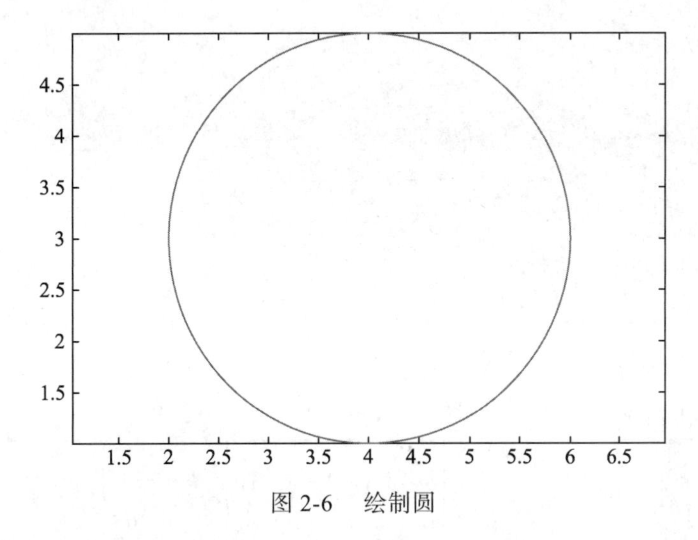

图 2-6　绘制圆

2.2.2　通用二维图形

除了 plot 函数外，MATLAB 还提供了一系列用于绘制通用二维图形的函数，下面直接通过一个实例来演示各函数的用法。

【例 2-9】绘制通用二维图形。

```
>> %bar 函数用来创建垂直条形图
x = -2.9:0.2:2.9;
y = exp(-x.*x);
subplot(2,3,1);bar(x,y);
title(' 条形图 ')
%stairs 函数用来创建阶梯图，它可以创建仅含 y 值的阶梯图，或同时包含 x 和 y 值的阶梯图
x = 0:0.25:10;
y = sin(x);
subplot(2,3,2);stairs(x,y)
title(' 阶梯图 ')

%errorbar 函数用来绘制 x 和 y 值的线图，并在每个观察点上叠加垂直误差条
x = -2:0.1:2;
y = erf(x);
eb = rand(size(x))/7;
subplot(2,3,3);errorbar(x,y,eb)
title(' 误差条 ')

%polarplot 函数用来绘制 theta 中的角度值（以弧度为单位）对 rho 中的半径值的极坐标图
theta = 0:0.01:2*pi;
rho = abs(sin(2*theta).*cos(2*theta));
subplot(2,3,4);polarplot(theta,rho)
title(' 极坐标图 ')

%stem 函数为每个通过竖线连接到一条公共基线的 x 和 y 值绘制一个标记
```

```
x = 0:0.1:4;
y = sin(x.^2).*exp(-x);
subplot(2,3,5);stem(x,y)
title('针状图')

%scatter 函数用来绘制 x 和 y 值的散点图
load patients Height Weight Systolic
subplot(2,3,6);scatter(Height,Weight)
xlabel('体重/千克')
ylabel('身高/厘米')
title('散点图')
```

运行程序，效果如图 2-7 所示。

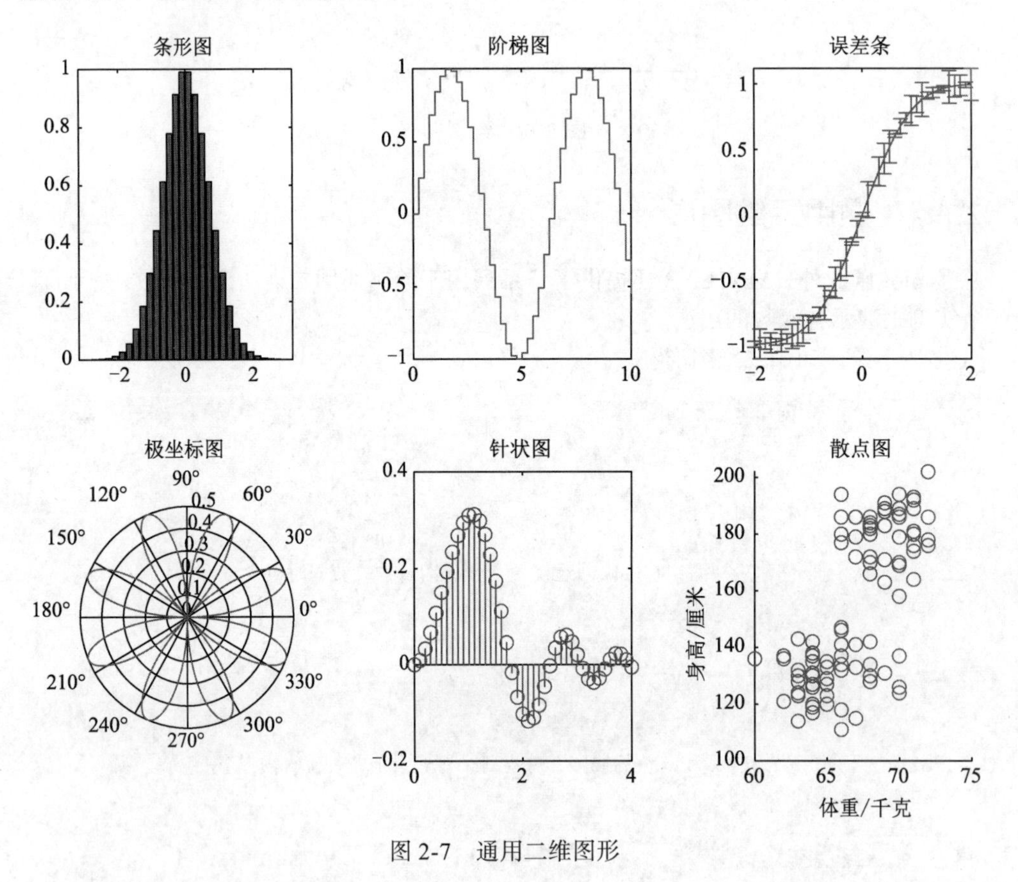

图 2-7 通用二维图形

2.2.3 三维点或线图

与二维线图一样，在 MATLAB 中，也提供了相关函数绘制三维点或线图，即 plot3 函数。其输入数据分以下几种形式。

1. 向量和矩阵数据

plot3(X,Y,Z)：绘制三维空间中的坐标。

① 要绘制由线段连接的一组坐标，需将 X、Y、Z 指定为相同长度的向量。

② 要在同一组坐标轴上绘制多组坐标，需将 X、Y 或 Z 中的至少一个数据指定为矩阵，其他指定为向量。

plot3(X,Y,Z,LineSpec)：使用指定的线型、标记和颜色创建绘图。

plot3(X1,Y1,Z1,...,Xn,Yn,Zn)：在同一组坐标轴上绘制多组坐标。使用此语法作为将多组坐标指定为矩阵的替代方法。

plot3(X1,Y1,Z1,LineSpec1,...,Xn,Yn,Zn,LineSpecn)：可为每个（X、Y、Z）三元组指定特定的线型、标记和颜色。还可以对某些三元组指定特定的线型，而对其他三元组省略它。例如，plot3(X1,Y1,Z1,'o',X2,Y2,Z2) 对第一个三元组指定标记，但没有对第二个三元组指定标记。

2. 表数据

plot3(tbl,xvar,yvar,zvar)：绘制表 tbl 中的变量 xvar、yvar 和 zvar。要绘制一个数据集，需为 xvar、yvar 和 zvar 各指定一个变量。要绘制多个数据集，需为其中至少一个参数指定多个变量。对于指定多个变量的参数，指定的变量数目必须相同。

3. 其他选项

plot3(ax,___)：在目标坐标区上显示绘图。将坐标区指定为上述任一语法中的第一个参数。

plot3(___,Name,Value)：使用一个或多个名称 - 值对组参数指定 Line 属性。在所有其他输入参数后指定属性。

p = plot3(___)：返回一个 Line 对象或 Line 对象数组。创建绘图后，使用 p 修改该绘图的属性。

【例 2-10】绘制三维点或线图。

```
>> % 指定线型。创建向量 t，然后使用 t 计算两组 x 和 y 值
t = 0:pi/20:10*pi;
xt1 = sin(t);
yt1 = cos(t);
% 绘制这两组值。第一组使用默认线条，第二组使用虚线
xt2 = sin(2*t);
yt2 = cos(2*t);
subplot(121);plot3(xt1,yt1,t,xt2,yt2,t,'--')
% 指定等间距刻度单位和轴标签
t = 0:pi/500:40*pi;
% 创建向量 xt、yt 和 zt
xt = (3 + cos(sqrt(32)*t)).*cos(t);
yt = sin(sqrt(32) * t);
zt = (3 + cos(sqrt(32)*t)).*sin(t);
% 绘制数据，使用 axis equal 命令沿每个轴等间距隔开刻度单位，并为每个轴指定标签
subplot(122);plot3(xt,yt,zt)
axis equal
xlabel('x(t)')
ylabel('y(t)')
zlabel('z(t)')
```

运行程序，效果如图 2-8 所示。

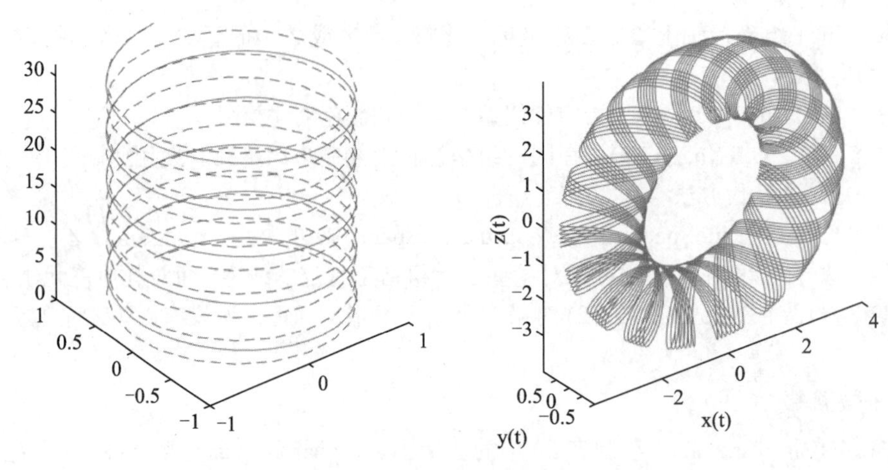

图 2-8　三维点或线图

2.2.4　通用三维图形

与二维绘图一样，在 MATLAB 中，也提供了一系列用于绘制通用三维图形的函数，下面也是直接通过一个实例来演示各函数的用法。

【例 2-11】绘制通用三维图形。

```
>> clear all;
[X,Y] = meshgrid(-8:.5:8);                    % 设置 x 和 y 平面的网格，产生一个横纵坐标起始
                                              % 于 -8，终止于 8，且步距为 .5 的网格图形
R = sqrt(X.^2 + Y.^2) + eps;
Z = sin(R)./R;                                % 计算曲面的 z 矩阵
subplot(2,4,1);mesh(X,Y,Z)                    % 画三维网格图；
title('三维网格图')
subplot(2,4,2);surf(X,Y,Z)                    % 画三维曲面图
title('三维曲面图')
t=0:pi/20:2*pi;
%标准三维曲面图形
[x,y,z]= cylinder(2+sin(t),30);
subplot(2,4,3);surf(x,y,z);
title('花瓶')
[x,y,z]=sphere;
subplot(2,4,4);surf(x,y,z);
title('球体')
subplot(2,4,5);bar3(magic(4))
title('三维柱状图')
y=2*sin(0:pi/10:2*pi);
subplot(2,4,6);stem3(y);
title('三维杆图')
subplot(2,4,7);pie3([2347,1827,2043,3025]);
title('三维饼图')
subplot(2,4,8);fill3(rand(3,5),rand(3,5),rand(3,5), 'y' )
title('三维填充形')
```

运行程序，效果如图 2-9 所示。

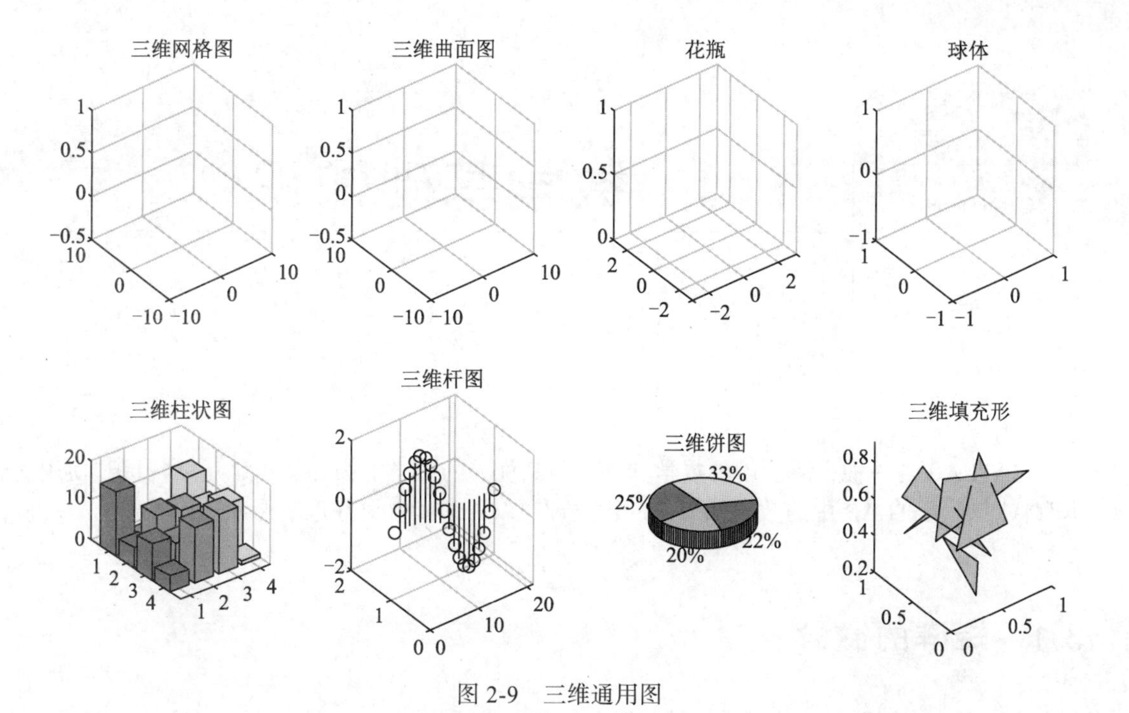

图 2-9　三维通用图

第 3 章 数学基础知识

CHAPTER 3

MATLAB 是一种广泛使用的数学软件，因其优秀的数学能力赢得了广泛的认可和使用。本章将针对 MATLAB 中的数学知识点进行整理，以帮助读者更好地掌握和运用 MATLAB 进行数学计算。

3.1 矩阵的微分

在应用中，矩阵函数与函数矩阵的微分、积分常常是同时出现的，因此在学习了矩阵函数的计算后，还需学习函数矩阵的微分、积分。

以变量 t 的函数为元素的矩阵 $\boldsymbol{A}(t)=(a_{ij}(t))_{m\times n}$ 称为函数矩阵。如果 $t\in[a,b]$，则称 $\boldsymbol{A}(t)$ 是定义在 $[a,b]$ 上的；如果每个 $a_{ij}(t)$ 在 $[a,b]$ 上连续（可微、可积），则称 $\boldsymbol{A}(t)$ 在 $[a,b]$ 上连续（可微、可积）。当 $\boldsymbol{A}(t)$ 在 $[a,b]$ 可微时，规定其导数为

$$\boldsymbol{A}'(t)=(a'_{ij}(t))_{m\times n} \text{ 或 } \frac{\mathrm{d}}{\mathrm{d}t}\boldsymbol{A}(t)=\left(\frac{\mathrm{d}}{\mathrm{d}t}a_{ij}(t)\right)$$

当 $\boldsymbol{A}(t)$ 在 $[a,b]$ 上可积时，规定 $\boldsymbol{A}(t)$ 在 $[a,b]$ 上的积分为

$$\int_a^b \boldsymbol{A}(t)\mathrm{d}t=\left(\int_a^b a_{ij}(t)\mathrm{d}t\right)_{m\times n}$$

3.1.1 标量与矩阵求导通用的法则

向量可以看成行或列为 1 的矩阵，下面对标量与标量、向量与标量、标量与矩阵的结合方式进行介绍。

1. 标量与标量

标量与标量就是正常的对函数求导。

2. 标量与向量

标量与向量分两种情况，分别为向量对标量求导、标量对向量求导。

1）向量对标量求导

向量对标量求导即向量的每个分量对标量求导为

$$\boldsymbol{y}=[y_1 \quad y_2 \quad \cdots \quad y_m]^{\mathrm{T}}$$

$$\frac{\partial \boldsymbol{y}}{\partial x}=\begin{bmatrix} \frac{\partial y_1}{\partial x} \\ \frac{\partial y_2}{\partial x} \\ \vdots \\ \frac{\partial y_m}{\partial x} \end{bmatrix}$$

2）标量对向量求导

标量对向量求导结果为一个与向量同阶的向量，每个元素为标量对应位置向量元素的倒数：

$$\boldsymbol{x}=[x_1 \quad x_2 \quad \cdots \quad x_n]^{\mathrm{T}}$$

因为是对向量求导，此处采用分子布局（即分母不变，分子转置）。用分子和分母布局求出来的结果互为转置：

$$\frac{\partial y}{\partial \boldsymbol{x}}=\begin{bmatrix} \frac{\partial y}{\partial x_1} & \frac{\partial y}{\partial x_2} & \cdots & \frac{\partial y}{\partial x_n} \end{bmatrix}$$

3. 标量与矩阵

标量的结合比较特殊，很简单。

1）矩阵对标量求导

对矩阵中的每个元素分别对标量求导即可。

$$\frac{\partial \boldsymbol{Y}}{\partial x}=\begin{bmatrix} \frac{\partial y_{11}}{\partial x} & \frac{\partial y_{12}}{\partial x} & \cdots & \frac{\partial y_{1n}}{\partial x} \\ \frac{\partial y_{21}}{\partial x} & \frac{\partial y_{22}}{\partial x} & \cdots & \frac{\partial y_{2n}}{\partial x} \\ \vdots & \vdots & \ddots & \vdots \\ \frac{\partial y_{m1}}{\partial x} & \frac{\partial y_{m2}}{\partial x} & \cdots & \frac{\partial y_{mn}}{\partial x} \end{bmatrix}$$

2）标量对矩阵求导

标量对矩阵的求导，即求导结果为一个与矩阵同阶的矩阵，其中元素为标量对应位置元素的倒数，如：

$$\frac{\partial y}{\partial \boldsymbol{X}}=\begin{bmatrix} \frac{\partial y}{\partial x_{11}} & \frac{\partial y}{\partial x_{12}} & \cdots & \frac{\partial y}{\partial x_{1q}} \\ \frac{\partial y}{\partial x_{21}} & \frac{\partial y}{\partial x_{22}} & \cdots & \frac{\partial y}{\partial x_{2q}} \\ \vdots & \vdots & \ddots & \vdots \\ \frac{\partial y}{\partial x_{p1}} & \frac{\partial y}{\partial x_{p2}} & \cdots & \frac{\partial y}{\partial x_{pq}} \end{bmatrix}$$

3.1.2 矩阵和向量求导的通用法则

向量可以看成行或列为 1 的特殊矩阵，矩阵可以分解成行或列向量组成的列矩阵或行矩阵。

对于 $m \times n$ 阶矩阵 $\boldsymbol{Y}$ ：

$$\boldsymbol{Y}=\begin{bmatrix} y_{11} & \cdots & y_{1n} \\ \vdots & \ddots & \vdots \\ y_{m1} & \cdots & y_{mn} \end{bmatrix}$$

对于 $p \times q$ 阶矩阵 $\boldsymbol{X}$ ：

$$\boldsymbol{X}=\begin{bmatrix} x_{11} & \cdots & x_{1q} \\ \vdots & \ddots & \vdots \\ x_{p1} & \cdots & x_{pq} \end{bmatrix}$$

将 $\boldsymbol{Y}$ 分解为 m 个 $1 \times n$ 的行向量组成的列向量：

$$\boldsymbol{Y}=\begin{bmatrix} y_{11} & \cdots & y_{1n} \\ \vdots & \ddots & \vdots \\ y_{m1} & \cdots & y_{mn} \end{bmatrix}=\begin{bmatrix} \boldsymbol{y}_1^{\mathrm{T}} \\ \boldsymbol{y}_2^{\mathrm{T}} \\ \vdots \\ \boldsymbol{y}_m^{\mathrm{T}} \end{bmatrix}$$

将 $\boldsymbol{X}$ 分解为 q 个 $p \times 1$ 的行向量组成的行向量：

$$\boldsymbol{X}=\begin{bmatrix} x_{11} & \cdots & x_{1q} \\ \vdots & \ddots & \vdots \\ x_{p1} & \cdots & x_{pq} \end{bmatrix}=[\boldsymbol{x}_1 \quad \boldsymbol{x}_2 \quad \cdots \quad \boldsymbol{x}_q]$$

（1）以上问题可以先变为列向量对行向量求导。根据求导法则，结果为

$$\frac{\partial \boldsymbol{Y}}{\partial \boldsymbol{X}}=\begin{bmatrix} \frac{\partial y_1^{\mathrm{T}}}{\partial x_1} & \cdots & \frac{\partial y_1^{\mathrm{T}}}{\partial x_q} \\ \vdots & \ddots & \vdots \\ \frac{\partial y_m^{\mathrm{T}}}{\partial x_1} & \cdots & \frac{\partial y_m^{\mathrm{T}}}{\partial x_q} \end{bmatrix}$$

此处是一个 $m \times q$ 的大矩阵，每一个元素是 $1 \times n$ 的行向量对 $p \times 1$ 的列向量求导的结果，为 $p \times n$ 阶矩阵：

$$\frac{\partial \boldsymbol{y}_i^{\mathrm{T}}}{\partial \boldsymbol{x}_j}$$

（2）接下来问题就变为行向量对列向量求导。对于每一个小块矩阵，根据上述分解结果有

$$\boldsymbol{y}^{\mathrm{T}}=[y_1 \quad y_2 \quad \cdots \quad y_n]$$

$$\boldsymbol{x}=\begin{bmatrix} x_1 \\ x_2 \\ \vdots \\ x_p \end{bmatrix}$$

根据求导法则：

$$\frac{\partial \boldsymbol{y}^{\mathrm{T}}}{\partial \boldsymbol{x}}=\begin{bmatrix}\frac{\partial y_1}{\partial x_1} & \cdots & \frac{\partial y_n}{\partial x_1}\\ \vdots & \ddots & \vdots \\ \frac{\partial y_1}{\partial x_p} & \cdots & \frac{\partial y_n}{\partial x_n}\end{bmatrix}$$

（3）最后就是标量对标量的求导。

结果为 $m\times p$ 行、$n\times q$ 列的矩阵，至此结束。

3.1.3　MATLAB 的实现

在 MATLAB 中，提供了 diff 函数用于实现求导数，jacobian 函数用于求雅可比矩阵。

（1）diff 函数。

diff 函数用于求矩阵的差分和近似导数。函数的语法格式为：

Y = diff(X)：计算沿大小不等于 1 的第一个数组维度的 X 相邻元素之间的差分。

① 如果 X 是长度为 m 的向量，则 Y = diff(X) 返回长度为 m–1 的向量。Y 的元素是 X 相邻元素之间的差分。

Y = [X(2)–X(1),X(3)–X(2),...,X(m)–X(m–1)]

② 如果 X 是不为空的非向量 p × m 矩阵，则 Y = diff(X) 返回大小为 (p–1) × m 的矩阵，其元素是 X 的行之间的差分。

Y = [X(2,:)–X(1,:); X(3,:)–X(2,:); ... X(p,:)–X(p–1,:)]

③ 如果 X 是 0 × 0 的空矩阵，则 Y = diff(X) 返回 0 × 0 的空矩阵。

④ 如果 X 是一个 p × m 表或时间表，则 Y = diff(X) 返回一个大小为 (p–1) × m 的表或时间表，其元素是 X 的行之间的差分。如果 X 是一个 1 × m 表或时间表，则 Y 的大小是 0 × m。

Y = diff(X,n)：通过递归应用 diff(X) 运算符 n 次来计算第 n 个差分。在实际操作中，这表示 diff(X,2) 与 diff(diff(X)) 相同。

Y = diff(X,n,dim)：沿 dim 指定的维计算的第 n 个差分。dim 输入是一个正整数标量。

（2）jacobian 函数。

jacobian 函数用于计算雅可比矩阵，函数的语法格式为：

jacobian(f,v)：计算 f 关于 v 的雅可比矩阵，其第 (i,j) 个元素为

$$\frac{\partial \mathrm{f(i)}}{\partial \mathrm{v(j)}}$$

其中，f 为标量或者向量函数，可为符号表达式、符号函数、符号向量等。如果 f 是一个标量，f 的雅可比矩阵是 f 的梯度的转置。

v 为要计算雅可比的变量向量、符号变量、符号向量。

① 如果 v 是一个标量，则结果等价于 diff(f,v) 的转置。

② 如果 v 是空符号对象，如 sym([ ])，则结果返回空符号对象。

【例 3-1】演示标量、向量、矩阵的相互求导。

```
>> clear all;
syms x y z v;
f1 = [x*y, x+y; y*z, y+z; x*y*z, x+y+z];                    %矩阵
```

```
f2 = [x*y;y*z;x*y*z];                                  %列向量
f3 = x*y*z;                                            %标量

v1 = x;                                                %标量
v2 = [x;y];                                            %列向量
v3 = [x*y, x+y; y*z, y+z;x*y*z, x+y+z];                %矩阵

%对标量求导用 diff
f3v1=diff(f3,v1)                               %标量对标量求导为标量
f2v1=diff(f2,v1)                               %列向量对标量求导为列向量
f1v1=diff(f1,v1)                               %矩阵对标量求导为矩阵

%对向量求导用 jacobian
%标量对向量求导为向量，以下两种情况结果相同
f3v2=jacobian(f3,v2)
f3v2=jacobian(f3,v2.')
%数学上定义 1×n 行向量对 m×1 列向量求导后构成 m×n 矩阵
%jacobian 函数通过向量对向量求导构成矩阵，以下 4 种情况结果相同
%注：syms 型求转置需用 .'
f2v2=jacobian(f2.',v2)
f2v2=jacobian(f2,v2.')
f2v2=jacobian(f2,v2)
f2v2=jacobian(f2.',v2.')
```

运行程序，输出如下：

```
f3v1 =
y*z
f2v1 =
  y
  0
y*z
f1v1 =
[  y, 1]
[  0, 0]
[y*z, 1]
f3v2 =
[y*z, x*z]
f3v2 =
[y*z, x*z]
f2v2 =
[  y,   x]
[  0,   z]
[y*z, x*z]
f2v2 =
[  y,   x]
[  0,   z]
[y*z, x*z]
f2v2 =
[  y,   x]
[  0,   z]
```

```
[y*z, x*z]
f2v2 =
[  y,   x]
[  0,   z]
[y*z, x*z]
```

3.2 向量和矩阵积分

在机器学习中，经常遇到一系列变量分析问题，向量和矩阵微积分是单个变量微积分的延伸。

3.2.1 向量梯度

令 $g(\boldsymbol{w})$ 为一个包含 m 个变量的可微数值函数，其中

$$\boldsymbol{w}=[w_1,w_2,\cdots,w_m]^{\mathrm{T}}$$

由此可得到 $g(\boldsymbol{w})$ 的梯度，采用 g 的偏微分形式：

$$\Delta g=\frac{\partial g}{\partial \boldsymbol{w}}=\begin{pmatrix}\dfrac{\partial g}{\partial w_1}\\ \vdots \\ \dfrac{\partial g}{\partial w_m}\end{pmatrix}$$

相似地，可定义二阶梯度矩阵或 Hessian 矩阵：

$$\frac{\partial^2 g}{\partial \boldsymbol{w}^2}=\begin{pmatrix}\dfrac{\partial^2 g}{\partial w_1^2} & \cdots & \dfrac{\partial^2 g}{\partial w_1 w_m}\\ \vdots & \ddots & \vdots \\ \dfrac{\partial^2 g}{\partial w_m w_1} & \cdots & \dfrac{\partial^2 g}{\partial w_m^2}\end{pmatrix}$$

将向量值函数进行推广，得到

$$\boldsymbol{g}(\boldsymbol{w})=[g_1(\boldsymbol{w}),g_2(\boldsymbol{w}),\cdots,g_n(\boldsymbol{w})]^{\mathrm{T}}$$

从而得到 Jacobian 矩阵的定义：

$$\frac{\partial \mathrm{g}}{\partial \boldsymbol{w}}=\begin{pmatrix}\dfrac{\partial g}{\partial w_1} & \cdots & \dfrac{\partial g}{\partial w_1}\\ \vdots & \ddots & \vdots \\ \dfrac{\partial g_1}{\partial w_m} & \cdots & \dfrac{\partial g_n}{\partial w_m}\end{pmatrix}$$

在向量转化中，Jacobian 矩阵的列向量是对应的分量函数 $g_i(\boldsymbol{w})$ 的梯度。

3.2.2 微分公式

常用的微分公式为

$$\frac{\partial f(\boldsymbol{w})g(\boldsymbol{w})}{\partial \boldsymbol{w}}=\frac{\partial f(\boldsymbol{w})}{\partial \boldsymbol{w}}g(\boldsymbol{w})+f(\boldsymbol{w})\frac{\partial g(\boldsymbol{w})}{\partial \boldsymbol{w}}$$

$$\frac{\partial f(\boldsymbol{w})/g(\boldsymbol{w})}{\partial \boldsymbol{w}}=\frac{\dfrac{\partial f(\boldsymbol{w})}{\partial \boldsymbol{w}}g(\boldsymbol{w})-f(\boldsymbol{w})\dfrac{\partial g(\boldsymbol{w})}{\partial \boldsymbol{w}}}{g^2(\boldsymbol{w})}$$

$$\frac{\partial a^{\mathrm{T}}\boldsymbol{w}}{\partial \boldsymbol{w}}=a$$

3.2.3 优化方法

梯度下降是对给定代价函数 $J(\boldsymbol{w})$ 进行最小化的方法：

$$\nabla J(\boldsymbol{w})=-\alpha(t)\frac{\partial J(\boldsymbol{w})}{\partial \boldsymbol{w}}$$

优化步骤为：

（1）初始值是 $\boldsymbol{w}(0)$；

（2）计算 $\boldsymbol{w}(0)$ 处的梯度 $\nabla J\boldsymbol{w}$；

（3）向负梯度或最陡下降方向移动一段距离；

（4）重复上述步骤，直到连续点足够接近。

3.2.4 拉格朗日乘子法

通常，约束优化问题可表述为

$$\begin{aligned}&\min J(\boldsymbol{w})\\&\text{s.t.}\quad H_i(w)=0, i=1,2,\cdots,k\end{aligned}$$

其中，J 为代价函数，H_i 为限制条件。

拉格朗日乘子法广泛应用于求解带约束的优化问题，使用时需要构建拉格朗日方程：

$$L(\boldsymbol{w},\lambda_1,\lambda_2,\cdots,\lambda_k)=\lambda(\boldsymbol{w})+\sum_{i=1}^{k}\lambda_i H_i(\boldsymbol{w})$$

其中，λ_i 是拉格朗日乘子。

令 L 的梯度为 0，可以求解最值问题，即有

$$\frac{\partial J(\boldsymbol{w})}{\partial \boldsymbol{w}}+\sum_{i=1}^{k}\frac{\partial H_i(\boldsymbol{w})}{\partial \boldsymbol{w}}=0$$

3.2.5 向量矩阵积分实现

在 MATLAB 中，提供了 trapz 函数为梯形函数积分，可用于实现向量矩阵积分。函数的语法格式如下。

Q = trapz(Y)：通过梯形法计算 Y 的近似积分（采用单位间距）。根据 Y 的大小确定求积分所沿用的维度。

① 如果 Y 为向量，则 trapz(Y) 是 Y 的近似积分。

② 如果 Y 为矩阵，则 trapz(Y) 对每列求积分并返回积分值的行向量。

③ 如果 Y 是多维数组，则 trapz(Y) 对大小不等于 1 的第一个维度求积分。该维度的大小变为 1，而其他维度的大小保持不变。

Q = trapz(X,Y)：根据 X 指定的坐标或标量间距对 Y 进行积分。

① 如果 X 是坐标向量，则 length(X) 必须等于 Y 的大小。

② 如果 X 是标量间距，则 trapz(X,Y) 等于 X*trapz(Y)。

Q = trapz(___,dim)：使用上述任意语法沿维度 dim 求积分。必须指定 Y，也可以指定 X。如果指定 X，则它可以是长度等于 size(Y,dim) 的标量或向量。例如，如果 Y 为矩阵，则 trapz(X,Y,2) 对 Y 的每行求积分。

【例 3-2】利用 trapz 函数对向量及矩阵求积分。

```
>>% 计算数据点之间的间距为 1 的向量的积分
 Y = [1 4 9 16 25];
>> % 使用 trapz 按单位间距对数据求积分
>> Q = trapz(Y)
Q =
     42
```

近似积分生成值为 42。在这种情况下，确切答案比近似积分稍小，为 $41\frac{1}{3}$。trapz 函数高估积分值，因为 $f(x)$ 是向上凸的。

```
% 对具有非均匀数据间距的矩阵的行求积分
>> X = [1 2.5 7 10];
Y = [5.2   7.7   9.6   13.2;
     4.8   7.0  10.5   14.5;
     4.9   6.5  10.2   13.8];
% 使用 trapz 分别对每一行进行积分，然后求出每次试验中经过的总距离。由于数据不是按固定间隔计
% 算的，因此指定 X 来表示数据点之间的间距。由于数据位于 Y 的行中，因此指定 dim = 2
>> Q1 = trapz(X,Y,2)
Q1 =
   82.8000
   85.7250
   82.1250
```

结果为积分值的列向量，Y 中的每行对应一个列向量。

3.3 特征值分解和奇异值分解

特征值分解只适用于方阵，然而在实际应用中，大部分矩阵不是方阵。而奇异值分解适用于任意矩阵，本节将对特征值分解与奇异值分解进行介绍。

3.3.1 特征值分解

特征值分解是将一个方阵 $\boldsymbol{A}$ 分解为如下形式：

$$\boldsymbol{A} = \boldsymbol{Q}\boldsymbol{\Sigma}\boldsymbol{Q}^{-1}$$

其中，$\boldsymbol{Q}$ 是方阵 $\boldsymbol{A}$ 的特征向量组成的矩阵，Σ 是一个对角矩阵，对角线元素是特征值。

通过特征值分解得到的前 N 个特征向量，表示矩阵 $\boldsymbol{A}$ 最主要的 N 个变化方向。利用这前 N 个变化方向，即可以近似这个矩阵（变换）。

【例 3-3】矩阵的特征值分解演示。

```
>> A =[ 0    -6    -1; 6     2   -16;  -5    20   -10];
```

此方程的解用矩阵指数 $x(t) = e^{tA}x(0)$ 表示：

```
>> lambda = eig(A)
lambda =
  -3.0710 + 0.0000i
  -2.4645 +17.6008i
  -2.4645 -17.6008i
```

每个特征值的实部都为负数，因此随着 t 的增加，$e^{\lambda t}$ 将会接近零。两个特征值（$+w$ 与 $-w$）的非零虚部为微分方程的解提供了振动分量 $\sin(wt)$。使用这两个输出参数，eig 可以计算特征向量并将特征值存储在对角矩阵中。

```
>> [V,D] = eig(A)
V =
  -0.8326 + 0.0000i   0.2003 - 0.1394i   0.2003 + 0.1394i
  -0.3553 + 0.0000i  -0.2110 - 0.6447i  -0.2110 + 0.6447i
  -0.4248 + 0.0000i  -0.6930 + 0.0000i  -0.6930 + 0.0000i
D =
  -3.0710 + 0.0000i   0.0000 + 0.0000i   0.0000 + 0.0000i
   0.0000 + 0.0000i  -2.4645 +17.6008i   0.0000 + 0.0000i
   0.0000 + 0.0000i   0.0000 + 0.0000i  -2.4645 -17.6008i
```

第一个特征向量为实数，另外两个向量互为共轭复数，三个向量都归一化为等于 1 的欧几里得长度 norm(v,2)。

矩阵 V × D × inv(V)（可更简洁地写为 V × D/V）位于 A 的舍入误差界限内，inv(V) × A × V 或 V\A × V 都在 D 的舍入误差界限内。

（1）多重特征值。

某些矩阵没有特征向量分解，这些矩阵是不可对角化的，例如：

```
>> [V,D] = eig(A)
V =
    1.0000    1.0000   -0.5571
         0    0.0000    0.7428
         0         0    0.3714
D =
     1     0     0
     0     1     0
     0     0     3
```

λ=1 时有一个双精度特征值，V 的第一列和第二列相同，对于此矩阵，并不存在一组完整的线性无关特征向量。

（2）Schur 分解。

许多高级矩阵计算不需要进行特征分解，而是使用 Schur 分解，公式为

$$A=USU'$$

其中，$\boldsymbol{U}$ 是正交矩阵，$\boldsymbol{S}$ 是对角线上 1×1 和 2×2 块的块上三角矩阵。特征值是通过 $\boldsymbol{S}$ 的对角元素和块显示的，而 $\boldsymbol{U}$ 的列提供了正交基，它的数值属性要远远优于一组特征向量。

【例 3-4】比较下面的亏损矩阵的特征值和 Schur 分解。

```
>> A = [ 6    12    19;-9   -20   -33; 4     9    15 ];
[V,D] = eig(A)
V =
  -0.4741 + 0.0000i  -0.4082 - 0.0000i  -0.4082 + 0.0000i
   0.8127 + 0.0000i   0.8165 + 0.0000i   0.8165 + 0.0000i
  -0.3386 + 0.0000i  -0.4082 + 0.0000i  -0.4082 - 0.0000i
D =
  -1.0000 + 0.0000i   0.0000 + 0.0000i   0.0000 + 0.0000i
   0.0000 + 0.0000i   1.0000 + 0.0000i   0.0000 + 0.0000i
   0.0000 + 0.0000i   0.0000 + 0.0000i   1.0000 - 0.0000i
>> [U,S] = schur(A)                                          %Schur 分解
U =
   -0.4741    0.6648    0.5774
    0.8127    0.0782    0.5774
   -0.3386   -0.7430    0.5774
S =
   -1.0000   20.7846  -44.6948
         0    1.0000   -0.6096
         0    0.0000    1.0000
```

矩阵 A 为亏损矩阵，因为它不具备一组完整的线性无关特征向量（V 的第二列和第三列相同）。由于 V 的列并不全部是线性无关的，因此它有一个很大的条件数，约为 1×10^8。但 schur 可以计算 U 中的 3 个不同基向量。由于 U 是正交矩阵，因此 cond(U) = 1。

矩阵 S 的实数特征值作为对角线上的第一个条目，并通过右下方的 2×2 块表示重复的特征值，2×2 块的特征值也是 A 的特征值：

```
>> eig(S(2:3,2:3))
ans =
   1.0000 + 0.0000i
   1.0000 - 0.0000i
```

3.3.2　奇异值分解

奇异值分解（Singular Value Decomposition，SVD）是在机器学习领域广泛应用的算法，它不仅可以用于降维算法中的特征分解，还可以用于推荐系统及自然语言处理等领域。它能适用于任意的矩阵的分解。

SVD 是将 $m\times n$ 的矩阵 $\boldsymbol{A}$ 分解为如下形式：

$$\boldsymbol{A}=\boldsymbol{U}\boldsymbol{S}\boldsymbol{V}^{\mathrm{T}}$$

其中，$\boldsymbol{U}$ 和 $\boldsymbol{V}$ 是正交矩阵，即 $\boldsymbol{U}^{\mathrm{T}}\boldsymbol{U}=\boldsymbol{I}$，$\boldsymbol{V}^{\mathrm{T}}\boldsymbol{V}=\boldsymbol{I}$，$\boldsymbol{U}$ 是左奇异矩阵，$\boldsymbol{U}\in\mathbf{R}^{m\times m}$，$\boldsymbol{S}$ 是 $m\times n$ 的对角阵（对角线上的元素是奇异值，非对角线元素都是 0），$\boldsymbol{V}^{\mathrm{T}}$ 为右奇异向量，$\boldsymbol{V}\in\mathbf{R}^{n\times n}$。

特征值用来描述方阵，可看作从一个空间到自身的映射。奇异值可以描述长方阵或奇异

矩阵，可看作从一个空间到另一个空间的映射。奇异值和特征值是有关系的，奇异值就是矩阵 $\boldsymbol{A}\times\boldsymbol{A}^{\mathrm{T}}$ 的特征值的平方根。

奇异值分解输入为样本数据，输出为左奇异矩阵，奇异值矩阵，右奇异矩阵，其步骤如下。

（1）计算特征值：特征值分解 $\boldsymbol{A}\boldsymbol{A}^{\mathrm{T}}$，其中 $\boldsymbol{A}\in\mathbf{R}^{m\times n}$ 为原始样本数据。

$$\boldsymbol{A}\boldsymbol{A}^{\mathrm{T}}=\boldsymbol{U}\varSigma\varSigma^{\mathrm{T}}\boldsymbol{U}^{\mathrm{T}}$$

得到左奇异矩阵 $\boldsymbol{U}\in\mathbf{R}^{m\times m}$ 和奇异值矩阵 $\varSigma'\in\mathbf{R}^{m\times n}$。

（2）间接求部分右奇异矩阵：求 $\boldsymbol{V}\in\mathbf{R}^{m\times n}$。

利用 $\boldsymbol{A}=\boldsymbol{U}\varSigma'\boldsymbol{V}'$ 可得

$$\boldsymbol{V}'=(\boldsymbol{U}\varSigma')^{-1}\boldsymbol{A}=(\varSigma)^{-1}\boldsymbol{U}^{\mathrm{T}}\boldsymbol{A}$$

（3）返回 $\boldsymbol{U}$、$\varSigma'$、$\boldsymbol{V}'$，分别为左奇异矩阵、奇异值矩阵、右奇异矩阵。

在 MATLAB 中，提供了 svd 函数实现奇异值分解。函数的语法格式如下。

S = svd(A)：降序返回矩阵 A 的奇异值。

[U,S,V] = svd(A)：执行矩阵 A 的奇异值分解，因此 A = U × S × V'。

[___] = svd(A,"econ")：使用上述任一输出参数组合生成 A 的精简分解。如果 A 是 m × n 矩阵，则：

① 如果 m > n，只计算 U 的前 n 列，S 是一个 n × n 矩阵；

② 如果 m = n，svd(A,"econ")，等效于 svd(A)；

③ 如果 m < n，只计算 V 的前 m 列，S 是一个 m × m 矩阵。

精简分解从奇异值的对角矩阵 S 中删除额外的零值行或列，以及 U 或 V 中与表达式 A= U × S × V' 中的那些零值相乘的列。删除这些零值和列可以缩短执行时间，并减少存储要求，而且不会影响分解的准确性。

[___] = svd(A,0) 为 m × n 矩阵 A 生成另一种精简分解：

① 如果 m > n，svd(A,0) 等效于 svd(A,"econ")；

② 如果 m <= n，svd(A,0) 等效于 svd(A)。

[___] = svd(___,outputForm)：还可以指定奇异值的输出格式，可以将此选项与上述任一输入或输出参数组合一起使用。指定 vector 以列向量形式返回奇异值，或指定 matrix 以对角矩阵形式返回奇异值。

【例 3-5】求矩形矩阵 $\boldsymbol{A}$ 的奇异值分解。

```
>> A = [1 2; 3 4; 5 6; 7 8];
>> [U,S,V] = svd(A)                                          %奇异值分解
U =
   -0.1525   -0.8226   -0.3945   -0.3800
   -0.3499   -0.4214    0.2428    0.8007
   -0.5474   -0.0201    0.6979   -0.4614
   -0.7448    0.3812   -0.5462    0.0407
S =
   14.2691         0
         0    0.6268
         0         0
         0         0
V =
   -0.6414    0.7672
```

```
    -0.7672    -0.6414
>> % 在计算机精度范围内确认关系 A = U*S*V'
>> U*S*V'
ans =
     1.0000     2.0000
     3.0000     4.0000
     5.0000     6.0000
     7.0000     8.0000
```

3.4　最优化方法

在生活和工作中，人们对于同一个问题往往会提出多个解决方案，并通过各方面的论证从中提取最佳方案。最优化方法就是专门研究如何从多个方案中科学合理地提取出最佳方案的科学。由于优化问题无所不在，目前最优化方法的应用和研究已经深入生产和科研的各个领域。

3.4.1　无约束优化方法

本节介绍几种常用的无约束方法。

1. 梯度下降法

梯度下降法也叫作最速下降法，因为负梯度是函数局部下降最快的方向。

1）梯度下降

梯度下降法的迭代格式为

$$x_{k+1}=x_k-\alpha_k\nabla f(x_k)$$

梯度下降法非常简单，只需要知道如何计算目标函数的梯度就可以写出迭代格式。因此，尽管在不少情况下，梯度下降法的收敛速度都很慢，但依然不影响它在工业界的广泛应用。

2）随机梯度下降

在机器学习中，经常有 $f(x)=\sum_{i=1}^{m}\ell_i(x)$，其中 $\ell_i(x)$ 是第 i 个训练样本的损失函数。这时可以使用随机梯度下降法，其迭代格式为

$$x_{k+1}=x_k-\alpha_k\nabla\ell_r(x_k)$$

其中，$r\in 1,2,\cdots,m$ 为随机数。这种做法可以理解为随机选择一个训练样本，进行一次梯度下降的训练。

2. 共轭梯度法

由于每次都是沿着当前的负梯度方向逼近极小值，梯度下降法往往不能很快地收敛到极小值点。改进的方法是，在上一次梯度方向的共轭方向上进行迭代。其迭代的公式为

$$x_{k+1}=x_k+\alpha_k d_k$$

其中，d_k 为迭代方向，它由如下公式确定。

$$d_k=-f(x_k)+\beta_k d_{k-1}$$

使用系数 β_k 借助上一次的迭代方向 d_{k-1}，对迭代方向 d_k 进行一个修正。β_k 的表达式不止一种，常用的表达式如下：

$$\beta_k = \frac{(\nabla f(x_k))^{\mathrm{T}}(\nabla f(x_k) - \nabla f(x_{k-1}))}{(\nabla f(x_{k-1}))^{\mathrm{T}} d_{k-1})}$$

3. 牛顿法

牛顿法和梯度法最大的区别是前者考虑了 Hessian 矩阵（记 x_k 处的 Hessian 矩阵为 $\nabla^2 f(x_k)$）。牛顿法的迭代格式为

$$x_{k+1} = x_k - \alpha_k(\nabla^2 f(x_k))^{-1}\nabla f(x_k)$$

此处的步长 α_k 有多种取法，此处步长取 1。值得注意的是，虽然写作 $d_k = -(\nabla^2 f(x_k))^{-1}\nabla f(x_k)$，但在计算 d_k 时，并不真正求逆，而是去求解线性方程组 $(\nabla^2 f(x_k))d_k = -\nabla f(x_k)$。

假设 $f(x)$ 是一元函数，上式将变为

$$x_{k+1} = x_k - \alpha\frac{f(x_k)}{f'(x_k)}$$

4. 牛顿法的局限

牛顿法在计算上有一定局限性，主要表现在以下 3 方面。

（1）计算矩阵 $\nabla^2 f(x_k)$ 可能要花费很长时间。

（2）可能没有足够的内存去存储矩阵 $\nabla^2 f(x_k)$。

（3）$\nabla^2 f(x_k)$ 不一定可逆，也就是 $(\nabla^2 f(x_k))^{-1}$ 不一定存在。

因此一般只有当问题规模较小且 $f(x_k)$ 是严格凸函数时，才会考虑牛顿法。在其他情形下使用牛顿法，都需要设法进行一些修正。

5. 拟牛顿法

牛顿法的局限性基本源于 $\nabla^2 f(x_k)$。在拟牛顿法中，不直接使用 $\nabla^2 f(x_k)$，而是使用 $\boldsymbol{H}_k$ 近似代替。

在第一次迭代时，没有任何有效信息可以用于选取 $\boldsymbol{H}_0$，因此一般直接取 $\boldsymbol{H}_0 = \boldsymbol{I}$。对于 $\boldsymbol{H}_{k+1}$ 的确定方法，分别用 BFGS（Brotden-Fletcher Goldfard Shanno）和 DFP（Davidon Fletcher Powell）公式给出。

（1）BFGS 公式为

$$\boldsymbol{H}_{k+1} = \left(\boldsymbol{I} - \frac{\boldsymbol{s}_k\boldsymbol{y}_k^{\mathrm{T}}}{\boldsymbol{y}_k^{\mathrm{T}}\boldsymbol{s}_k}\right)\boldsymbol{H}_k\left(\boldsymbol{I} - \frac{\boldsymbol{y}_k\boldsymbol{s}_k^{\mathrm{T}}}{\boldsymbol{y}_k^{\mathrm{T}}\boldsymbol{s}_k}\right) + \frac{\boldsymbol{s}_k\boldsymbol{y}_k^{\mathrm{T}}}{\boldsymbol{y}_k^{\mathrm{T}}\boldsymbol{s}_k}$$

（2）DFP 公式为

$$\boldsymbol{H}_{k+1} = \boldsymbol{H}_k + \frac{\boldsymbol{s}_k\boldsymbol{s}_k^{\mathrm{T}}}{\boldsymbol{s}_k^{\mathrm{T}}\boldsymbol{y}_k} - \frac{\boldsymbol{H}_k\boldsymbol{y}_k\boldsymbol{y}_k^{\mathrm{T}}\boldsymbol{H}_k^{\mathrm{T}}}{\boldsymbol{y}_k^{\mathrm{T}}\boldsymbol{H}_k^{\mathrm{T}}\boldsymbol{y}_k}$$

于是拟牛顿法的迭代公式变为

$$x_{k+1} = x_k + \alpha_k\boldsymbol{H}_k\nabla f(x_k)$$

步长 α_k 可以使用某种线搜索方法进行确定。拟牛顿法很好地解决了 Hessian 矩阵的计算问题，但是仍然没有解决存储问题。一个很好的解决办法是有限内存 BFGS 方法。这里不做进一步的介绍。

6. 无约束优化实现

在 MATLAB 中，提供了相关函数用于实现无约束优化算法，下面对相关函数进行介绍。

（1）fminunc 函数。

在 MATLAB 中，提供了 fminunc 函数用于求无约束多变量函数的最小值，即求以下问题的最小值：

$$\min_{x\in R^n} f(\boldsymbol{x})$$

其中，$f(\boldsymbol{x})$ 为返回标量的函数，$\boldsymbol{x}$ 为向量或矩阵。函数的语法格式为：

x = fminunc(fun,x0)：在点 x0 处开始并尝试求 fun 中描述的函数的局部最小值 x。点 x0 可以是标量、向量或矩阵。

x = fminunc(fun,x0,options)：使用 options 中指定的优化选项最小化 fun。使用 optimoptions 可设置这些选项。

x = fminunc(problem)：求 problem 的最小值，它是 problem 中所述的一个结构体。

[x,fval] = fminunc(___)：对上述任何语法，返回目标函数 fun 在解 x 处的值。

[x,fval,exitflag,output] = fminunc(___)：返回描述 fminunc 的退出条件的值 exitflag，以及提供优化过程信息的结构体 output。

[x,fval,exitflag,output,grad,hessian] = fminunc(___)：返回 grad - fun 在解 x 处的梯度。

【例 3-6】求非线性函数 $f(x)=x_1\mathrm{e}^{-\|x\|_2^2}+\dfrac{\|x\|_2^2}{20}$ 的最小值，并检测求解过程。

实现的 MATLAB 代码为：

```
>> clear all;
% 设置选项以获取迭代输出并使用 'quasi-newton' 算法
options = optimoptions(@fminunc,'Display','iter','Algorithm',
'quasi-newton');
fun = @(x)x(1)*exp(-(x(1)^2 + x(2)^2)) + (x(1)^2 + x(2)^2)/20;
% 定义目标函数为
fun = @(x)x(1)*exp(-(x(1)^2 + x(2)^2)) + (x(1)^2 + x(2)^2)/20;
% 在 x0=[1,2] 处开始最小化，并获取检查求解质量和过程的输出
x0 = [1,2];
[x,fval,exitflag,output] = fminunc(fun,x0,options)
```

运行程序，输出如下：

```
                                                          First-order
 Iteration  Func-count       f(x)        Step-size         optimality
     0           3        0.256738                           0.173
     1           6        0.222149              1            0.131
     2           9         0.15717              1            0.158
     3          18       -0.227902       0.438133            0.386
     4          21       -0.299271              1             0.46
     5          30       -0.404028       0.102071           0.0458
     6          33       -0.404868              1           0.0296
     7          36       -0.405236              1          0.00119
     8          39       -0.405237              1         0.000252
     9          42       -0.405237              1         7.97e-07
找到局部最小值。
```

```
优化已完成，因为梯度大小小于
最优性容差的值。
<停止条件详细信息>
x =
   -0.6691    0.0000
fval =
   -0.4052
exitflag =
     1
output =
包含以下字段的 struct:
       iterations: 9
        funcCount: 42
         stepsize: 2.9343e-04
     lssteplength: 1
    firstorderopt: 7.9721e-07
        algorithm: 'quasi-newton'
          message: '找到局部最小值。
```

【例 3-7】（产销量的最佳安排）某工厂生产一种产品，有甲、乙两个牌号，讨论在产销平衡的情况下怎样确定各自的产量，使总利润最大。所谓产销平衡是指工厂的产量等于市场上的销量。其中，$f(x_1,x_2)$为总利润；p_1、q_1、x_1分别表示甲的价格、成本、销量；p_2、q_2、x_2分别表示乙的价格、成本、销量；a_{ij}、b_i、λ_i、$c_i(i,j=1,2)$为待定系数。根据大量的统计数据，求出系数：

$$b_1 = 100,\ a_{11} = 1,\ a_{12} = 0.1;\ b_2 = 280,\ a_{21} = 0.2,\ a_{22} = 2$$
$$r_1 = 30,\ \lambda_1 = 0.015,\ c_1 = 20;\ r_2 = 100,\ \lambda_2 = 0.02,\ c_2 = 30$$

将问题转换为无约束优化问题，求甲、乙两个牌号的产量x_1、x_2，使总利润f最大。

解：将问题转换为求以下函数的极大值：

$$f_1 = (b_1 - a_{11}x_1)x_1 + (b_2 - a_{22}x_2)x_2$$

显然，其解为$x_1 = \dfrac{b_1}{2a_{11}} = 50$，$x_2 = \dfrac{b_2}{2a_{22}} = 70$，把它作为原问题的初始值。

根据需要，建立描述目标函数的M文件，代码为：

```
function f=objfun(x)
f1=((110-x(1)-0.1*x(2))-(30*exp(-0.015*x(1))+20))*x(1);
f2=((280-0.2*x(1)-2*x(2))-(100*exp(-0.025*x(2))+30))*x(2);
f=-f1-f2;
```

调用 fminunc 求解该最优化问题，设定初始点为 [50,70]，代码为：

```
>> clear all;
x0=[50,70];
[x,fval,exitflag]=fminunc(@objfun,x0)
```

运行程序，输出如下：

```
x =
   30.3310   63.2125
```

```
fval =
  -7.1672e+03
exitflag =
     1
```

（2）fminsearch 函数。

MATLAB 中求解无约束优化问题还可以调用 fminsearch 函数，该函数与 fminunc 函数不同，因为 fminsearch 进行寻优的算法基于不使用梯度的单纯形法，其应用范围是无约束的多维非线性规划问题。函数 fminsearch 的调用格式如下。

x = fminsearch(fun,x0)：在点 x0 处开始并尝试求 fun 中描述的函数的局部最小值 x。

x = fminsearch(fun,x0,options)：使用结构体 options 中指定的优化选项求最小值，使用 optimset 可设置这些选项。

x = fminsearch(problem)：求 problem 的最小值，其中 problem 是一个结构体。

[x,fval] = fminsearch(___)：对任何上述输入语法，在 fval 中返回目标函数 fun 在解 x 处的值。

[x,fval,exitflag] = fminsearch(___)：返回描述退出条件的值 exitflag。

[x,fval,exitflag,output] = fminsearch(___)：返回结构体 output 以及有关优化过程的信息。

【例 3-8】假设在以下 Rosenbrock 类型函数中有一个参数 a：

$$f(x,a)=100(x_2-x_1^2)^2+(a-x_1)^2$$

此函数在 $x_1=a$ 、$x_2=a^2$ 处具有最小值 0。假设 $a=3$，可以通过创建匿名函数将该参数包含在目标函数中。

```
>> % 创建目标函数并将其额外形参作为额外实参
f = @(x,a)100*(x(2) - x(1)^2)^2 + (a-x(1))^2;
% 将参数放在 MATLAB 工作区中
a = 3;
% 单独创建包含参数的工作区值的 x 的匿名函数
fun = @(x)f(x,a);
% 在 x0 = [-1,1.9] 处开始解算该问题
x0 = [-1,1.9];
x = fminsearch(fun,x0)
```

运行程序，输出如下：

```
x =
    3.0000    9.0000
```

（3）fgoalattain 函数。

在运筹学中，多目标规划问题属于比较复杂的一类优化问题，通常没有固定的求解算法，而且对于求解结果，不容易评价其优化性能。

多目标优化问题的处理方法包括以下 4 种。

① 约束法：确定目标函数的取值范围后，将其转换成约束条件。

② 权重法：为每个目标函数分配一定的权重进行加和，将其转换为单目标优化问题。权重法包括固定权重法、适应性权重法与随机权重法。

③ 目标规划法：通过引入目标函数极值和目标的正偏差与负偏差，将求目标函数的极值

问题转换为所有目标函数与对应的目标偏差的最小值问题，进行目标规划求解。

④ 现代化人工智能算法：该算法包括遗传算法、粒子群算法等，利用这些算法直接进行多目标优化。

多目标规划问题的数学模型为

$$\min_{x,\gamma} F(\boldsymbol{x}) - \mathbf{weight}.\gamma \leqslant \mathbf{goal}$$

$$\text{s.t.}\begin{cases} c(\boldsymbol{x}) \leqslant 0 \\ \text{ceq}(\boldsymbol{x}) = 0 \\ \mathbf{A}\boldsymbol{x} \leqslant \boldsymbol{b} \\ \mathbf{Aeq}.\boldsymbol{x} = \mathbf{beq} \\ \mathbf{lb} \leqslant \boldsymbol{x} \leqslant \mathbf{ub} \end{cases}$$

其中，**weight**、**goal**、***b*** 和 **beq** 是向量，***A*** 和 **Aeq** 是矩阵，$F(\boldsymbol{x})$、$c(\boldsymbol{x})$ 和 $\text{ceq}(\boldsymbol{x})$ 是返回向量的函数。$F(\boldsymbol{x})$、$c(\boldsymbol{x})$ 和 $\text{ceq}(\boldsymbol{x})$ 可以是非线性函数，***x***、**lb** 和 **ub** 可以作为向量或矩阵传递。

MATLAB 优化工具箱提供了 fgoalattain 函数用于求解多目标规划问题。函数的语法格式如下。

x = fgoalattain(fun,x0,goal,weight)：尝试从 x0 开始，用 weight 指定的权重更改 x，使 fun 提供的目标函数达到 goal 指定的目标。

x = fgoalattain(fun,x0,goal,weight,A,b)：求解满足不等式 Ax ≤ b 的目标达到问题。

x = fgoalattain(fun,x0,goal,weight,A,b,Aeq,beq)：求解满足等式 Aeqx = beq 的目标达到问题。如果不存在不等式，则设置 A = [] 和 b = []。

x = fgoalattain(fun,x0,goal,weight,A,b,Aeq,beq,lb,ub)：求解满足边界 lb ≤ x ≤ ub 的目标达到问题。如果不存在等式，需设置 Aeq = [] 和 beq = []。如果 x(i) 无下界，则设置 lb(i) = –Inf；如果 x(i) 无上界，则设置 ub(i) = Inf。

x = fgoalattain(fun,x0,goal,weight,A,b,Aeq,beq,lb,ub,nonlcon)：求解满足 nonlcon 所定义的非线性不等式 c(x) 或等式 ceq(x) 的目标达到问题。fgoalattain 进行优化，以满足 c(x) ≤ 0 和 ceq(x) = 0。如果不存在边界，则设置 lb = [] 和 ub = []。

x = fgoalattain(fun,x0,goal,weight,A,b,Aeq,beq,lb,ub,nonlcon,options)：使用 options 所指定的优化选项求解目标达到问题。使用 optimoptions 可设置这些选项。

x = fgoalattain(problem)：求解 problem 所指定的目标达到问题，它是 problem 中所述的一个结构体。

[x,fval] = fgoalattain(___)：对上述任何语法，返回目标函数 fun 在解 x 处计算的值。

[x,fval,attainfactor,exitflag,output] = fgoalattain(___)：返回在解 x 处的达到因子、描述 fgoalattain 退出条件的值 exitflag，以及包含优化过程信息的结构体 output。

[x,fval,attainfactor,exitflag,output,lambda] = fgoalattain(___)：返回结构体 lambda，其字段包含在解 x 处的拉格朗日乘子。

【例 3-9】利用 fgoalattain 函数求目标函数 $F(x)=\begin{bmatrix} 2+\|x-p_1\|^2 \\ 5+\dfrac{\|x-p_2\|^2}{4} \end{bmatrix}$ 的最优值。

此外，p_1 =[2,3]，且 p_2 =[4,1]，目标是 [3,6]，权重是 [1,1]，边界是$0\leqslant x_1\leqslant 3$、$2\leqslant x_2\leqslant 5$。

```
>> %创建目标函数、目标和权重
p_1 = [2,3];
p_2 = [4,1];
fun = @(x)[2 + norm(x-p_1)^2;5 + norm(x-p_2)^2/4];
goal = [3,6];
weight = [1,1];
%创建边界
lb = [0,2];
ub = [3,5];
%将初始点设置为 [1,4]，并求解目标达到问题
x0 = [1,4];
A = []; %无线性约束
b = [];
Aeq = [];
beq = [];
x = fgoalattain(fun,x0,goal,weight,A,b,Aeq,beq,lb,ub)
x =
    2.6667    2.3333
%计算 F(x) 在解处的值
>> fun(x)
ans =
    2.8889
    5.8889
```

从结果可看出，fgoalattain 超出满足目标。由于权重相等，求解器结果溢出每个目标的量是相同的。

3.4.2　约束优化与 KKT 条件

约束条件分为等式约束与不等式约束，对于等式约束的优化问题，可以直接应用拉格朗日乘子法去求取最优值；对于含有不等式约束的优化问题，可以转换为在满足 KKT 约束条件下应用拉格朗日乘子法求解。

1. 等式约束优化

首先考虑一个不带任何约束的优化问题，对于变量 $x \in R^N$ 的函数 $f(x)$，无约束优化问题为

$$\min_x f(x)$$

当目标函数加上约束条件后，问题就变成：

$$\begin{aligned}&\min_x f(x)\\&\text{s.t.}\quad h_i(x)=0,\ i=1,2,\cdots,m\end{aligned}$$

约束条件会将解的范围限定在一个可行域，此时不一定能找到使 $\nabla_x f(x)$ 为 0 的点，只需找到在可行域内使 $f(x)$ 最小的值即可，常用的方法即为拉格朗日乘子法，构建为

$$L(x,\alpha)=f(x)+\sum_{i=1}^{m}\alpha_i h_i(x)$$

求解方法为：先用拉格朗日乘子法求 α 与 x：

$$\begin{cases}\nabla_x L(x,\alpha)=0\\ \nabla_\alpha L(x,\alpha)=0\end{cases}$$

令导数为 0，求得 x 、α 的值后，将 x 代入 $f(x)$ 即为在约束条件 $h_i(x)$ 下的可行解。

2. 不等式约束优化

当约束加上不等式后，情况变得更加复杂，先来看一个简单情况，给定如下不等式约束问题：

$$\min_x f(x)$$
$$\text{s.t.}\quad g(x)\leqslant 0$$

对应的拉格朗日乘子为

$$L(x,\lambda)=f(x)+\lambda g(x)$$

这时的可行解必须在约束区域 $g(x)$ 内。对于不等式约束，只要满足一定的条件，依然可以使用拉格朗日乘子法解决，这里的条件便是 KKT 条件。

给出形式化的 KKT 条件不等式约束优化问题：

$$\min_x f(x)$$
$$\text{s.t.}\quad \begin{matrix} h_i(x)=0，i=1,2,\cdots,m \\ g_j(x)\leqslant 0，j=1,2,\cdots,n\end{matrix}$$

列出拉格朗日乘子得到无约束优化问题：

$$L(x,\alpha,\beta)=f(x)+\sum_{i=1}^{m}\alpha_i h_i(x)+\sum_{j=1}^{n}\beta_i g_i(x)$$

加上不等式约束后可行解 x 需要满足的就是以下的 KKT 条件：

$$\begin{aligned}&\nabla_x L(x,\alpha,\beta)=0\\&\beta_j g_j(x)=0，j=1,2,\cdots,n\\&h_i(x)=0，i=1,2,\cdots,m\\&g_j(x)\leqslant 0，j=1,2,\cdots,n\\&\beta_j\geqslant 0，j=1,2,\cdots,n\end{aligned}$$

满足 KKT 条件后极小化拉格朗日即可得到在不等式约束条件下的可行解。

3. 约束优化的实现

在 MATLAB 中，提供了相关函数用于求解约束优化问题，下面对相应函数进行介绍。

（1）linprog 函数。

linprog 函数用于求解以下非线性规划问题

$$\min_x \boldsymbol{f}^{\mathrm{T}}\boldsymbol{x}$$
$$\text{s.t.}\quad\begin{cases}\boldsymbol{A}\cdot\boldsymbol{x}\leqslant\boldsymbol{b}\\ \mathbf{Aeq}\cdot\boldsymbol{x}=\mathbf{beq}\\ \mathbf{lb}\leqslant\boldsymbol{x}\leqslant\mathbf{ub}\end{cases}$$

其中，$\boldsymbol{f}$、$\boldsymbol{x}$、$\boldsymbol{b}$、**beq**、**lb** 和 **ub** 是向量，**A** 和 **Aeq** 是矩阵。

linprog 函数的语法格式如下。

x = linprog(f,A,b)：求解 min f'x，满足 Ax ≤ b。

x = linprog(f,A,b,Aeq,beq)：包括等式约束 Aeq·x = beq。如果不存在不等式，需设置 A= [] 和 b = []。

x = linprog(f,A,b,Aeq,beq,lb,ub)：定义设计变量 x 的一组下界和上界，使解 x 始终在 [lb, ub] 上。如果不存在等式，需设置 Aeq = [] 和 beq = []。

x = linprog(f,A,b,Aeq,beq,lb,ub,options)：使用 options 所指定的优化选项执行最小化。

x = linprog(problem)：求 problem 的最小值，它是 problem 中所述的一个结构体。

可以使用 mpsread 从 MPS 文件中导入 problem 结构体。还可以使用 prob2struct 从 OptimizationProblem 对象创建 problem 结构体。

对于任何输入参数，[x,fval] = linprog(___) 返回目标函数 fun 在解 x 处的值：fval = f'x。

[x,fval,exitflag,output] = linprog(___)：返回说明退出条件的值 exitflag，以及包含优化过程信息的结构体 output。

[x,fval,exitflag,output,lambda] = linprog(___)：返回结构体 lambda，其字段包含在解 x 处的拉格朗日乘子。

【例 3-10】求解具有线性不等式、线性等式和边界的简单线性规划。线性不等式约束为

$$
\begin{aligned}
&x(1)+x(2)\leqslant 2\\
&x(1)+x(2)/4\leqslant 1\\
&x(1)-x(2)\leqslant 2\\
&-x(1)/4-x(2)\leqslant 1\\
&-x(1)-x(2)\leqslant -1\\
&-x(1)+x(2)\leqslant 2
\end{aligned}
$$

利用 linprog 函数求解的代码为：

```
>> clear all;
A = [1 1; 1 1/4; 1 -1; -1/4 -1; -1 -1; -1 1];
b = [2 1 2 1 -1 2];
%使用线性等式约束 x(1)+x(2)/4=1/2
Aeq = [1 1/4];
beq = 1/2;
%设置以下边界：-1 ≤ x(1) ≤ 1.5、-0.5 ≤ x(2) ≤ 1.25
lb = [-1,-0.5];
ub = [1.5,1.25];
%使用目标函数 -x(1)-x(2)/3
f = [-1 -1/3];
%求解线性规划
x = linprog(f,A,b,Aeq,beq,lb,ub)
```

运行程序，输出如下：

```
找到最优解。
x =
    0.1875
    1.2500
```

【例 3-11】（连续投资问题）某机构现在拥有资本 205 万元，为了获取更大的收益，该机构决定将这 205 万元进行投资，有 4 个方案可供选择，投资的方式为每年年初将机构持有的所有资本都用于投资。

方案 1：从第 1 年到第 4 年的每年年初都需要投资，次年年末收回本利 1.15 万元。
方案 2：第 3 年年初投资，到第 5 年年末收回本利 1.25 万元，最大投资额为 82 万元。
方案 3：第 2 年年初投资，到第 5 年年末收到本利 1.45 万元，最大投资额为 62 万元。
方案 4：每年年初投资，每年年末收回本利 1.06 万元。
则应该采用哪种投资组合策略，使得该机构 5 年年末的总资本最大？
根据题意，得到该线性规划问题的数学描述为

$$\max f = 1.25x_{23} + 1.45x_{32} + 1.15x_{41} + 1.06x_{54}$$

$$\text{s.t.}\begin{cases} x_{11} + x_{14} = 205 \\ 1.06x_{14} - x_{21} - x_{23} - x_{24} = 0 \\ 1.15x_{11} + 1.06x_{24} - x_{31} - x_{32} - x_{34} = 0 \\ 1.15x_{21} + 1.06x_{34} - x_{41} - x_{4} = 0 \\ 1.15x_{31} + 1.06x_{44} - x_{54} = 0 \\ x_{23} \leqslant 62, x_{32} \leqslant 82 \\ x_{ij \geqslant 0} (i = 1, 2, \cdots, 5; j = 1, 2, 3, 4) \end{cases}$$

将目标函数转换为极小值，取目标函数中设计变量的相反数。

$$\min f = -1.25x_{23} - 1.45x_{32} - 1.15x_{41} - 1.06x_{54}$$

其实现的 MATLAB 代码为：

```
>> clear all;
c=[0 0 0 -1.45 0 0 -1.25 0 -1.15 0 -1.06]';                    %目标函数
%线性等式约束
Aeq=[1 1 0 0 0 0 0 0 0 0 0;0 1.06 -1 -1 -1 0 0 0 0 0 0;...
    1.15 0 0 0 1.06 -1 -1 -1 0 0 0;0 0 1.15 0 0 0 0 1.06 -1 -1 0;...
    0 0 0 0 0 1.15 0 0 0 1.06 -1];
beq=[205 0 0 0 0]';
%设计变量的边界约束
lb=[0 0 0 0 0 0 0 0 0 0 0]';
ub=[inf inf inf 62 inf inf 82 inf inf inf inf]';
%求最优解 x 和目标函数值 fval，由于无不等式约束，因此设置 A=[],b=[]
[x,fval,exitflag]=linprog(c,[],[],Aeq,beq,lb,ub)
```

运行程序，输出如下：

```
Optimization terminated.
x =
  125.8922
   79.1078
   21.8542
   62.0000
    0.0000
   35.0855
   82.0000
   27.6906
   54.4844
    0.0000
   40.3483
```

```
fval =
 -297.8262
exitflag =
     1
```

（2）fminbnd 函数。

fminbnd 函数用于查找单变量函数在指定区间上的最小值，如求以下条件指定的问题的最小值：

$$\min_{x} f(x)$$
$$\text{s.t.}\quad x_1 < x < x_2$$

其中，x 、x_1 和 x_2 是有限标量，$f(x)$ 为目标函数。

fminbnd 函数的语法格式如下。

x = fminbnd(fun,x1,x2)：返回一个值 x，该值是 fun 中描述的标量值函数在区间 (x_1, x_2) 中的局部最小值。

x = fminbnd(fun,x1,x2,options)：使用 options 中指定的优化选项执行最小化计算。使用 optimset 可设置这些选项。

x = fminbnd(problem)：求 problem 的最小值，其中 problem 是一个结构体。

对于任何输入参数，[x,fval] = fminbnd(___) 返回目标函数在 fun 的解 x 处计算出的值。

[x,fval,exitflag] = fminbnd(___)：返回描述退出条件的值 exitflag。

[x,fval,exitflag,output] = fminbnd(___)：返回一个包含有关优化的信息的结构体 output。

【例 3-12】求 $\sin(x)$ 函数在 $(0, 2\pi)$ 内的最小值的点。

```
>> fun = @sin;
x1 = 0;
x2 = 2*pi;
x = fminbnd(fun,x1,x2)
x =
    4.7124
>> % 为了显示精度，此值与正确值 x=3π/2 相同
3*pi/2
ans =
    4.7124
```

3.4.3　二次规划

二次规划是非线性规划中的一类特殊数学规划问题，在很多方面有应用，如投资组合、约束最小二乘问题的求解、序列二次规划、非线性优化问题等。

二次规划的标准形式为

$$\min f(\boldsymbol{x}) = \frac{1}{2}\boldsymbol{x}^{\mathrm{T}}\boldsymbol{H}\boldsymbol{x} + \boldsymbol{c}^{\mathrm{T}}\boldsymbol{x}$$
$$\text{s.t.}\quad \boldsymbol{A}\boldsymbol{x} \geqslant b$$

其中，$\boldsymbol{H}$ 是 Hessian 矩阵，$\boldsymbol{c}$，$\boldsymbol{x}$ 和 $\boldsymbol{A}$ 都是 $\mathbf{R}$ 中的向量。如果 Hessian 矩阵是半正定的，则称该规划是一个凸二次规划，在这种情况下，该问题的困难程度类似于线性规划。如果至少有一个向量满足约束并且在可行域有下界，则凸二次规划问题就有一个全局最小值。如

果是正定的，则这类二次规划为严格的凸二次规划，那么全局最小值就是唯一的。如果是一个不定矩阵，则为非凸二次规划，这类二次规划更有挑战性，因为它们有多个平稳点和局部极小值点。

在 MATLAB 中，提供了 quadprog 函数求由下式指定的问题的最小值

$$\min_{x} \frac{1}{2} \boldsymbol{H}\boldsymbol{x} + \boldsymbol{f}^{\mathrm{T}}\boldsymbol{x}$$

$$\text{s.t.} \begin{cases} \boldsymbol{A} \cdot \boldsymbol{x} \leqslant \boldsymbol{b} \\ \mathbf{Aeq} \cdot \boldsymbol{x} = \mathbf{beq} \\ \mathbf{lb} \leqslant \boldsymbol{x} \leqslant \mathbf{ub} \end{cases}$$

H、***A*** 和 **Aeq** 是矩阵，***f***、***b***、**beq**、**lb**、**ub** 和 ***x*** 是向量。可以将 ***f***、**lb** 和 **ub** 作为向量或矩阵进行传递。

quadprog 函数的语法格式如下。

x = quadprog(H,f)：返回使 1/2x'Hx + f'x 最小的向量 x。要使问题具有有限最小值，输入数据 H 必须为正定矩阵，如果 H 是正定矩阵，则解 x = H\(−f)。

x = quadprog(H,f,A,b)：在 Ax ≤ b 的条件下求 1/2x'Hx + f'x 的最小值。输入数据 A 是由双精度值组成的矩阵，b 是由双精度值组成的向量。

x = quadprog(H,f,A,b,Aeq,beq)：在满足 Aeq · x = beq 的限制条件下求解上述问题。Aeq 是由双精度值组成的矩阵，beq 是由双精度值组成的向量。如果不存在不等式，则设置 A =[] 和 b = []。

x = quadprog(H,f,A,b,Aeq,beq,lb,ub)：在满足 lb ≤ x ≤ ub 的限制条件下求解上述问题。输入数据 lb 和 ub 是由双精度值组成的向量，这些限制适用于每个 x 分量。如果不存在等式，需设置 Aeq = [] 和 beq = []。

x = quadprog(H,f,A,b,Aeq,beq,lb,ub,x0)：从向量 x0 开始求解上述问题。如果不存在边界，需设置 lb = [] 和 ub =[]。

x = quadprog(H,f,A,b,Aeq,beq,lb,ub,x0,options)：使用 options 中指定的优化选项求解上述问题。

x = quadprog(problem)：返回 problem 的最小值，它是 problem 中所述的一个结构体。使用圆点表示法或 struct 函数创建 problem 结构体。或者，使用 prob2struct 从 OptimizationProblem 对象创建 problem 结构体。

对于任何输入变量，[x,fval] = quadprog(___)：还会返回 fval，即在 x 处的目标函数值 fval = 0.5x'Hx + f'x。

[x,fval,exitflag,output] = quadprog(___)：返回 exitflag（描述 quadprog 退出条件的整数）及 output（包含有关优化信息的结构体）。

[x,fval,exitflag,output,lambda] = quadprog(___)：返回 lambda 结构体，其字段包含在解 x 处的拉格朗日乘子。

[wsout,fval,exitflag,output,lambda] = quadprog(H,f,A,b,Aeq,beq,lb,ub,ws)：使用 ws 中的选项，从热启动对象 ws 中的数据启动 quadprog。返回的参数 wsout 包含 wsout.X 中的节点。在后续求解器调用中将 wsout 作为初始热启动对象，使用 quadprog 函数可以提高运行速度。

【例 3-13】求解如下二次规划问题。

$$f(x)=\frac{1}{2}x_1^2+x_2^2-x_1x_2-2x_1-6x_2$$

$$\text{s.t.}\begin{cases}x_1+x_2\leqslant 2\\-x_1+2x_2\leqslant 2\\2x_1+x_2\leqslant 3\\x_1,x_2\geqslant 0\end{cases}$$

将目标函数转换为标准形式：

$$f(x)=\frac{1}{2}(x_1,x_2)\begin{pmatrix}1 & -1\\-1 & 2\end{pmatrix}\begin{pmatrix}x_1\\x_2\end{pmatrix}+(-2,6)\begin{pmatrix}x_1\\x_2\end{pmatrix}$$

其实现的 MATLAB 代码如下：

```
>> clear all;
H = [1 -1; -1 2];
f = [-2; -6];
A = [1 1; -1 2; 2 1];
b = [2; 2; 3];
lb = zeros(2,1);
[x,fval,exitflag,output,lambda] =quadprog(H,f,A,b,[],[],lb)
```

运行程序，输出如下：

```
Optimization terminated.
x =
    0.6667
    1.3333
fval =   -8.2222
exitflag =      1
output =
          iterations: 3
    constrviolation: 1.1102e-016
           algorithm: 'medium-scale: active-set'
      firstorderopt: []
cgiterations: []
            message: 'Optimization terminated.'
lambda =
      lower: [2x1 double]
      upper: [2x1 double]
      eqlin: [0x1 double]
    ineqlin: [3x1 double]
```

第 4 章 线性回归分析

CHAPTER 4

数据模型明确描述预测变量与响应变量之间的关系。线性回归拟合模型系数为线性的数据模型。最常见的线性回归类型是最小二乘拟合，它可用于拟合多项式及其他线性模型。

在对各对数量之间的关系进行建模之前，最好进行相关性分析，以确定这些数量之间是否存在线性关系。请注意，变量可能具有非线性关系，相关性分析无法检测到这一点。

4.1 线性回归模型

假设自变量 x 与因变量 y 满足线性关系，数学中一般的线性方程为

$$y = ax + b$$

将 y 表示为 x 中元素的加权和，并且允许包含观测值的一些噪声，可以将公式设为

$$\hat{y} = w_1 x_1 + \cdots + w_i x_i + b \tag{4-1}$$

在机器学习中，线性回归模型建立的步骤为：先假设一个线性模型→计算该模型实际值与预测值之间的差距 loss（损失函数）→通过优化算法（如随机梯度下降法）来更新参数（如 w 、b ）来降低误差。

4.1.1 线性模型

一般将线性假设可表示为特征的加权和，如式（4-1）所示。其中 x_i 表示元素的特征；w_i 称为权重，权重决定了每个特征对预测值的影响；b 称为偏置或者偏移量，偏移量指当所有特征值为 0 时的预测值。偏移量的加入可以帮助模型有更好的泛化能力，即该模型在未见过的数据也有较好的表现。

4.1.2 损失函数

对于假设的线性模型，预测值可能离实际值还有差距，为了表示这一差距，引入损失函数这一概念。损失函数能够量化目标的实际值与预测值之间的差距，通常选择非负数作为损失，且数值越小表示损失越小。

1. 平方差损失函数

回归问题中最常用的损失函数是平方差损失函数

$$l^{(i)}(w,b) = \frac{1}{2}(\hat{y}^{(i)} - y^{(i)})^2 \tag{4-2}$$

其中，$l^{(i)}$ 为平方差，是关于 w 、b 的函数；$\hat{y}^{(i)}$ 为样本 i 的预测值；$y^{(i)}$ 为实际值。常数 $1/2$ 便于在对损失函数（平方项）求导时，能够将系数化为 1。

2. **整个数据集上的损失**

为了度量模型在整个数据集上的质量，需计算训练集中 n 个样本的损失均值。即对式(4-2)进行求和再除以 n（含参数 w 、b 的为展开式）

$$L(w,b)=\frac{1}{n}\sum_{i=1}^{n}l^{(i)}(\boldsymbol{w},b)=\frac{1}{n}\sum_{i=1}^{n}\frac{1}{2}(\boldsymbol{w}^{\mathrm{T}}x^{(i)}+b-y^{(i)})^2$$

目标则是寻得一组参数 w^* 、b^*，使得训练样本的总损失最小化

$$\boldsymbol{w}^*,b^*=\underset{w,b}{\operatorname{argmin}}\,L(\boldsymbol{w},b)$$

4.1.3　随机梯度下降法

为了使总损失最小，需要对参数 w 和 b 进行更新，而更新方法则是使用随机梯度下降法，它不断在损失函数递减的方向上更新参数。实际过程中由于数据集较大，每次更新参数会遍历整个数据集，执行会非常缓慢。通常会在每次更新时抽取一小批量样本，这种方法称为小批量随机梯度下降法，具体过程如下。

（1）随机抽取一个小批量 β，它由固定数量的训练样本组成。

（2）计算小批量的平均损失关于模型参数的导数。

（3）将梯度乘以一个预先确定的正数 η，并从当前参数的值中减掉，如下所示。

$$(w,b)\leftarrow(\boldsymbol{w},b)-\frac{\eta}{|\beta|}\sum_{i\in\beta}\partial_{(w,b)}l^{(i)}(\boldsymbol{w},b)$$

其中，∂ 表示偏导数，β 为每个小批量中的样本数，η 表示学习率，批量大小和学习率的值通常是手动预先设定的，这些可以调整但不在训练过程中更新的参数称为超参数。

4.1.4　线性回归简单实现

下面通过一个实例来演示线性回归的实现。

【**例 4-1**】说明如何使用 accidents 数据集执行简单线性回归，并计算决定系数 R^2 以评估回归。

解析： accidents 数据集包含美国重大交通事故的数据。

```
% 从数据集 accidents 中将事故数据加载到 y 中，将州人口数据加载到 x 中。使用 "\" 运算符求州事
% 故数量与州人口之间的线性回归关系 y=β1x。"\" 运算符执行最小二乘回归
>> load accidents
x = hwydata(:,14);                                           % 州人口数据
y = hwydata(:,4);                                            % 重大交通事故数据
format long
b1 = x\y
b1 =
     1.372716735564871e-04
```

b1 是斜率或回归系数。线性关系为 $y=\beta_1 x=0.0001372x$ 。

使用该关系，根据 x 计算每个州的重大交通事故数量 yCalc1。对实际值 y 与计算值

yCalcl 进行绘图，显示回归情况，如图 4-1 所示。

```
>> yCalc1 = b1*x;
scatter(x,y)
hold on
plot(x,yCalc1)
xlabel('州人口')
ylabel('每个州的重大交通事故')
title('事故与人口之间的线性回归关系')
grid on
```

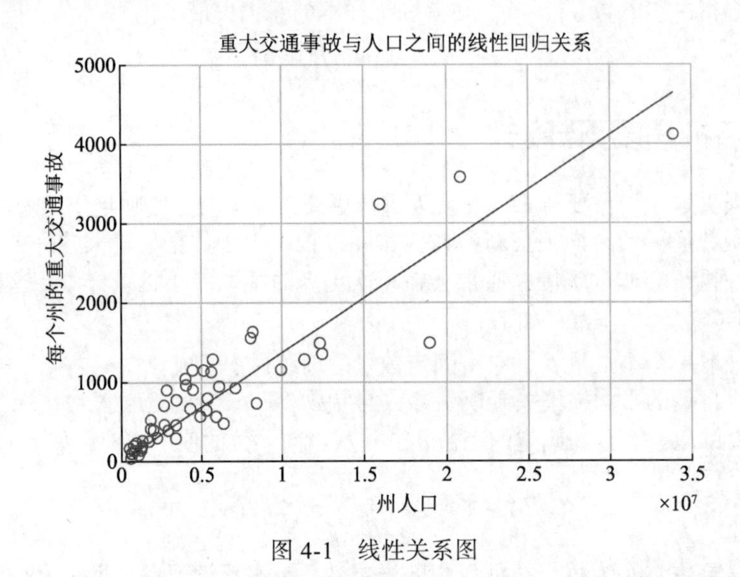

图 4-1　线性关系图

在模型中加入 y 轴截距 β_0 以改进拟合，即 $y=\beta_0+\beta_1 x$。用一列 1 填补 x 并使用“\”运算符计算 β_0。

```
>> X = [ones(length(x),1) x];
b = X\y
b =
   1.0e+02 *
   1.427120171726538
   0.000001256394274
```

此结果表示关系 $y=\beta_0+\beta_1 x=142.7120+0.0001256x$。

在同一幅图上绘制该结果，以图窗方式显示该关系，如图 4-2 所示。

```
>> yCalc2 = X*b;
plot(x,yCalc2,'--')
legend('数据','斜率','斜率和截距','Location','best');
```

如图 4-2 所示，两个拟合非常相似。探索更佳拟合的一种方法是计算决定系数 R^2。R^2 用于测量模型能够在多大程度上预测数据，其值介于 0 和 1 之间。R^2 的值越大，模型预测数据的准确性越高。其中，$\hat{y}$ 表示 y 的计算值，$\bar{y}$ 是 y 的均值，R^2 定义为

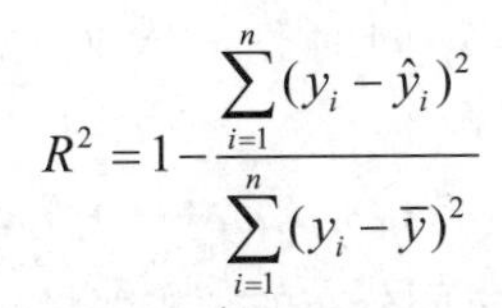

$$R^2 = 1 - \frac{\sum_{i=1}^{n}(y_i - \hat{y}_i)^2}{\sum_{i=1}^{n}(y_i - \overline{y})^2}$$

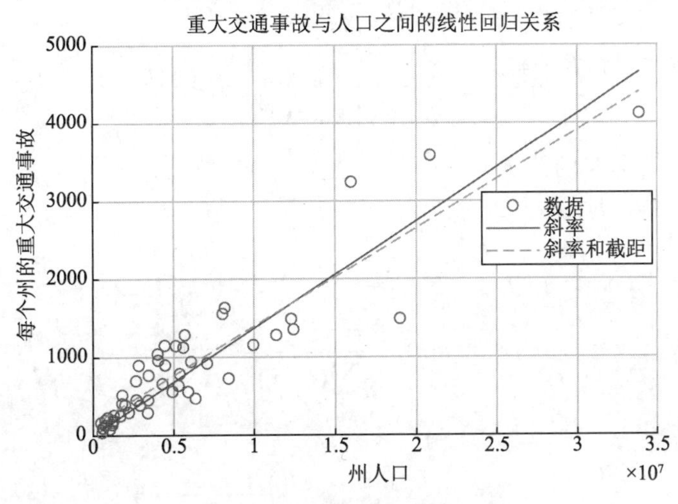

图 4-2　显示斜率与截距效果图

通过比较 R^2 的值，找出两个拟合中较好的一个。如 R^2 值所示，包含 y 轴截距的第二个拟合更好。

```
>> Rsq1 = 1 - sum((y - yCalc1).^2)/sum((y - mean(y)).^2)
Rsq1 =
   0.822235650485566
>> Rsq2 = 1 - sum((y - yCalc2).^2)/sum((y - mean(y)).^2)
Rsq2 =
   0.838210531103428
```

4.2　多元线性回归

线性回归模型是一种确定变量之间的相关关系的一种数学回归模型。当需要在一个回归模型中包含多个响应变量时，可使用多元线性回归模型。多元线性回归模型将 d 维连续响应向量表示为预测变量项与服从多元正态分布的误差项组成的向量的线性组合。可以使用 mvregress 来创建多元线性回归模型。

多元线性回归的数学表达式为

$$y = \beta_0 + \beta_1 x_1 + \beta_2 x_2 + \cdots + \beta_k x_k + \varepsilon \tag{4-3}$$

其中，y 为输出变量，$x_1, x_2, \cdots, x_k$ 为输入变量，$\beta_1, \beta_2, \cdots, \beta_k$ 为回归系数，ε 为误差项。通过最小化误差项的平方和来确定回归系数的值，通常使用最小二乘法来解。

线性回归是利用数理统计中回归分析，确定两种或两种以上变量间相互依赖的定量关系的一种统计分析方法，运用十分广泛。其表达式为 $y = w'x + e$，e 为误差服从均值为 0 的正态分布。

对式（4-2）中的 y 与 $x_1,x_2,\cdots,x_k$ 同时作 n 次独立观察得 n 组观测值 $x_{t1},x_{t2},\cdots,x_{tk}$，$t=1,2,\cdots,n(n>k+1)$，它们满足关系式

$$y=\beta_0+\beta_1 x_{t1}+\beta_2 x_{t2}+\cdots+\beta_k x_{tk}+\varepsilon_t \tag{4-4}$$

其中，$\varepsilon_1,\varepsilon_2,\cdots,\varepsilon_n$ 互不相关，均是与 ε 同分布的随机变量。为了用矩阵表示式（4-4），令：

$$\boldsymbol{Y}=\boldsymbol{X}\beta+\varepsilon$$

使用最小二乘法得到 β 的解：

$$\hat{\beta}=(\boldsymbol{X}^{\mathrm{T}}\boldsymbol{X})^{-1}\boldsymbol{X}^{\mathrm{T}}\boldsymbol{Y}$$

其中，$(\boldsymbol{X}^{\mathrm{T}}\boldsymbol{X})^{-1}\boldsymbol{X}^{\mathrm{T}}$ 称为 $\boldsymbol{X}$ 的伪逆。

有以下两种计算斜率 b 的方法。

（1）用 σ 计算。

对应公式为

$$u(b)=\frac{\sigma}{\sqrt{\sum(x-\bar{x})^2}}$$

（2）代入斜率 b。

对应公式为

$$u(b)=\sqrt{\frac{S_{yy}-bS_{xy}}{(n-2)S_{xx}}}=\sqrt{\frac{\frac{S_{yy}}{S_{xx}}-b^2}{(n-2)}}$$

截距 a 为

$$u(a)=u(b)\sqrt{\frac{\sum x_i^2}{n}}$$

【例 4-2】说明如何应用偏最小二乘回归（Partial Least Squares Regression，PLSR）法和主成分回归（Principal Component Regression，PCR）法，并研究这两种方法的有效性。

解析：当存在大量预测变量并且它们高度相关甚至共线时，PLSR 和 PCR 都可以作为建模响应变量的方法。这两种方法都将新的预测变量（称为成分）构建为原始预测变量的线性组合，但它们构建这些成分的方式不同。PCR 创建成分来解释在预测变量中观察到的变异性，而不考虑响应变量。PLSR 会考虑响应变量，因此常使模型能够拟合具有更少成分的响应变量。从实际应用上来说，这能否最终转换为更简约的模型要视情况而定。

具体实现步骤如下。

（1）加载数据。

加载包括 60 组汽油样本、401 个波长的光频谱强度及其辛烷值的数据集 spectra。

```
>> clear all;
load spectra
whos NIR octane
  Name          Size              Bytes  Class     Attributes
  NIR          60x401            192480  double
  octane       60x1                 480  double
>> [dummy,h] = sort(octane);
oldorder = get(gcf,'DefaultAxesColorOrder');
```

```
set(gcf,'DefaultAxesColorOrder',jet(60));
plot3(repmat(1:401,60,1)',repmat(octane(h),1,401)',NIR(h,:)');
set(gcf,'DefaultAxesColorOrder',oldorder);
xlabel('波长指数'); ylabel('辛烷值'); axis('tight');
grid on
```

运行程序，效果如图 4-3 所示。

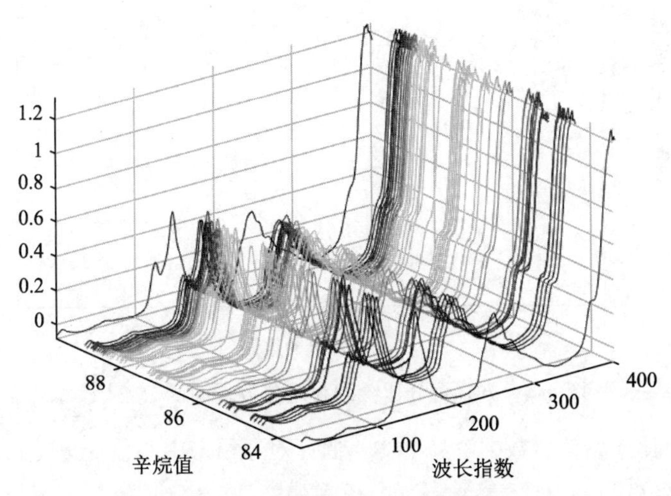

图 4-3　波长指数与辛烷值曲线

（2）使用两个成分拟合数据。

使用 plsregress 函数来拟合一个具有 10 个 PLS 成分和一个响应变量的 PLSR 模型。

```
>> X = NIR;
y = octane;
[n,p] = size(X);
[Xloadings,Yloadings,Xscores,Yscores,betaPLS10,PLSPctVar] =
plsregress(X,y,10);
```

10 个成分可能超出充分拟合数据所需要的成分数量，但可以根据此拟合的诊断来选择具有更少成分的简单模型。例如，选择成分数量的一种快速方法是将响应变量中解释的方差百分比绘制为成分数量的函数。

```
plot(1:10,cumsum(100*PLSPctVar(2,:)),'-bo');
xlabel('PLS 成分的数量');
ylabel('Y 中解释的方差百分比');
```

在实际应用中，选择成分数量时可能需要更加谨慎。例如，交叉验证就是一种广泛使用的方法，图 4-4 显示具有两个成分的 PLSR 即能解释观测数据的 y 中的大部分方差。

```
>> [Xloadings,Yloadings,Xscores,Yscores,betaPLS] = plsregress(X,y,2);
yfitPLS = [ones(n,1) X]*betaPLS;                    % 计算双成分模型的拟合响应值
```

接着，拟合具有两个主成分的 PCR 模型。第一步是使用 pca 函数对 X 执行主成分分析，并保留两个主成分。然后，PCR 就只是响应变量对这两个成分的线性回归。当不同变量的取值范围有很大差异时，通常应该先按照变量的标准差来归一化每个变量。

```
>> [PCALoadings,PCAScores,PCAVar] = pca(X,'Economy',false);
betaPCR = regress(y-mean(y), PCAScores(:,1:2));
```

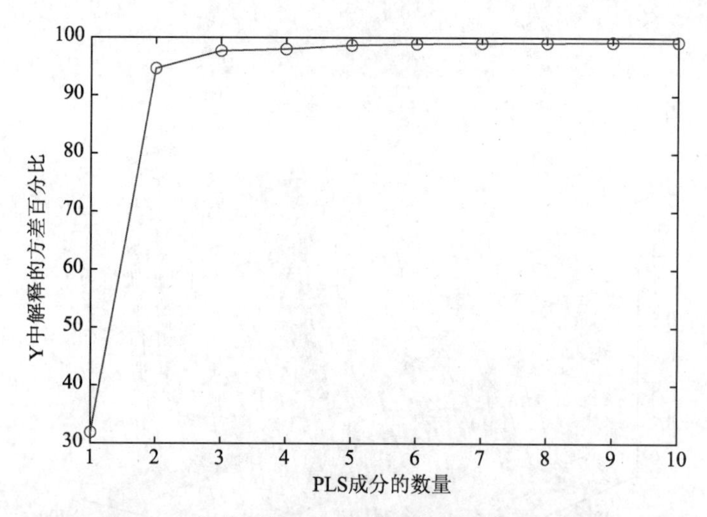

图 4-4 方差百分比绘制为成分数量的函数效果

为了更易于对比原始频谱数据解释 PCR 结果，对原始未中心化变量的回归系数进行转换。

```
>> betaPCR = PCALoadings(:,1:2)*betaPCR;
betaPCR = [mean(y) - mean(X)*betaPCR; betaPCR];
yfitPCR = [ones(n,1) X]*betaPCR;
```

绘制 PLSR 和 PCR 两种方法的拟合响应值对观察响应值的图，如图 4-5 所示。

```
>> plot(y,yfitPLS,'bo',y,yfitPCR,'r^');
xlabel('观察到的响应');
ylabel('拟合响应');
legend({'PLSR 具有两个成分' '具有两个成分的 PCR'},'location','NW');
```

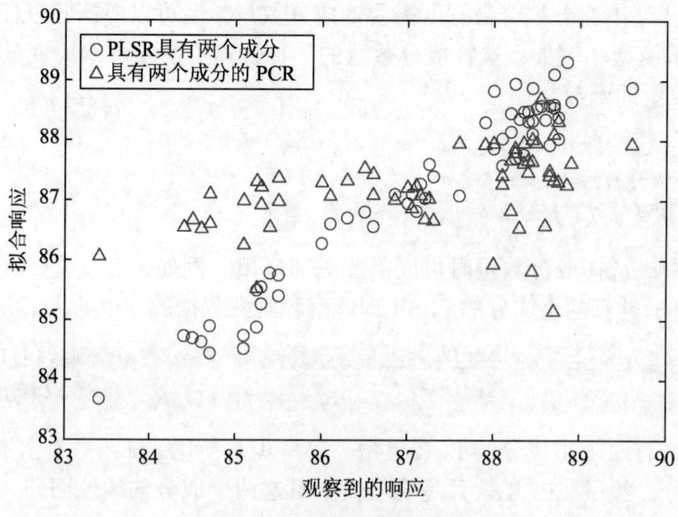

图 4-5 观察响应值的图

图 4-5 中的比较从某种意义上说并不合理：成分数量（两个）是通过观察具有两个成分的 PLSR 模型预测响应变量的效果来选择的，而对于 PCR 模型来说，并无充分理由将其成分数量限制为与 PLSR 一致。但是，在成分数量相同的情况下，PLSR 拟合 y 的效果更好。从图 4-5 中拟合值的水平散点图可以看出，两个成分的 PCR 并不比使用常量模型更好。两种回归的 R^2 值证实了这一点。

```
>> TSS = sum((y-mean(y)).^2);
RSS_PLS = sum((y-yfitPLS).^2);
rsquaredPLS = 1 - RSS_PLS/TSS
rsquaredPLS =
   0.946623587736841
>> RSS_PCR = sum((y-yfitPCR).^2);
rsquaredPCR = 1 - RSS_PCR/TSS
rsquaredPCR =
   0.196221508535383
```

比较两个模型的预测能力的方法是绘制两种情况下响应变量对两个预测变量的图，分别如图 4-6 和图 4-7 所示。

```
>> plot3(Xscores(:,1),Xscores(:,2),y-mean(y),'bo');
legend('PLSR');
grid on; view(-30,30);
```

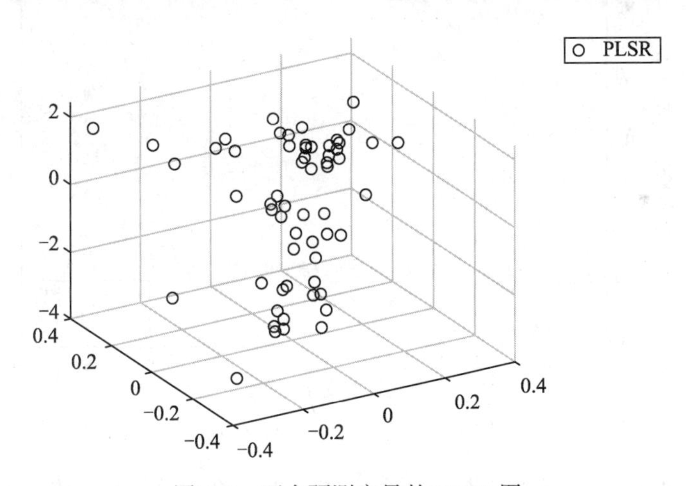

图 4-6　两个预测变量的 PLSR 图

```
>> plot3(PCAScores(:,1),PCAScores(:,2),y-mean(y),'r^');
legend('PCR');
grid on; view(-30,30);
```

虽然可能需要交互旋转图形才能明显地看出分布情况，但图 4-6 中的 PLSR 图还是显示出点几乎都散布在一个平面上。而图 4-7 的 PCR 图显示一片点云，几乎看不出线性关系。

请注意，虽然这两个 PLS 成分对 y 观测值而言预测效果较好，但图 4-8 显示，相比 PCR 所用的前两个主成分，这两个 PLS 成分解释的 X 的观测数据的差异百分比较低。

```
>> plot(1:10,100*cumsum(PLSPctVar(1,:)),'b-o',1:10,  ...
100*cumsum(PCAVar(1:10))/sum(PCAVar(1:10)),'r-^');
```

```
xlabel('主成分数量');
ylabel('解释 X 的差异百分比');
legend({'PLSR' 'PCR'},'location','SE');
```

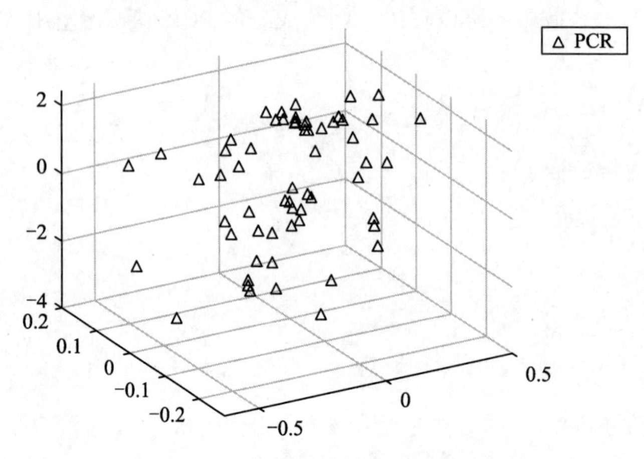

图 4-7 两个预测变量的 PCR 图

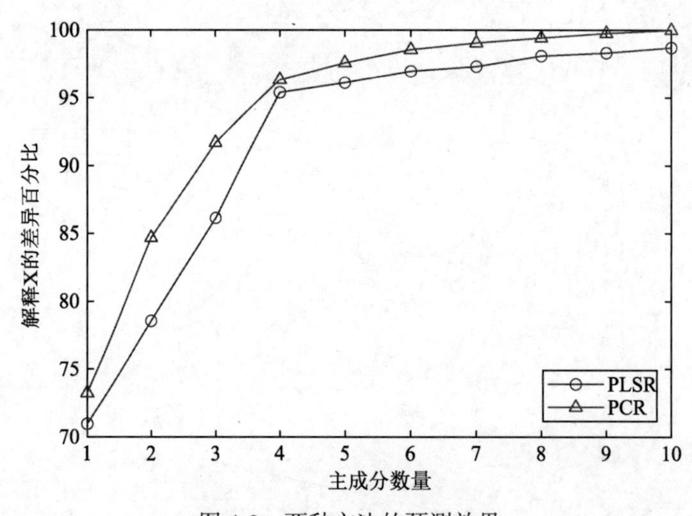

图 4-8 两种方法的预测效果

PCR 曲线更均匀说明了为什么具有两个成分的 PCR 在拟合 y 方面比 PLSR 差。PCR 构造成分是为了更好地解释 X，因此前两个成分忽略了数据中对拟合观察到的 y 重要的信息。

4.3 广义线性模型

线性模型普遍是针对连续性变量，并且服从正态分布，但是在实际应用上十分局限。针对这种情况，广义线性模型（Generalized Linear Model，GLM）应运而生。广义线性模型使得变量从正态分布拓展到指数分布族，从连续型变量拓展到离散型变量，这就使得在现实中有着很好的运用。

4.3.1　广义线性模型介绍

广义线性模型（GLM）由以下 3 部分组成。

1. 随机部分

随机样本 $Y_1, Y_2, \cdots, Y_n$ 服从的分布来自指数分布族，即 Y_i 的分布形式为

$$f(y_i;\theta_i,\phi) = \exp\left\{\frac{y_i\theta_i - b(\theta_i)}{a(\phi)} + c(y_i,\phi)\right\}$$

其中，参数 θ_i 为正则参数，并且随着指数 $i(i=1,2,\cdots,n)$ 变化，但是扰乱因子 ϕ 是个常数。

2. 系统部分

对于第 i 个预测 Y_i，有一个称为系统部分的线性预测值，即所研究变量的线性组合为

$$\eta_i = \boldsymbol{x}_i^{\mathrm{T}}\beta = \sum_{j=1}^{p} x_{ij}\beta_j, i=1,2,\cdots,n$$

3. 联系函数

有一个可微函数 $g()$ 称为联系函数，其形式为

$$g(\mu_i) = \eta_i = \boldsymbol{x}_i^{\mathrm{T}}\beta,\ \ i=1,2,\cdots,n$$

其中，$\mu_i = E(Y_i)$ 是 Y_i 的期望。

矩阵表示

$$\boldsymbol{\eta} = \begin{bmatrix}\eta_1\\ \eta_2\\ \vdots\\ \eta_n\end{bmatrix}_{n\times 1},\ \boldsymbol{\mu} = \begin{bmatrix}\mu_1\\ \mu_2\\ \vdots\\ \mu_n\end{bmatrix}_{n\times 1},\ \boldsymbol{X} = \begin{bmatrix}x_1'\\ x_2'\\ \vdots\\ x_n'\end{bmatrix}_{n\times p}$$

那么联系函数可以用矩阵形式表示：

$$g(\boldsymbol{\mu}) = \boldsymbol{\eta} = \boldsymbol{X}\beta$$

4.3.2　广义线性模型实现

前面对广义线性模型的定义进行了介绍，下面通过实例来演示广义线性模型的实现。

【例 4-3】广义线性模型实例。

在只有一个预测变量 x 的简单情况下，广义线性模型可以表示为由符合高斯分布的点组成的一条直线。

```
>>clear all;
mu = @(x) -1.9+.23*x;
x = 5:.1:15;
yhat = mu(x);
dy = -3.5:.1:3.5; sz = size(dy); k = (length(dy)+1)/2;
x1 =  7*ones(sz); y1 = mu(x1)+dy; z1 = normpdf(y1,mu(x1),1);
x2 = 10*ones(sz); y2 = mu(x2)+dy; z2 = normpdf(y2,mu(x2),1);
x3 = 13*ones(sz); y3 = mu(x3)+dy; z3 = normpdf(y3,mu(x3),1);
plot3(x,yhat,zeros(size(x)),'b-', ...
      x1,y1,z1,'r-', x1([k k]),y1([k k]),[0 z1(k)],'r:', ...
```

```
        x2,y2,z2,'r-', x2([k k]),y2([k k]),[0 z2(k)],'r:', ...
        x3,y3,z3,'r-', x3([k k]),y3([k k]),[0 z3(k)],'r:');
zlim([0 1]);
xlabel('X'); ylabel('Y'); zlabel('概率密度');
grid on; view([-45 45]);
```

运行程序，效果如图 4-9 所示。

下面代码包括对数概率（sigmoid）联系和对数联系。此外，y 可能具有非正态分布，如二项分布或泊松分布。例如，具有对数联系和一个预测变量 x 的泊松回归可以表示为由符合泊松分布的点组成的一条指数曲线。

```
>> mu = @(x) exp(-1.9+.23*x);
x = 5:.1:15;
yhat = mu(x);
x1 =  7*ones(1,5);  y1 = 0:4; z1 = poisspdf(y1,mu(x1));
x2 = 10*ones(1,7); y2 = 0:6; z2 = poisspdf(y2,mu(x2));
x3 = 13*ones(1,9); y3 = 0:8; z3 = poisspdf(y3,mu(x3));
plot3(x,yhat,zeros(size(x)),'b-', ...
        [x1; x1],[y1; y1],[z1; zeros(size(y1))],'r-', x1,y1,z1,'r.', ...
        [x2; x2],[y2; y2],[z2; zeros(size(y2))],'r-', x2,y2,z2,'r.', ...
        [x3; x3],[y3; y3],[z3; zeros(size(y3))],'r-', x3,y3,z3,'r.');
zlim([0 1]);
xlabel('X'); ylabel('Y'); zlabel('对数概率');
grid on; view([-45 45]);
```

运行程序，效果如图 4-10 所示。

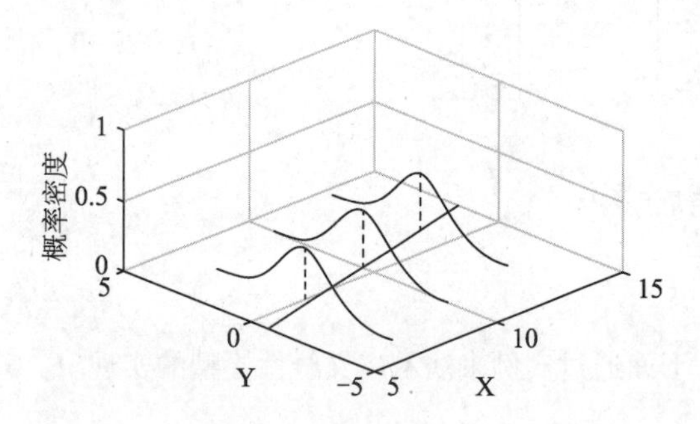

图 4-9 高斯分布的点组成的一条直线

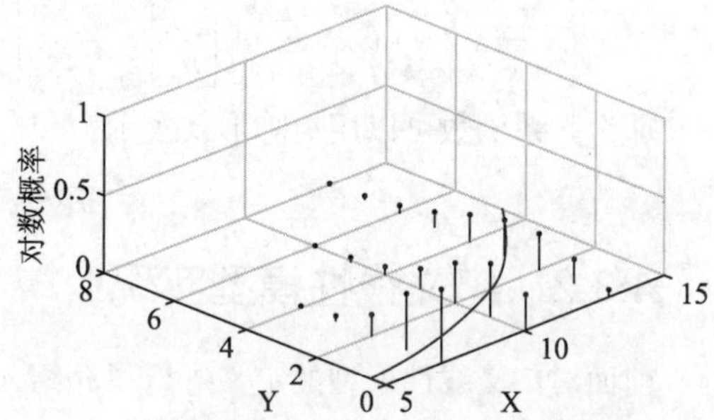

图 4-10 泊松分布的点组成的一条指数曲线

【例 4-4】 演示一个试验，以帮助计算不同重量的汽车在里程测试中的未通过比例。

解析： 数据包括被测汽车重量、测试的汽车数量及未通过测试的汽车数量次数等观测值。

```
>> clear all;
%一组汽车重量
weight = [2100 2300 2500 2700 2900 3100 3300 3500 3700 3900 4100 4300]';
%每个重量下测试的汽车数量
tested = [48 42 31 34 31 21 23 23 21 16 17 21]';
%每个重量下未通过测试的汽车数量
failed = [1 2 0 3 8 8 14 17 19 15 17 21]';
%每个重量下未通过测试的汽车比例
proportion = failed ./ tested;
```

```
plot(weight,proportion,'s')                              % 效果如图 4-11 所示
xlabel('重量/千克'); ylabel('未通过测试的汽车比例');
```

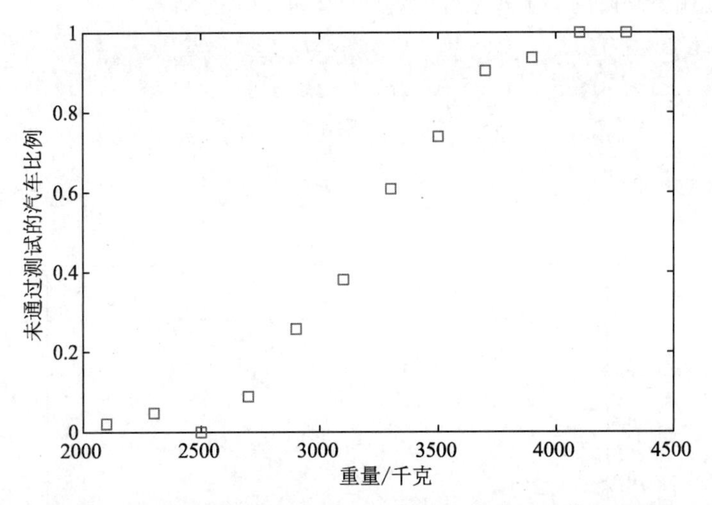

图 4-11　未通过测试的汽车比例与汽车重量的函数关系图

图 4-11 是未通过测试的汽车比例与汽车重量的函数关系图。可以合理地假设未通过测试次数来自二项分布，其概率参数 P 随着重量的增加而增大。但是，P 与重量的确切关系应该是怎样的呢？可以尝试用一条直线来拟合这些数据，如图 4-12 所示。

```
>> linearCoef = polyfit(weight,proportion,1);
linearFit = polyval(linearCoef,weight);
plot(weight,proportion,'s', weight,linearFit,'r-', [2000 4500],[0 0],'k:',
[2000 4500],[1 1],'k:')
xlabel('重量/千克'); ylabel('未通过测试的汽车比例');
```

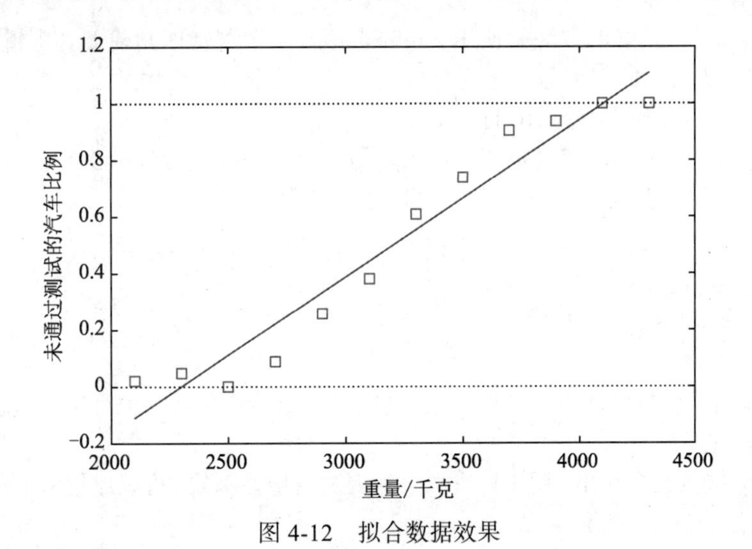

图 4-12　拟合数据效果

这种线性拟合有两个问题。

（1）曲线上存在小于 0 和大于 1 的预测比例值。

（2）因为这些比例值是有界的，因此不符合正态分布，这违反了拟合简单线性回归模型需满足的假设之一。

下面代码使用更高阶的多项式拟合，效果如图 4-13 所示。

```
>> [cubicCoef,stats,ctr] = polyfit(weight,proportion,3);
cubicFit = polyval(cubicCoef,weight,[],ctr);
plot(weight,proportion,'s', weight,cubicFit,'r-', [2000 4500],[0 0],'k:',
[2000 4500],[1 1],'k:')
xlabel('重量/千克'); ylabel('未通过测试的汽车比例');
```

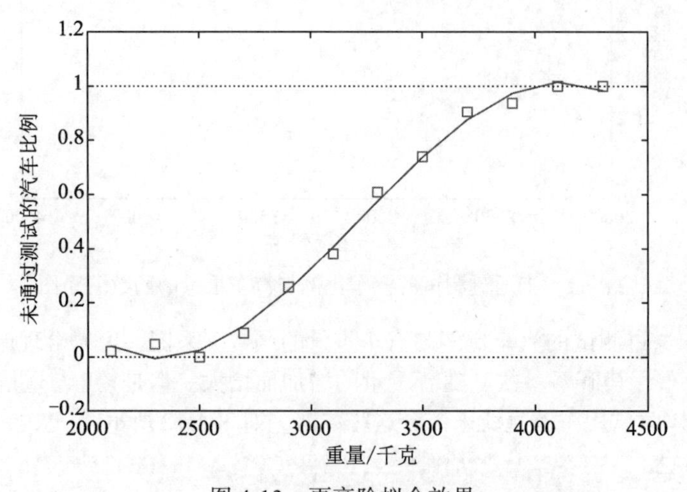

图 4-13　更高阶拟合效果

然而，此拟合仍然存在类似的问题。图 4-13 显示，当重量超过 4000 千克时，拟合的失败比例值开始下降；但事实上，重量值进一步增大时，情况应与此相反。当然，这仍然违反正态分布的假设。

在这种情况下，更好的方法是使用 glmfit 来拟合一个逻辑回归模型。逻辑回归是广义线性模型的特例，比线性回归更适合这些数据，原因有两个：它使用适合二项分布的拟合方法；逻辑联系将预测的比例值限制在 [0,1] 上。

在逻辑回归中指定预测变量矩阵，再指定另一个：一列包含失败次数，一列包含测试汽车数量的矩阵。还指定二项分布和对数概率联系，效果如图 4-14 所示。

```
>> [logitCoef,dev] = glmfit(weight,[failed tested],'binomial','logit');
logitFit = glmval(logitCoef,weight,'logit');
plot(weight,proportion,'bs', weight,logitFit,'r-');
xlabel('重量/千克'); ylabel('拟合比例');
```

如图 4-14 所示，重量变小时，拟合比例趋于 0；重量变大时，拟合比例值趋于 1。

（1）模型诊断。

glmfit 函数提供几个输出，用于检查拟合和测试模型。例如，可以比较两个模型的偏差值，以确定平方项是否可以显著改善拟合。

```
>> [logitCoef2,dev2] = glmfit([weight weight.^2],[failed tested],
'binomial','logit');
pval = 1 - chi2cdf(dev-dev2,1)
```

```
pval =
   0.401882799432560
```

对于这些数据,较大的 p 值表明二次项没有显著改善拟合。两个拟合的图(如图 4-15 所示)显示拟合几乎没有差异。

```
>> logitFit2 = glmval(logitCoef2,[weight weight.^2],'logit');
plot(weight,proportion,'bs', weight,logitFit,'r-', weight,logitFit2,'g-');
legend('数据','线性项','线性项和二次项','Location','northwest');
xlabel('重量/千克'); ylabel('二次项拟合比例');
```

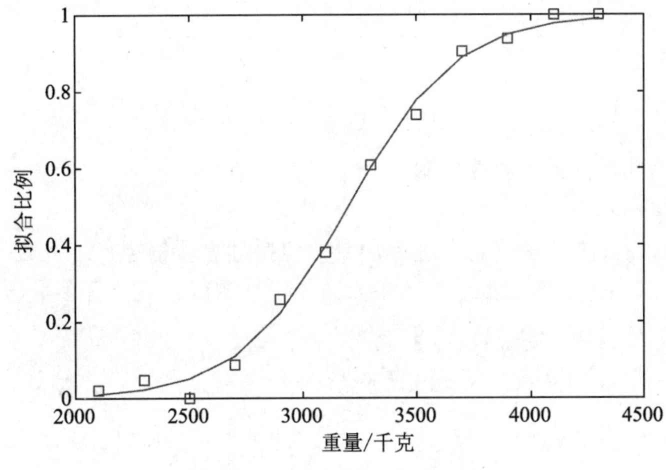

图 4-14　指定预测变量矩阵

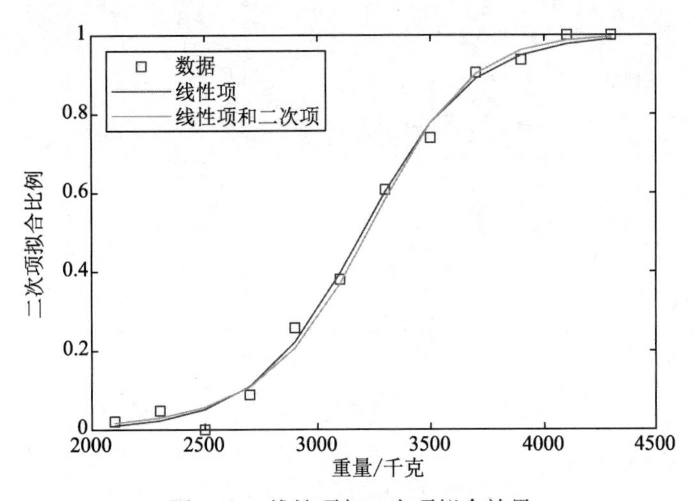

图 4-15　线性项与二次项拟合效果

为了检查拟合的好坏，还可以查看皮尔逊残差的概率图 (如图 4-16 所示)。这些值已经归一化，因此当模型合理地拟合数据时，它们大致呈标准正态分布 (如果没有归一化，残差将具有不同的方差)。

```
>> [logitCoef,dev,stats] = glmfit(weight,[failed tested],'binomial','logit');
normplot(stats.residp);                                    # 效果如图 4-16 所示
```

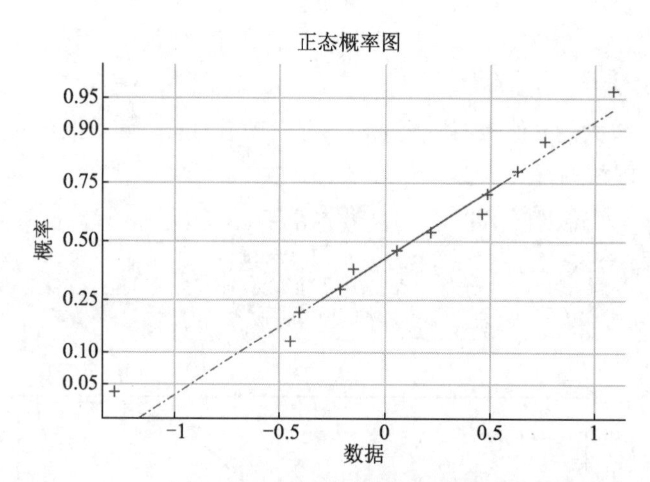

图 4-16　皮尔逊残差的概率图

从图 4-16 可看出，残差的概率图显示非常符合正态分布。

（2）计算模型预测。

当对模型满意后，便可使用它来进行预测，包括计算置信边界。此处，分别对 4 种重量的汽车进行预测，观察每 100 辆被测汽车中未通过里程测试的汽车有多少辆，如图 4-17 所示。

```
>> weightPred = 2500:500:4000;
[failedPred,dlo,dhi] = glmval(logitCoef,weightPred,'logit',stats,.95,100);
errorbar(weightPred,failedPred,dlo,dhi,':');
xlabel(' 重量 / 千克 '); ylabel(' 未通过测试的汽车数量 ');
```

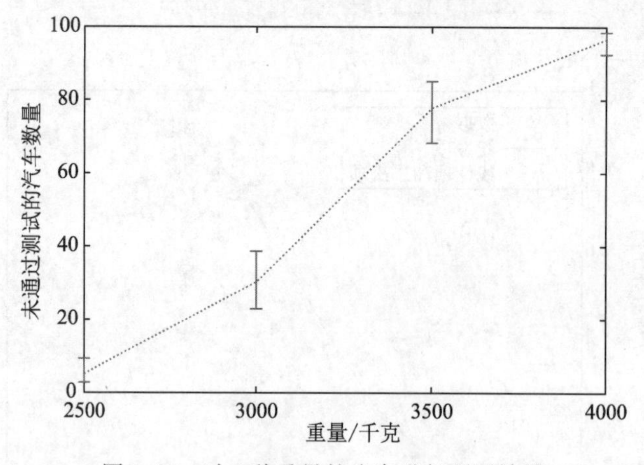

图 4-17　对 4 种重量的汽车进行预测效果

（3）二项模型的联系函数。

对于 glmfit 函数支持的 5 种分布，每一种都有一个典型（默认）的联系函数。对于二项分布，典型的联系为对数概率，所有 4 个联系的均值响应都在区间 [0, 1] 上。

```
>> eta = -5:.1:5;
plot(eta,1 ./ (1 + exp(-eta)),'-.', eta,normcdf(eta), '-', ...
    eta,1 - exp(-exp(eta)),'--', eta,exp(-exp(eta)),':');
xlabel(' 预测变量的线性函数 '); ylabel(' 预测平均响应 ');
legend(' 对数 ',' 概率单位 ',' 互补对数 log-log','log-log','location','east');
```

运行程序，效果如图 4-18 所示。

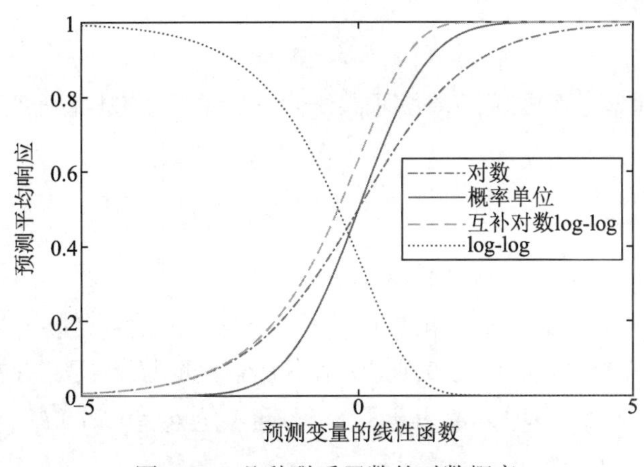

图 4-18　几种联系函数的对数概率

例如，可以将具有概率比联系的拟合与具有对数概率联系的拟合进行比较，效果如图 4-19 所示。

```
>> probitCoef = glmfit(weight,[failed tested],'binomial','probit');
probitFit = glmval(probitCoef,weight,'probit');
plot(weight,proportion,'bs', weight,logitFit,'r-.', weight,probitFit,'g--');
legend('数据','逻辑模型','概率模型','Location','northwest');
xlabel('重量/千克'); ylabel('拟合比例');
```

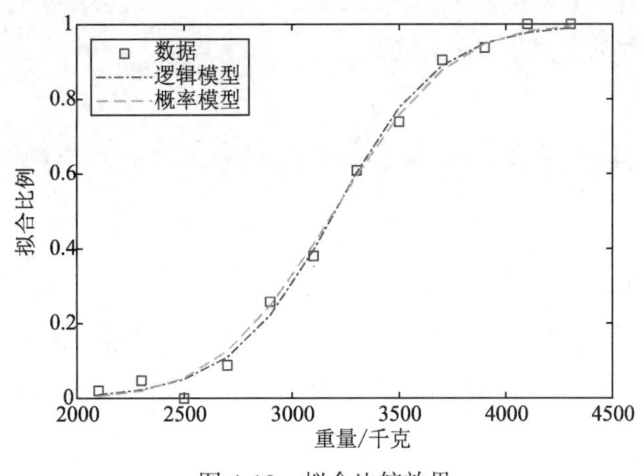

图 4-19　拟合比较效果

4.4　多重共线性

4.4.1　什么是多重共线性

1. 多重共线性的含义

利用普通最小二乘法（Ordinary Least Squares，OLS）估计多元线性回归模型，一个假设是解释变量之间不存在线性相关，即对于解释变量 $X_i(i=1,2,\cdots,K)$，如果不存在全为 0 的数 $\lambda_j(j=1,2,\cdots,K)$，使得

$$\lambda_1+\lambda_2X_{2i}+\lambda_3X_{3i}+\cdots+\lambda_kX_{ki}=0$$

则称解释变量 $X_i(i=1,2,\cdots,K)$ 之间存在多重共线性。解释变量数据矩阵如下所示：

$$\boldsymbol{X}=\begin{bmatrix}1 & X_{21} & X_{31} & \cdots & X_{k1}\\ 1 & X_{22} & X_{32} & \cdots & X_{k2}\\ \vdots & \vdots & \vdots & \ddots & \vdots\\ 1 & X_{2n} & X_{3n} & \cdots & X_{kn}\end{bmatrix}$$

$\boldsymbol{X}$ 的秩 $\text{Rank}(\boldsymbol{X})<k$，即在数据矩阵 $\boldsymbol{X}$ 中，至少有一个变量可以由其他变量线性表示。在实际数据中多以不完全多重共线性表现。所谓不完全多重共线性是指存在随机变量 μ_i 使得

$$\lambda_1+\lambda_2X_{2i}+\lambda_3X_{3i}+\cdots+\lambda_kX_{ki}+\mu_i=0$$

或

$$\lambda_1+\lambda_2X_{2i}+\lambda_3X_{3i}+\cdots+\lambda_kX_{ki}\approx 0$$

这表明数据矩阵 $\boldsymbol{X}$ 的变量间近似满足线性相关。不完全多重共线性依然满足 $\text{Rank}(\boldsymbol{X})=k$，但需要注意，不存在完全多重共线性不代表不存在完全多重非线性，存在完全多重非线性依然满足经典多元线性回归模型假定。

2. 多重共线性产生的原因

多重共线性产生的原因主要有以下 4 点。

（1）经济变量之间具有共同变化趋势，如天气与雨鞋的销量。

（2）模型中含有滞后解释变量 $X_i,X_{i-1},\cdots,X_{i-n}$。

（3）截面数据模型可能出现多重共线性。

（4）样本数据问题。

4.4.2 多重共性后果

1. 完全型

1）参数的估计值不确定

当出现完全多重共线性时，$\text{Rank}(\boldsymbol{X})<k$，从而有 $|\boldsymbol{X}'\boldsymbol{X}'|=0$，正规方程组的解不唯一，故 $(\boldsymbol{X}'\boldsymbol{X}')^{-1}$ 不存在，OLS 估计量不存在。此处以模型 $Y_i=\beta_1+\beta_2X_{2i}+\beta_3X_{3i}+u_i$ 为例，将该模型离差化

$$\hat{y}_i=\hat{\beta}_2X_{2i}+\hat{\beta}_3X_{3i}$$

根据多元线性回归 OLS 估计量公式得到

$$\hat{\beta}_2=\frac{\left(\sum Y_iX_{2i}\right)\left(\sum X_{3i}^2\right)-\left(\sum Y_iX_{3i}\right)\left(\sum X_{2i}X_{3i}\right)}{\left(\sum X_{2i}^2\right)\left(\sum X_{3i}^2\right)-\left(\sum X_{2i}X_{3i}\right)^2}$$

$$\hat{\beta}_3=\frac{\left(\sum Y_iX_{3i}\right)\left(\sum X_{2i}^2\right)-\left(\sum Y_iX_{2i}\right)\left(\sum X_{2i}X_{3i}\right)}{\left(\sum X_{2i}^2\right)\left(\sum X_{3i}^2\right)-\left(\sum X_{2i}X_{3i}\right)^2}$$

由于存在完全多重共线性，假定 $X_{2i}=\lambda X_{3i}$，代入上式有

$$\hat{\beta}_2=\frac{\left(\lambda\sum Y_iX_{3i}\right)\left(\sum X_{3i}^2\right)-\left(\sum Y_iX_{3i}\right)\left(\sum X_{2i}X_{3i}\right)}{\left(\lambda^2\sum X_{3i}^2\right)\left(\sum X_{3i}^2\right)-\left(\lambda^2\sum X_{2i}X_{2i}\right)^2}=\frac{0}{0}$$

$$\hat{\beta}_3=\frac{\left(\sum Y_iX_{3i}\right)\left(\lambda^2\sum X_{3i}^2\right)-\left(\lambda\sum Y_iX_{3i}\right)\left(\lambda\sum X_{3i}^2\right)}{\left(\lambda^2\sum X_{3i}^2\right)\left(\sum X_{3i}^2\right)-\lambda^2\left(\sum X_{3i}^2\right)^2}=\frac{0}{0}$$

此时估计量的分子分母皆为 0，即未定式。也就是说，当解释变量间存在完全共线性时，利用 OLS 得到的估计量是不定的。

2）参数方差无限大

以 $Y_i=\beta_1+\beta_2X_{2i}+\beta_3X_{3i}+u_i$ 为例，方差公式为

$$\operatorname{var}(\hat{\beta})=\sigma^2(X'X)^{-1}$$

代入展开提取主对角线元素得

$$\operatorname{var}(\hat{\beta}_2)=\frac{\sum X_3^2}{\left(\sum X_2^2\right)\left(\sum X_3^2\right)-\left(\sum X_2X_3\right)^2}\sigma^2$$

$$\operatorname{var}(\hat{\beta}_3)=\frac{\sum X_2^2}{\left(\sum X_2^2\right)\left(\sum X_3^2\right)-\left(\sum X_2X_3\right)^2}\sigma^2$$

$X_{2i}=\lambda X_{3i}$ 代入上式

$$\operatorname{var}(\hat{\beta}_2)=\frac{\sum X_3^2}{\left(\lambda^2\sum X_2^2\right)\left(\sum X_3^2\right)-\left(\lambda\sum X_3X_3\right)^2}\sigma^2=\frac{\sum X_3^2}{0}\sigma^2=\infty$$

$$\operatorname{var}(\hat{\beta}_3)=\frac{\lambda^2\sum X_3^2}{\left(\lambda^2\sum X_3^2\right)\left(\sum X_3^2\right)-\left(\lambda\sum X_3X_3\right)^2}\sigma^2=\frac{\sum X_2^2}{0}\sigma^2=\infty$$

这表明，在解释变量之间存在完全的共线性时，参数估计量的方差将变成无穷大。

2. 不完全型

当解释变量间为不完全多重共线性时，$|\boldsymbol{X'X'}|$ 接近 0，但参数的估计量依然存在。

1）参数变量的方差增大

给定模型 $Y_i=\beta_1+\beta_2X_{2i}+\beta_3X_{3i}+u_i$，假定解释变量 X_2,X_3 的离差形式满足

$$X_{2i}=\lambda X_{3i}+v_i$$

其中，$\lambda\neq0$，v_i 是满足严格外生性的随机变量，即 $\sum X_{2i}v_i=0$。将离差形式代入 OLS 估计量中并展开：

$$\hat{\beta}_3=\frac{\left(\sum Y_iX_{3i}\right)\left(\lambda^2\sum X_{3i}^2+\sum v_i^2\right)-\left(\lambda\sum Y_iX_{3i}+\sum Y_iv_i\right)\left(\lambda\sum X_{3i}^2\right)}{\left(\lambda^2\sum X_{3i}^2+\sum v_i^2\right)\left(\sum X_{3i}^2\right)-\lambda^2\left(\sum X_{3i}^2\right)^2}$$

可见，估计量 $\hat{\beta}_3$ 还是可以估计的。但当 $v_i\to0$，此时估计量分子分母趋于 0，不确定性增加。$\hat{\beta}_2$ 与 $\hat{\beta}_3$ 的情况类似。当 X_2,X_3 不为完全共线性时，其相关系数平方和的离差形式可表示为

$$r_{23}^2=\frac{\left(\sum X_2X_3\right)^2}{\sum X_2^2\sum X_3^2}$$

将上式代入方差计算公式得到

$$\operatorname{var}(\hat{\beta}_2)=\frac{\sum X_3^2}{\left(\sum X_2^2\right)\left(\sum X_3^2\right)-\left(\sum X_2X_3\right)^2}\sigma^2$$

$$=\sigma^2\frac{1}{\sum X_2^2\left[1-\frac{\left(\sum X_2X_3\right)^2}{\sum X_2^2\sum X_3^2}\right]}$$

$$=\frac{\sigma^2}{\sum X_{2i}^2(1-r_{23}^2)}$$

同理

$$\operatorname{var}(\hat{\beta}_3)=\frac{\sigma^2}{\sum X_{3i}^2(1-r_{23}^2)}$$

$$\operatorname{cov}(\hat{\beta}_2,\hat{\beta}_3)=\frac{-r_{23}^2\sigma^2}{(1-r_{23}^2)\sqrt{\sum X_{2i}^2\sum X_{2i}^2}}$$

由以上过程可看出，随着共线性增加，方差、协方差绝对值都增大。方差、协方差都取决于方差膨胀因子 VIF，定义 VIF：

$$\text{VIF}=\frac{1}{(1-r_{23}^2)}$$

VIF 表明,参数估计量的方差是由于多重共线性的出现而膨胀起来的。随着共线性的增加，参数估计量的方差增大。将方差用 VIF 表示，即

$$\operatorname{var}(\hat{\beta}_2)=\frac{\sigma^2}{\sum X_{2i}^2}\cdot\text{VIF}$$

$$\operatorname{var}(\hat{\beta}_3)=\frac{\sigma^2}{\sum X_{3i}^2}\cdot\text{VIF}$$

这表明了 $\hat{\beta}_2$ 与 $\hat{\beta}_3$ 的方差同 VIF 成正比关系。

2）估计参数区间时，置信区间变大

存在多重共线性时，参数估计值的方差增大，其标准误差也增大，导致总体参数的置信区间随之变大。考虑参数估计量 $\hat{\beta}_2$，其置信区间为

$$\hat{\beta}_2\pm t_{\frac{\alpha}{2}}(n-k-1)\sqrt{\text{VIF}}\sqrt{\frac{\sigma^2}{\sum X_{3i}^2}}$$

随着共线性增加，$\hat{\beta}_2$ 的置信区间的边界扩大，这与置信区间越小越好的希望相违背。

3）严重多重共线性时，假设检验容易作出错误的判断

首先是参数的置信区间扩大，会使得接受一个本应拒绝的假设概率增大；其次，统计量 $t=\frac{\hat{\beta}_3}{\sqrt{\operatorname{var}(\hat{\beta}_3)}}$ 变小，在高度共线性时，参数估计值的方差增加较快，会使得 t 值变小，而使本应否定的“系数为 0”的原假设被错误地接受。

严重多重共线性可能造成决定系数 R^2 提高，F 值过高，但对各个参数单独的 t 检验却可能不显著，甚至可能使估计的回归系数符号相反，得出完全错误的结论。

4.4.3　多重共线性检验

从 4.4.2 节可知，多重共线性的结果不理想，为了解决该问题，可以对多重共线性进行检验。

1. 简单相关系数检验法

简单相关系数检验法是利用解释变量之间的线性相关程度去判断是否存在严重多重共线性的一种简便方法。如果每两个解释变量的简单相关系数（零阶相关系数）比较高，如大于 0.8，则可认为存在着较严重的多重共线性。但要注意，较高的简单相关系数只是多重共线性存在的充分条件，而不是必要条件。

2. 方差膨胀因子法

将被作为解释变量的变量作为其他解释变量的回归，称为辅助回归，经证明，解释变量 X_j 参数估计值 $\hat{\beta}_j$ 的方差可表示为

$$\mathrm{var}(\hat{\beta}_j)=\frac{\sigma^2}{\sum x_j^2}\cdot\frac{1}{1-Rx_j^2}=\frac{\sigma^2}{\sum x_j^2}\cdot\mathrm{VIF}_j$$

其中，VIF_j 是变量 X_j 的方差扩大因子，即

$$\mathrm{VIF}_j=\frac{1}{(1+R_j^2)}$$

经验表明，$\mathrm{VIF}_j \geqslant 10$ 时，说明解释变量与其余解释变量之间有严重的多重共线性，且这种多重共线性可能会过度地影响最小二乘估计。

3. 经验法

也可经过长时间的经验总结，进行检验，说法为：

（1）当增加或剔除一个解释变量，或者改变一个观测值时，回归参数的估计值发生较大变化，回归方程可能存在严重的多重共线性；

（2）一些重要的解释变量的回归系数的标准误差较大，在回归方程中没有通过显著性检验时，可初步判断可能存在严重的多重共线性；

（3）有些解释变量的回归系数所带正负号与定性分析结果违背时，很可能存在多重共线性；

（4）在解释变量的相关矩阵中，自变量之间的相关系数较大时，可能会存在多重共线性问题。

4.4.4　多重共线性回归实现

在 MATLAB 中，提供了 regress 函数实现多重共线性回归。函数的语法格式如下。

b = regress(y,X)：返回向量 b，其中包含向量 y 中的响应对矩阵 X 中的预测变量的多重线性回归的系数估计值。要计算具有常数项（截距）的模型的系数估计值，需在矩阵 X 中包含一个由 1 构成的列。

[b,bint] = regress(y,X)：返回系数估计值的 95% 置信区间的矩阵 bint。

[b,bint,r] = regress(y,X)：返回由残差组成的向量 r。

[b,bint,r,rint] = regress(y,X) 返回矩阵 rint，其中包含可用于诊断离群值的区间。

[b,bint,r,rint,stats] = regress(y,X)：返回向量 stats，其中包含 R2 统计量、F 统计量与其 p 值，以及误差方差的估计值。矩阵 X 必须包含一个由 1 组成的列，以便正确计算模型统计量。

[___] = regress(y,X,alpha)：使用 100(1–alpha)% 置信水平来计算 bint 和 rint。可以指定上

述任一语法中的输出参数组合。

【例 4-5】估计多重线性回归系数。

```
% 加载 carsmall 数据集。确定权重和功率作为预测变量，里程作为响应
load carsmall
x1 = Weight;
x2 = Horsepower;                                   % Contains 数据集中的 NaN 数据
y = MPG;
% 计算具有交互效应项的线性模型的回归系数
X = [ones(size(x1)) x1 x2 x1.*x2];
b = regress(y,X)                                   % 删除 NaN 数据
b =
   60.7104
   -0.0102
   -0.1882
    0.0000
>> % 对数据和模型进行绘图
scatter3(x1,x2,y,'filled')
hold on
x1fit = min(x1):100:max(x1);
x2fit = min(x2):10:max(x2);
[X1FIT,X2FIT] = meshgrid(x1fit,x2fit);
YFIT = b(1) + b(2)*X1FIT + b(3)*X2FIT + b(4)*X1FIT.*X2FIT;
mesh(X1FIT,X2FIT,YFIT)
xlabel('权重')
ylabel('功率/瓦特')
zlabel('里程/千米')
view(50,10)
hold off
```

运行程序，效果如图 4-20 所示。

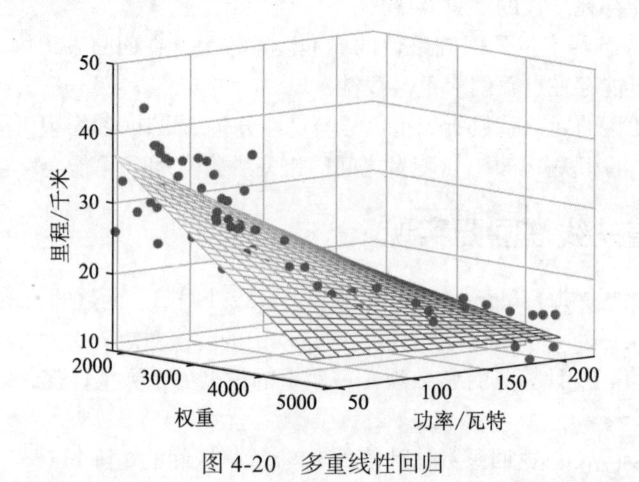

图 4-20　多重线性回归

4.5　其他线性回归

除了前面介绍的一元线性回归、多元线性回归、多重线性回归等外，还有一些常用的线性回归，如岭回归、Lasso 回归、弹性网络、逐步回归。

4.5.1 岭回归

岭（Ridge）回归通过对系数的大小施加惩罚来解决普通最小二乘法的一些问题。岭回归最小化的是带罚项的残差平方和

$$\min_{w}\|Xw-y\|_2^2+\alpha\|w\|_2^2$$

其中，α（$\alpha \geqslant 0$）是控制系数收缩量的复杂性参数，α 的值越大，收缩量越大，模型对共线性的鲁棒性更强。

【例 4-6】假设有一组数据，包括多个自变量（$X_1, X_2, \cdots, X_n$）和一个因变量（Y），使用岭回归进行建模。

```
clc,clear
% 设置随机数种子以保证结果的可复现性
rng(0);
% 生成模拟数据
n_samples = 100;
n_features = 5;
X = randn(n_samples, n_features);
true_coeffs = [3.5; -2; 0; 4; -1];                    % 真实系数
Y = X * true_coeffs + randn(n_samples, 1) * 1.5;                 % 添加噪声
% 继续进行岭回归分析
lambda = 0.1:0.1:10;                                  % 设置一系列的正则化强度参数
ridgeCoeffs = ridge(Y, X, lambda, 0)                  % 岭回归函数
% 绘制岭回归系数随 lambda 变化的图
figure;
plot(lambda, ridgeCoeffs(2:end, :));                  % 从第二行开始绘制，因为 ridge 函数的
                                                      % 第一行是截距项
xlabel('Lambda');
ylabel(' 系数 ');
title(' 岭回归系数与 Lambda');
legend(arrayfun(@(n) sprintf('Coeff %d', n), 1:n_features, 'UniformOutput',
false), 'Location', 'Best');
grid on;
```

运行程序，效果如图 4-21 所示。

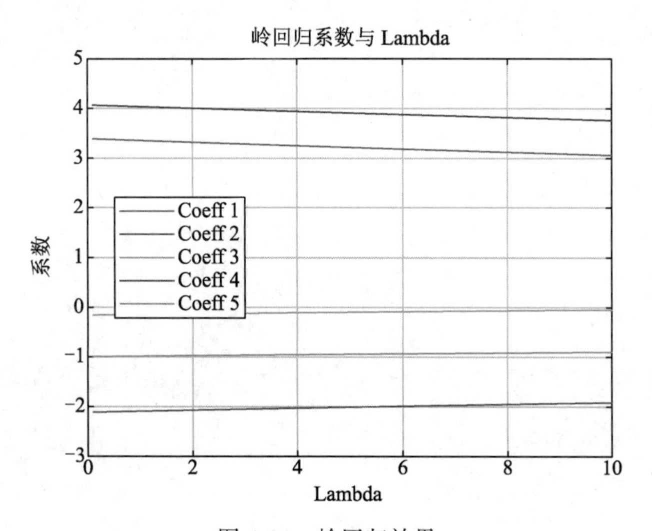

图 4-21　岭回归效果

4.5.2 Lasso 回归

Lasso（套索）回归是拟合稀疏系数的线性模型。它在一些情况下是有用的，因为它倾向于使用具有较少参数值的情况，有效地减少给定解决方案所依赖变量的数量。因此，Lasso 及其变体是压缩感知领域的基础。在一定条件下，它可以恢复一组非零权重的精确集。

在数学公式表达上，它由一个带有 L1 先验正则项的线性模型组成。其最小化的目标函数为

$$\min_{w} \frac{1}{2n_{\text{samples}}} \|Xw - y\|_2^2 + \alpha \|w\|_1$$

Lasso 回归估计解决了加上罚项 $\alpha\|w\|_1$ 的最小二乘法的最小化，其中，α 是一个常数，$\|w\|_1$ 是参数向量的 L1 范数。

【例 4-7】利用 Lasso 回归对例 4-6 的数据进行回归分析，并与岭回归作对比。

```
>> clear
% 设置随机数种子以保证结果的可复现性
rng(0);
% 生成模拟数据
n_samples = 100;
n_features = 5;
X = randn(n_samples, n_features);
true_coeffs = [3.5; -2; 0; 4; -1];                          % 真实系数
Y = X * true_coeffs + randn(n_samples, 1) * 1.5;            % 添加噪声
%Lasso 回归分析
[B, FitInfo] = lasso(X, Y, 'CV', 10); % 进行 Lasso 回归，并使用 10 折交叉验证
% 选取最佳 Lambda 值对应的系数
idxLambda1SE = FitInfo.Index1SE;
coef = B(:, idxLambda1SE);                                  % 最佳 Lambda 值对应的系数
coef0 = FitInfo.Intercept(idxLambda1SE);                    % 最佳 Lambda 值对应的截距项
disp('最佳 Lambda 值对应的系数：')
disp(coef)
disp('最佳 Lambda 值对应的截距项：')
disp(coef0)
lassoPlot(B, FitInfo, 'PlotType', 'Lambda', 'XScale', 'log');   % 绘制系数路径
lassoPlot(B, FitInfo, 'PlotType', 'CV');                    % 绘制交叉验证误差
```

运行程序，输出如下，效果如图 4-22 及图 4-23 所示。

```
最佳 Lambda 值对应的系数：
    3.0765
   -1.8039
         0
    3.9119
   -0.6311
最佳 Lambda 值对应的截距项：
    0.1200
```

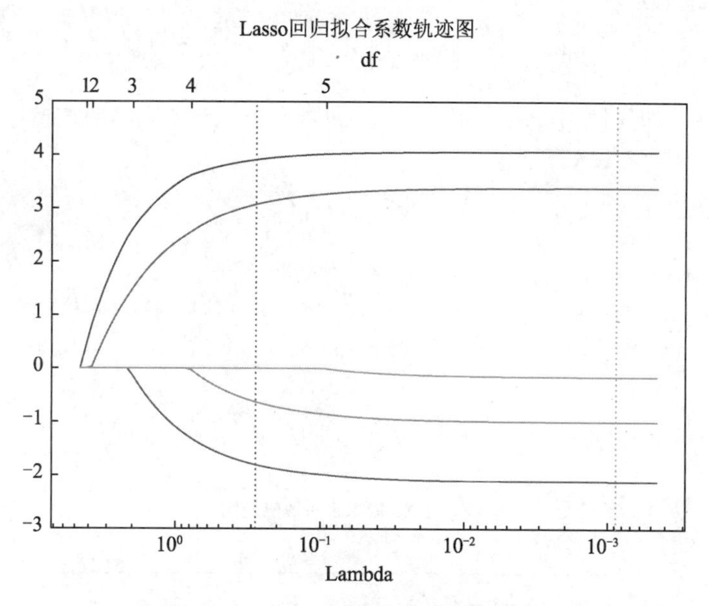

图 4-22　Lasso 回归拟合系数轨迹图

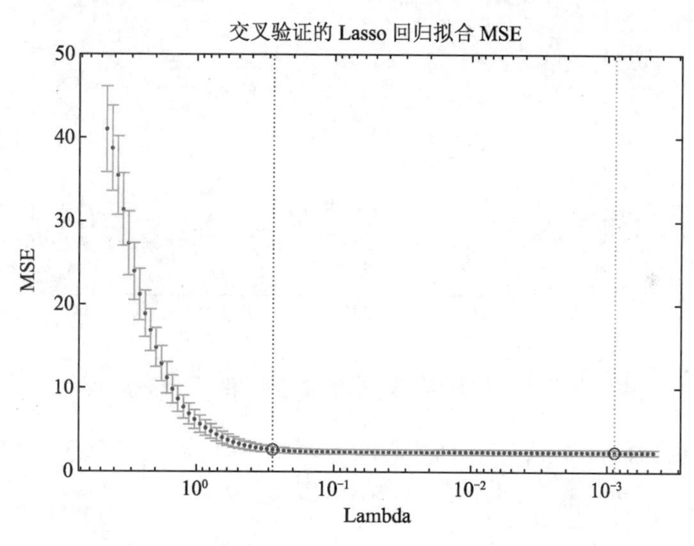

图 4-23　交叉验证误差图

4.5.3　弹性网络

弹性网络（ElasticNetCV）是一种使用 L1 和 L2 范数作为先验正则项训练的线性回归模型。这种组合允许拟合到一个只有少量参数是非零稀疏的模型，就像 Lasso 回归一样，但是它仍然保持了一些类似于 Ridge 回归的正则性质。可利用 l1_ratio 参数控制 L1 和 L2 的凸组合。

弹性网络在很多特征互相联系的情况下是非常有用的。Lasso 很可能只随机考虑这些特征中的一个，而弹性网络更倾向于选择两个。

在实践中，Lasso 的一个优势是它允许在循环过程中继承 Ridge 的稳定性。此处，最小化的目标函数是

$$\min_{w} \frac{1}{2n_{\text{samples}}}\|Xw-y\|_2^2+\alpha\|w\|_1+\frac{\alpha(1-\rho)}{2}\|w\|_2^2$$

【例 4-8】演示如何使用 Lasso 回归和弹性网络方法，根据汽车的重量、排量、功率和加速度来预测汽车的里程（MPG）。

```
>> % 载入 carbig 数据集
load carbig
% 提取连续（非分类）预测变量（Lasso 回归不处理分类预测变量）
X = [Acceleration Displacement Horsepower Weight];
% 进行 10 次交叉验证的 Lasso 回归
[b,fitinfo] = lasso(X,MPG,'CV',10);
% 绘制结果，如图 4-24 所示
lassoPlot(b,fitinfo,'PlotType','Lambda','XScale','log');
```

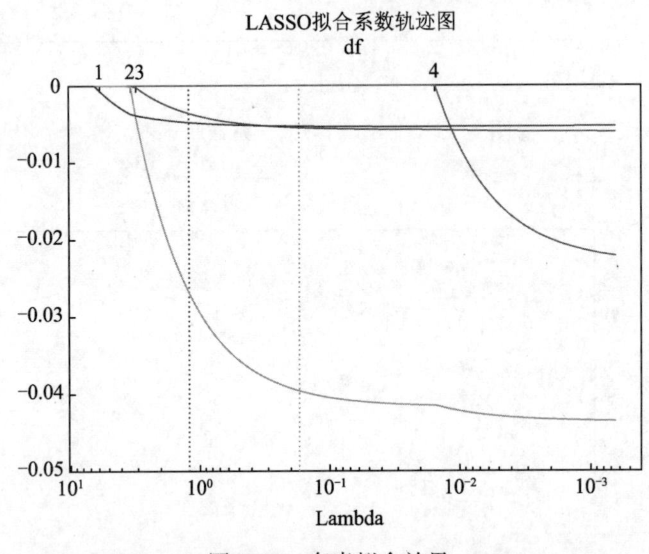

图 4-24　套索拟合效果

```
>>% 计算预测变量的相关性。首先消除 NaN
nonan = ~any(isnan([X MPG]),2);
Xnonan = X(nonan,:);
MPGnonan = MPG(nonan,:);
corr(Xnonan)
ans =
    1.0000   -0.5438   -0.6892   -0.4168
   -0.5438    1.0000    0.8973    0.9330
   -0.6892    0.8973    1.0000    0.8645
   -0.4168    0.9330    0.8645    1.0000
>> % 由于某些预测变量高度相关，因此执行弹性网络拟合，使用 Alpha = 0.5
[ba,fitinfoa] = lasso(X,MPG,'CV',10,'Alpha',.5);
% 绘制结果，效果如图 4-25 所示。为每个预测变量命名，以便可以区分曲线
pnames = {'加速度','排量','功率'};
lassoPlot(ba,fitinfoa,'PlotType','Lambda','XScale','log',...
    'PredictorNames',pnames);
```

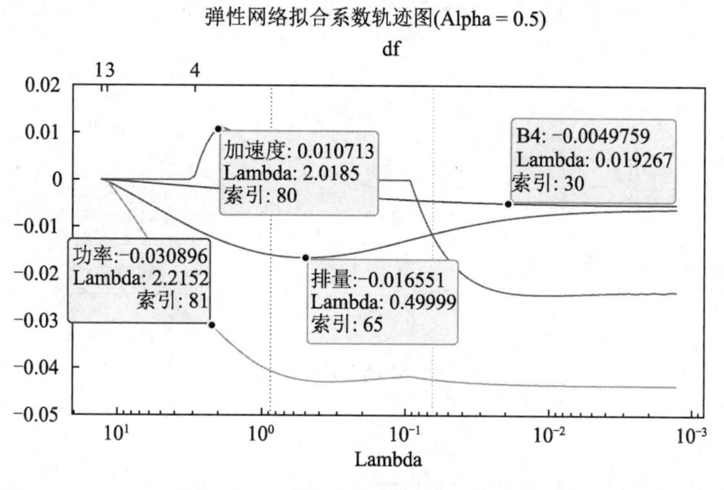

图 4-25　弹性网络拟合系数轨迹图

运行程序后，当激活数据光标并单击图时，会看到预测变量的排量、Lambda 值以及该点的索引，即与该拟合相关联的 b 中的列。

此处的弹性网络和 Lasso 回归的结果不太相似。此外，弹性网络图反映了弹性网络技术的显著定性特性。随着 Lambda 值的增加（朝向图左侧），弹性网络保留 3 个非零系数，并且这 3 个系数在大约相同的 Lambda 值时达到 0。相比之下，套索图显示 3 个系数中的两个在 Lambda 值相同时变为 0，而另一个系数在 Lambda 值较高时保持非零。一般来说，随着 Lambda 值的增大，弹性网络倾向于保留或删除高度相关的预测变量组。相比之下，Lasso 回归往往会放弃较小的群体，甚至个体预测变量。

4.5.4　逐步回归

逐步回归分析方法的基本思路是自动从大量可供选择的变量中选取最重要的变量，建立回归分析的预测或解释模型。其基本思想是：将自变量逐个引入，引入的条件是该变量的偏回归平方和经检验后是显著的。同时，每引入一个新的自变量，要对旧的自变量逐个检查，剔除偏回归平方和不显著的自变量。这样一直边引入边剔除，直到既无新变量引入也无旧变量剔除为止。它的实质是建立“最优”的多元线性回归方程，其过程如图 4-26 所示。

依据上述思想，可利用逐步回归筛选并剔除引起多重共线性的变量，其具体步骤如下：先用被解释变量对每一个所考虑的解释变量做简单回归，然后以对被解释变量贡献最大的解释变量所对应的回归方程为基础，逐步引入其余解释变量。经过逐步回归，最后保留在模型中的解释变量既是重要的，又没有严重多重共线性。

逐步回归的主要实现有 4 种方法。

1. 向前选择（Forward）

将自变量逐个引入模型，引入一个自变量后要查看该变量的引入是否使得模型发生显著性变化（F 检验），如果发生了显著性变化，那么则将该变量引入模型中，否则忽略该变量，直至考虑了所有变量。该方法将变量按照贡献度从大到小排列，依次加入。

向前选择的特点主要表现在：自变量一旦选入，则永远保存在模型中；不能反映引入自变量后模型本身的变化情况。

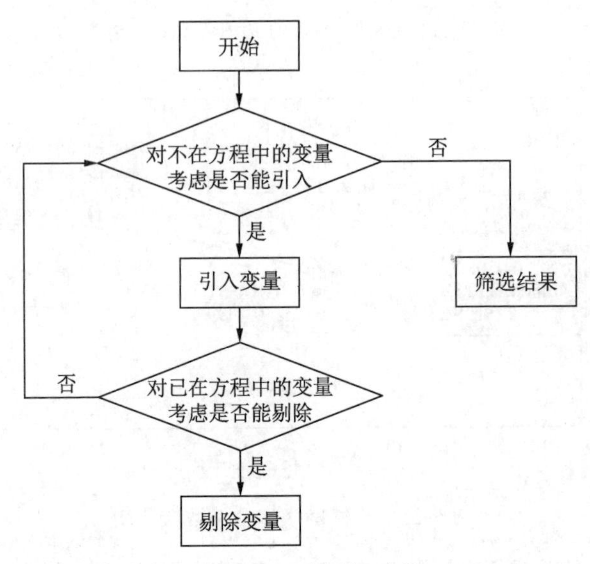

图 4-26 逐步回归过程

2. 向后选择（Backward）

与向前选择相反，在这种方法中，将所有变量放入模型，然后尝试将某一变量进行剔除，查看剔除后对整个模型是否有显著性变化（F 检验），如果没有显著性变化则剔除，如果有则保留，直到留下所有对模型有显著性变化的因素。该方法将自变量按贡献度从小到大，依次剔除。

向后选择的特点主要表现在：自变量一旦剔除，则不再进入模型；开始把全部自变量引入模型，计算量过大。

3. 逐步筛选法（Stepwise）

逐步筛选法是向前选择和向后选择两种方法的结合，即一边选择，一边剔除。

当引入一个变量后，首先查看这个变量是否使得模型发生显著性变化（F 检验），如果发生显著性变化，再对所有变量进行 t 检验，当后面加入的变量使原来引入变量不再显著变化时，则剔除此变量，确保每次引入新的变量之前回归方程中只包含显著性变量，直到既没有显著的解释变量选入回归方程，也没有不显著的解释变量从回归方程中剔除为止，最终得到一个最优的变量集合。

4. 逐步回归实现

在 MATLAB 中，提供了 stepwiseglm 函数通过逐步回归创建广义线性回归模型。函数的语法格式如下。

mdl = stepwiseglm(tbl)：从常数模型开始，使用逐步回归来添加或删除预测因子，创建表或数据集数组的广义线性模型 tbl。Stepwiseglm 将 tbl 的最后一个变量作为相应变量。stepwiseglm 使用前向和后向逐步回归来确定最终模型。

mdl = stepwiseglm(X,y)：创建对数据矩阵 X 的响应 y 的广义线性模型。

mdl = stepwiseglm(___,modelspec)：使用先前语法中的任何输入参数组合指定起始模型 modelspec。

mdl = stepwiseglm(___,modelspec,Name,Value)：使用一个或多个名称 – 值对参数指定其他选项。例如，可以指定类别变量、要在模型中使用的最小或最大的术语集、要采取的最大步骤数、stepwiseglm 用于添加或删除术语的标准。

【例 4-9】基于逐步回归算法的广义线性模型。

解析：只使用 20 个预测因子中的 3 个来创建响应数据，并使用逐步回归算法创建一个广义线性模型，观察该模型是否只使用了正确的预测因子。

```
% 创建具有 20 个预测因子的数据，并仅使用其中 3 个预测因子和一个常数创建泊松响应
>> rng('default')                                              % 再现性
X = randn(100,20);
mu = exp(X(:,[5 10 15])*[.4;.2;.3] + 1);
y = poissrnd(mu);
% 使用泊松分布拟合广义线性模型
mdl =  stepwiseglm(X,y,...
    'constant','upper','linear','Distribution','poisson')
```

运行程序，输出如下：

```
1. 正在添加 x5, Deviance = 134.439, Chi2Stat = 52.24814, PValue = 4.891229e-13
2. 正在添加 x15, Deviance = 106.285, Chi2Stat = 28.15393, PValue = 1.1204e-07
3. 正在添加 x10, Deviance = 95.0207, Chi2Stat = 11.2644, PValue = 0.000790094
mdl =
广义线性回归模型：
    log(y) ~ 1 + x5 + x10 + x15
分布 = Poisson
估计系数：
                      Estimate       SE        tStat       pValue
                      ________    ________    ________    __________

    (Intercept)        1.0115     0.064275     15.737     8.4217e-56
    x5                 0.39508    0.066665     5.9263     3.0977e-09
    x10                0.18863     0.05534     3.4085      0.0006532
    x15                0.29295    0.053269     5.4995     3.8089e-08
100 个观测值，96 个误差自由度
散度：1
卡方统计量（常量模型）：91.7，p 值 = 9.61e-20
```

以上结果显示，起始模型是常数模型。stepwiseglm 默认使用模型的偏差作为标准，它首先将 x5 添加到模型中，因为测试统计的 p 值偏差（两个模型偏差的差异）小于默认阈值 0.05。然后，它添加 x15，因为给定 x5 在模型中，当添加 x15 时，卡方检验的 p 值小于 0.05。然后添加 x10，因为给定 x5 和 x15 在模型中，当添加 x10 时，卡方检验统计量的 p 值再次小于 0.05。

此外，在 MATLAB 中，提供了 stepwise 函数实现交互式逐步回归。函数的语法格式如下。

stepwise：逐步使用样本数据显示图形用户界面，用于对成分的预测项执行响应值的逐步回归。

stepwise(X,y)：使用 $n \times p$ 矩阵 X 中的 p 个预测项和 $n \times 1$ 向量 y 中的响应值显示界面。不同的预测项应出现在 X 的不同列中。

stepwise(X,y,inmodel,penter,premove)：指定初始模型（inmodel）及 F 统计量的 p 值的入口（penter）和出口（premove）容差。inmodel 可以是长度等于 X 的列数的逻辑向量，也可以是索引向量，其值范围为从 1 到 X 的列数。penter 的值必须小于或等于预先移动。

【例 4-10】某建材公司的销售量因素分析。

某建材公司对某年 20 个地区的建材销售量 y（吨）、推销开支 x1、实际账目数 x2、同类

商品竞争数 x3 和地区销售潜力 x4 分别进行了统计，如表 4-1 所示。试分析推销开支、实际账目数、同类商品竞争数和地区销售潜力对建材销售量的影响作用。试建立回归模型，且分析哪些是主要的影响因素。

表 4-1　某建材公司的销售量因素

建材售量	x1	x2	x3	x4	x5
1	5.5	31	10	8	79.3
2	2.5	55	8	6	200.1
3	8.0	67	12	9	163.2
4	3.0	50	7	16	200.1
5	3.0	38	8	15	146.0
6	2.9	71	12	17	177.7
7	8.0	30	12	8	30.9
8	9.0	56	5	10	291.9
9	4.0	42	8	4	160.0
10	6.5	73	5	16	339.4
11	5.5	60	11	7	159.6
12	5.0	44	12	12	86.3
13	6.0	50	6	6	237.5
14	5.0	39	10	4	107.2
15	5.0	55	10	4	155.0
16	3.5	70	6	14	201.4
17	8.0	40	11	6	100.2
18	6.0	50	11	8	135.8
19	4.0	62	9	13	223.3
20	7.5	59	9	11	195.0

用逐步回归代码步骤如下：

（1）表示 x1,x2,x3,x4,y；

（2）生成对应的向量组；

（3）使用 regress（回归函数）、stepwise（逐步回归）。

实现的 MATLAB 代码为：

```
>> clear all;
x1=[5.5  2.5    8      3      3      2.9    8      9      4    6.5    5.5
    5    6      5      3.5    8      6      4      7.5    7]';             %%(20维)
x2=[31   55     67     50     38     71     30     56     42   73     60
    44   50     39     55     70     40     50     62     59]';
x3=[10   8      12     7      8      12     12     5      8    5      11
    12   6      10     10     6      11     11     9      9]';
x4=[8    6      9      16     15     17     8      10     4    16     7
    12   6      4      4      14     6      8      13     11]';
y=[79.3  200.1  163.2  200.1  146    177.7  30.9   291.9  160  339.4  159.6
```

```
   86.3  237.5  107.2  155    201.4  100.2   135.8  223.3  195]';
X=[ones(size(x1)),x1,x2,x3,x4];
[b,bint,r,rint,stats]=regress(y,X)
stepwise(X(:,2:end), y)
```

运行程序，输出如下，效果如图 4-27 所示。

```
b =
  191.9158
   -0.7719
    3.1725
  -19.6811
   -0.4501
bint =
  103.1071  280.7245
   -7.1445    5.6007
    2.0640    4.2809
  -25.1651  -14.1972
   -3.7284    2.8283
r =
   -6.3045
   -4.2215
    5.1293
   -3.1536
    0.0469
    6.6035
  -10.2401
   32.1803
   -2.8219
   26.5194
    1.2254
    0.2303
   12.3801
   -5.9704
  -10.0875
  -82.0245
    5.2103
    8.4422
   23.4625
    3.3938
rint =
  -56.5085   43.8995
  -51.7960   43.3530
  -40.4734   50.7319
  -49.7055   43.3983
  -44.3616   44.4554
  -33.2319   46.4388
  -53.1505   32.6704
   -9.9247   74.2853
  -52.7697   47.1259
  -17.9495   70.9883
  -50.3051   52.7559
  -50.3940   50.8545
```

```
  -37.1038   61.8641
  -57.7043   45.7635
  -58.2382   38.0632
  -94.9983  -69.0506
  -47.1746   57.5953
  -44.4834   61.3677
  -26.9939   73.9190
  -50.3179   57.1054
stats =
    0.9034   35.0509    0.0000  644.6510
```

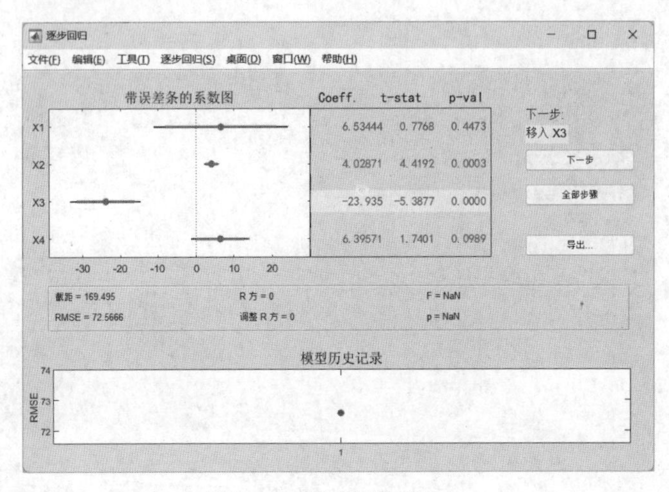

图 4-27 逐步回归界面 1

单击界面右上方的“下一步”进行逐步执行，最终的逐步回归结果如图 4-28 所示。

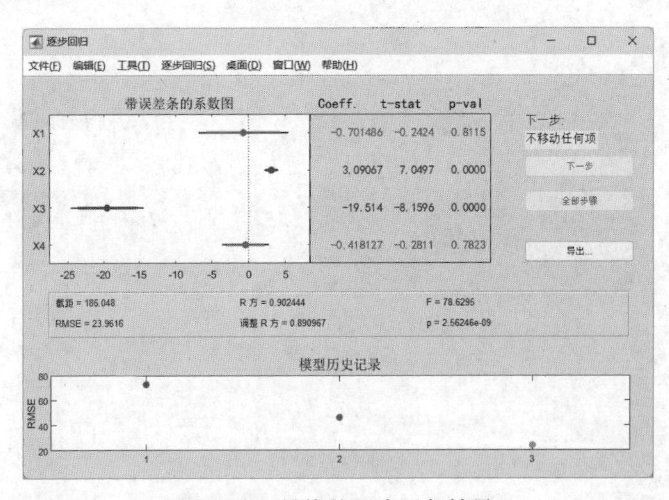

图 4-28 最终的逐步回归结果

从结果 R^2 =0.902444>0.9 可知拟合效果较好。可以看到 x1、x4 变量均被移除，只保留了 x2 和 x3 变量，y 的预测表达式如下：

$$y = 186.048 + 3.0967 \cdot x2 - 19.514 \cdot x2$$

第 5 章

CHAPTER 5

逻辑回归分析

逻辑回归分析是一种广义的线性回归分析模型，属于机器学习中的监督学习，它主要是用来解决二分类问题（也可以解决多分类问题）。通过给定的n组数据（训练集）来训练模型，并在训练结束后对给定的一组或多组数据（测试集）进行分类，其中每一组数据都是由p个指标构成的。

5.1 逻辑回归概述

一组待预测的数据如表 5-1 所示，需要利用各个特征去预测目标的类别是 1 还是 0。

表 5-1 待预测的数据

平均平滑度	平均紧凑度	平 均 凹 度	平 均 凹 点	目标的类别
0.1184	0.2776	0.3001	0.1471	0
0.08474	0.07864	0.0869	0.07017	0
…	…	…	…	…
0.08752	0.07698	0.04751	0.03384	1
0.08261	0.04751	0.01972	0.01349	1
…	…	…	…	…
0.09752	0.1141	0.09388	0.5839	0
0.08455	0.1023	0.09251	0.05302	0
0.1178	0.277	0.3514	0.152	0
0.05263	0.043621	0.0	0.0	1

从第 4 章知道，线性回归拟合的是数值，并不符合预测类别的需求。但数值与类别是有关联的，例如，天色越黑，下雨概率就越大。值越大，属于某类别的概率也越大。值与概率之间可以互转。

在数学中通常用 $\mathrm{sigmoid}(x)=\dfrac{1}{1+\mathrm{e}^{-x}}$ 函数将数值转化为概率，如图 5-1 所示。

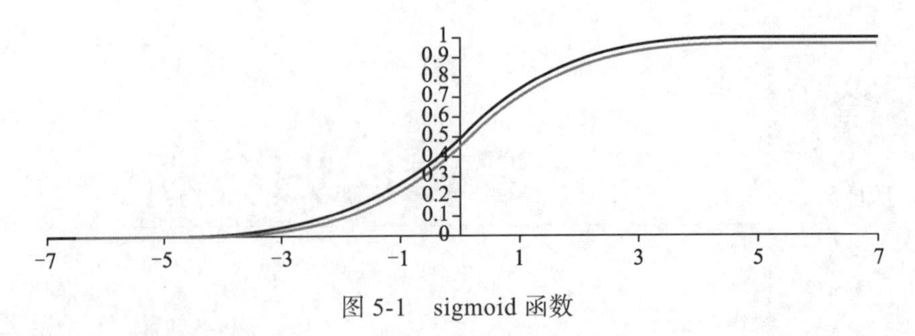

图 5-1　sigmoid 函数

逻辑回归就是这样的原理，先用 $wx+b$ 作为综合值的评估，再用 sigmoid 函数将综合评估值转为概率。所以，逻辑回归本质上是线性模型。

逻辑回归的一般过程如下。

（1）收集数据：采用任意方法收集数据。

（2）准备数据：由于需要进行距离计算，因此要求数据类别为数值型。另外，结构化数值格式最佳。

（3）分析数据：采用任意方法对数据进行分析。

（4）训练算法：大部分时间将用于训练，训练的目的是找到最佳的分类回归系数。

（5）测试算法：一旦训练步骤完成，分类将会很快。

（6）使用算法：首先，需要输入一些数据，并将其转换成对应的结构化数值；接着，基于训练好的回归系数就可以对这些数值进行简单的回归计算，判定它们属于哪个类别；之后，就可以在输出的类别上做一些其他分析工作。

5.2 模型表达式

逻辑回归的模型表达式为

$$P(x)=\text{sigmoid}(wx)=\frac{1}{1+\mathrm{e}^{-(w_1x_1+w_2x_2+\cdots+w_kx_k+b)}}$$

在输入为单变量时，它就是一个 S 曲线，其中，w 控制了它的拉伸，b 则控制了它的平移位置，如图 5-2 所示。

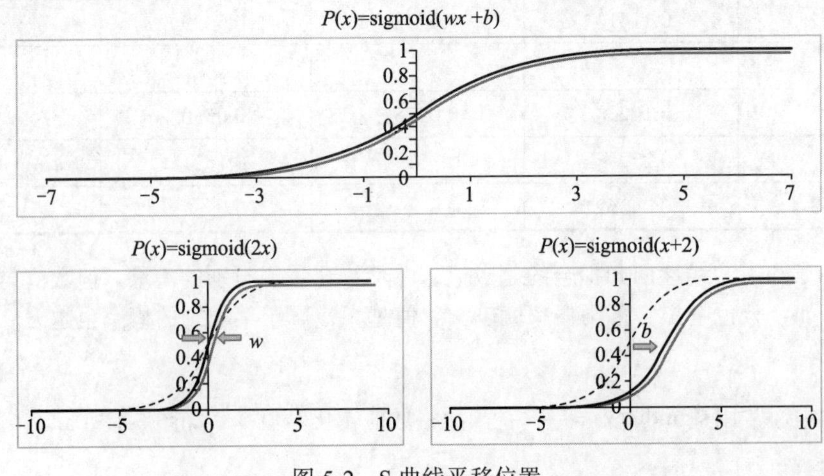

图 5-2　S 曲线平移位置

类似地，在输入为两个变量时，它就是一个 S 面，在输入为更多变量时，则是一个超 S 面。

5.3 损失函数

采用损失函数引导去求取模型中的参数 w 和 b，也就是指明想要一个什么样的 w 和 b。在逻辑回归中，用误差就不适合了。逻辑回归模型采用的是模型预测正确概率最大化。

5.3.1 单个样本评估正确的概率

模型对单个样本评估正确的概率 $P_{\text{right}}(x)$ 为

$$P_{\text{right}}(x)=\begin{cases}\dfrac{1}{1+\mathrm{e}^{-xw}}, & y=1\\ 1-\dfrac{1}{1+\mathrm{e}^{-xw}}=\dfrac{1}{1+\mathrm{e}^{xw}}, & y=0\end{cases} \tag{5-1}$$

逻辑回归的输出就是类别为 1 的概率，真实值也为 1 时，P 是评估正确的概率；y=0 时，P 是错误的概率，1–P 是模型正确的概率。

可以用一个式子把式（5-1）合并为

$$P_{\text{right}}(x)=\left(\frac{1}{1+\mathrm{e}^{-xw}}\right)^{y}\left(\frac{1}{1+\mathrm{e}^{xw}}\right)^{1-y}$$

当 y=1 时，第二个括号计算的值等于 1，当 y=0 时，第一个括号计算的值为 0，与上述二式一致。

5.3.2 所有样本评估正确的概率

假设每个样本是独立事件，则总评估正确的概率为所有样本评估正确的概率的乘积：

$$P_{\text{RightTotal}}(x)=\prod_{i=1}^{m}\left(\frac{1}{1+\mathrm{e}^{-x_i w}}\right)^{y_i}\left(\frac{1}{1+\mathrm{e}^{x_i w}}\right)^{(1-y_i)}$$

5.3.3 损失函数

要实现 $P_{\text{RightTotal}}$ 最大化，只要将损失函数设计成 $-P_{\text{RightTotal}}$ 即可。又由于 $P_{\text{RightTotal}}$ 中含有大量的乘号，为计算方便，外套一个对数。因此，损失函数为

$$\begin{aligned}L(w)&=-\ln\left[\prod_{i=1}^{m}\left(\frac{1}{1+\mathrm{e}^{-x_i w}}\right)^{y_i}\left(\frac{1}{1+\mathrm{e}^{x_i w}}\right)^{(1-y_i)}\right]\\&=-\sum_{i=1}^{m}\ln\left[\left(\frac{1}{1+\mathrm{e}^{-x_i w}}\right)^{y_i}\left(\frac{1}{1+\mathrm{e}^{x_i w}}\right)^{(1-y_i)}\right]\\&=\sum_{i=1}^{m}[\ln(1+\mathrm{e}^{x_i w})-y_i x_i w]\end{aligned}$$

在连乘的情况下，使用对数使其转化为加号是常用的操作，因为对数是单调函数，能让 P 最大化的 w，同样会令 $\ln P$ 最大化。

5.4 模型求解

接着，需要求解最佳 w，使损失函数

$$L(w)=\sum_{i=1}^{N}[\ln(1+\mathrm{e}^{x_i w})-y_i x_i w]$$

最小即令预测概率的准确性最大化。

梯度下降法为一个优秀的数值求解算法。

1. 梯度下降法

梯度下降法的原理如图 5-3 所示。

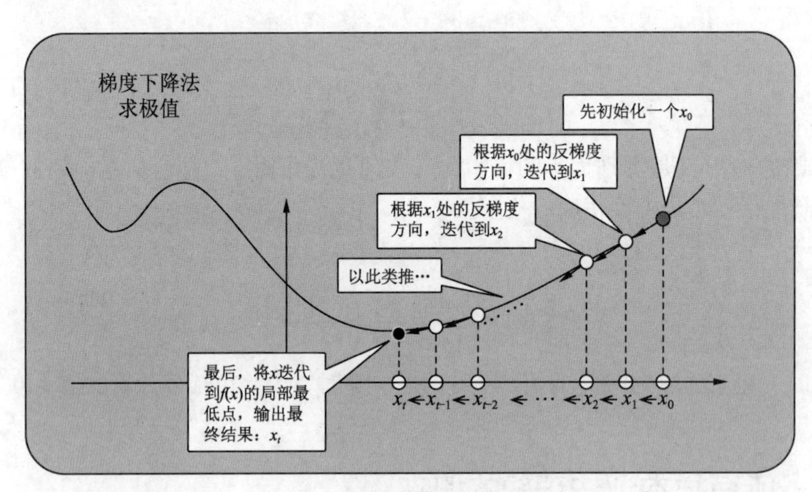

图 5-3　梯度下降法的原理

由图 5-3 可看出，梯度下降法的过程是先初始化一个初始解，然后不断地根据目标函数的梯度下降方向，调整 x，最后达到局部最优值。

梯度下降法在迭代过程使用了 $L(\boldsymbol{w})$ 的梯度，$L(\boldsymbol{w})$ 的梯度公式为

$$\frac{\partial L(\boldsymbol{w})}{\partial \boldsymbol{w}}=\boldsymbol{x}^{\mathrm{T}}(p-y)$$

其中，

（1）$\boldsymbol{x}$ 为 $m\times n$ 矩阵，m 为样本数，n 为特征个数，即一行为一个样本，一列为一个特征；

（2）$\boldsymbol{y}$、$\boldsymbol{p}$ 为列向量，$\boldsymbol{p}=\frac{1}{1+\mathrm{e}^{-xw}}$；

（3）$\boldsymbol{w}$ 为 $n\times 1$ 的列向量。

2. 梯度下降法应用于逻辑回归

梯度下降法在逻辑回归的应用过程如下。

- 先初始化 $\boldsymbol{w}$，然后

（1）按照梯度公式算出梯度；

（2）将 $\boldsymbol{w}$ 往负梯度方向调整。

- 不断重复（1）和（2），直至满足终止条件（如达到最大迭代次数）。

5.5　逻辑回归的应用

本节将通过一个实例来演示具有约束逻辑回归系数的信用评分卡（Creditscorecard）。

实例包含 3 个主要部分。首先，使用 fitConstrainedModel 求解无约束模型中的系数；然后，fitConstrainedModel 演示如何使用几种类型的约束；最后，fitConstrainedModel 使用自助法进行显著性分析，以确定要从模型中拒绝的预测变量。

具体实现步骤如下。

（1）创建 creditscorecard 对象和 Bin 数据。

```
>> load CreditCardData.mat
sc = creditscorecard(data,'IDVar','CustID');
sc = autobinning(sc);
```

（2）使用 fitConstrainedModel 的无约束模型。

使用 fitConstrainedModel 和输入参数的默认值求解无约束系数。fitConstrainedModel 使用 Optimization Toolbox 中的内部优化求解器 fmincon。如果不设置任何约束，fmincon 将模型视为无约束优化问题。LowerBound 和 UpperBound 的默认参数分别是 –Inf 和 +Inf。

```
>> [sc1,mdl1] = fitConstrainedModel(sc);
coeff1 = mdl1.Coefficients.Estimate;
disp(mdl1.Coefficients);
                   Estimate
                  _________
    (Intercept)     0.70246
    CustAge          0.6057
    TmAtAddress      1.0381
    ResStatus        1.3794
    EmpStatus       0.89648
    CustIncome      0.70179
    TmWBank          1.1132
    OtherCC          1.0598
    AMBalance        1.0572
    UtilRate      -0.047597
```

与给出 p 值的 fitmodel 不同，使用 fitConstrainedModel 时，必须使用自助法找出在受约束时从模型中拒绝的预测变量。

fitmodel 对证据权重（WOE）数据进行逻辑回归模型拟合，并且没有任何约束。可以将来自“使用 fitConstrainedModel 的无约束模型”部分的结果与 fitmodel 的结果进行比较，以验证模型是否校准良好。

现在，使用 fitmodel 解决无约束问题。需注意 fitmodel 和 fitConstrainedModel 使用不同的求解器。fitConstrainedModel 使用 fmincon，而 fitmodel 默认使用 stepwiseglm。要在开始时包括所有预测变量，需要将 fitmodel 的 'VariableSelection' 名称 – 值对组参量设置为 'fullmodel'。

```
>> [sc2,mdl2] = fitmodel(sc,'VariableSelection','fullmodel','Display','off');
coeff2 = mdl2.Coefficients.Estimate;
disp(mdl2.Coefficients);
                   Estimate        SE         tStat         pValue
```

```
    (Intercept)          0.70246     0.064039        10.969     5.3719e-28
    CustAge               0.6057      0.24934        2.4292       0.015131
    TmAtAddress           1.0381      0.94042        1.1039        0.26963
    ResStatus             1.3794       0.6526        2.1137       0.034538
    EmpStatus            0.89648      0.29339        3.0556      0.0022458
    CustIncome           0.70179      0.21866        3.2095      0.0013295
    TmWBank               1.1132      0.23346        4.7683     1.8579e-06
    OtherCC               1.0598      0.53005        1.9994       0.045568
    AMBalance             1.0572      0.36601        2.8884      0.0038718
    UtilRate           -0.047597      0.61133     -0.077858        0.93794

%绘制相应的模型系数，效果如图 5-4 所示
>> figure
plot(coeff1,'*')
hold on
plot(coeff2,'s')
xticklabels(mdl1.Coefficients.Properties.RowNames)
ylabel('模型系数')
title('无约束模型系数')
legend({'由fitConstrainedModel计算,默认值','由fitmodel计算'},'Location','best')
grid on
```

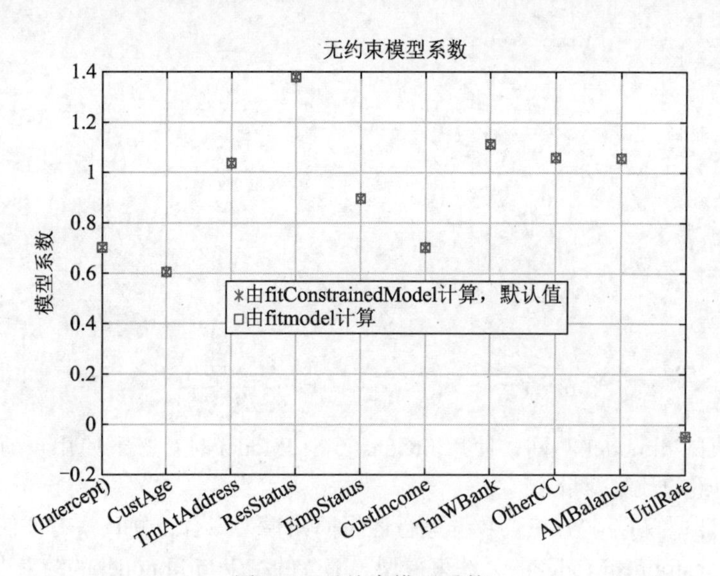

图 5-4　无约束模型系数

如图 5-4 所示，模型系数匹配。可以确信，fitConstrainedModel 的实现校准良好。

（3）约束模型。

在约束模型方法中，要在约束下求解逻辑模型的系数 b_i 值，支持的约束有边界、等式或不等式约束。系数要最大化为观测值 i 定义的违约似然函数为

$$L_i = p(\text{Default}_i)^{y_i} \cdot (1 - p(\text{Default}_i))^{1-y_i}$$

其中，$p(\text{Default}_i) = \dfrac{1}{1+\mathrm{e}^{-b_i}}$；$y_i$ 为响应值，值为 1 表示违约，值为 0 表示不违约。

此公式适用于非加权数据，当观测值 i 的权重为 ω_i 时，这意味着有 ω_i 倍的观测值为 i。因此，在观测值 i 时，发生违约的概率是违约概率的乘积（共 ω_i 次）：

$$p_i = p(\text{Default}_i)^{y_i} \bullet p(\text{Default}_i)^{y_i} \bullet \cdots \bullet p(\text{Default}_i)^{y_i} = p(\text{Default}_i)^{\omega_i \times y_i}$$

同样，加权观测值 i 的不违约概率为

$$\hat{p}_i = p(\sim\text{Default}_i)^{1-y_i} \bullet p(\sim\text{Default}_i)^{1-y_i} \bullet \cdots \bullet p(\sim\text{Default}_i)^{1-y_i} = (1 - p(\text{Default}_i))^{\omega_i \times (1-y_i)}$$

对于加权数据，如果权重为 ω_i 的给定观测值 i 存在违约，则就存在 ω_i 个该观测值，并且所有观测值全部违约或全部不违约。ω_i 可能是整数，也可能非整数。因此，对于加权数据，第一个方程中观测值 i 的违约似然函数变为

$$L_i = p(\text{Default}_i)^{\omega_i \times y_i} \times (1 - p(\text{Default}_i))^{\omega_i \times (1-y_i)}$$

根据假设，所有违约都是独立事件，因此目标函数为

$$L = L_1 \bullet L_2 \bullet \cdots \bullet L_N$$

或可以更方便地以对数项表示为

$$\log(L) = \sum_{i=1}^{N} \omega_i \bullet \left[y_i \log(p(\text{Default}_i)) + (1 - y_i) \log(1 - p(\text{Default}_i)) \right]$$

按照“使用 fitConstrainedModel 的无约束模型”部分所述校准无约束模型后，可以求解受约束的模型系数。除了截距外，可以选择下界和上界以使得 $0 \leqslant b_i \leqslant 1, \forall i = 1,2,\cdots,K$。此外，由于客户年龄和客户收入有些相关性，还可以对它们的系数使用其他约束，例如，$\left| b_{\text{CusAge(客户年龄)}} - b_{\text{CusIncome(客户收入)}} \right| < 0.1$。实例中，预测变量 'CustAge' 和 'CustIncome' 的系数分别是 b_2 和 b_6。

```
>> K  = length(sc.PredictorVars);
lb = [-Inf;zeros(K,1)];
ub = [Inf;ones(K,1)];
AIneq = [0 -1 0 0 0 1 0 0 0 0;0 -1 0 0 0 -1 0 0 0 0];
bIneq = [0.05;0.05];
Options = optimoptions('fmincon','SpecifyObjectiveGradient',true,'Display',
'off');
[sc3,mdl] = fitConstrainedModel(sc,'AInequality',AIneq,'bInequality',
bIneq,...
    'LowerBound',lb,'UpperBound',ub,'Options',Options);
figure
plot(coeff1,'*','MarkerSize',8)
hold on
plot(mdl.Coefficients.Estimate,'.','MarkerSize',12)
line(xlim,[0 0],'color','k','linestyle',':')
line(xlim,[1 1],'color','k','linestyle',':')
text(1.1,0.1,'下边界')
text(1.1,1.1,'上边界')
grid on
xticklabels(mdl.Coefficients.Properties.RowNames)
ylabel('模型系数')
title('无约束和约束解之间的比较')
legend({'无约束','约束'},'Location','best')
```

运行程序，效果如图 5-5 所示。

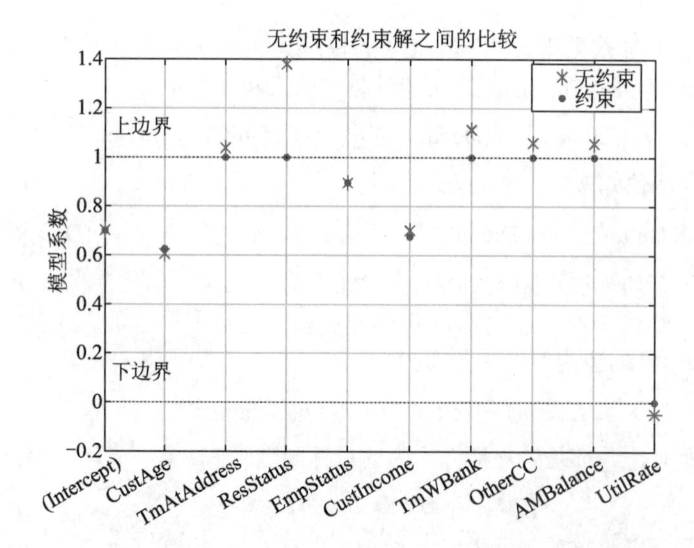

图 5-5　无约束与约束解之间的比较效果

（4）显著性自助法。

对于无约束问题，可使用标准公式计算 p 值，以评估哪些系数是显著的，而哪些系数将被拒绝。然而，对于约束问题，没有标准公式，显著性分析公式的推导很复杂。一种实用的替代方法是通过自助法执行显著性分析。

在自助法中，当使用 fitConstrainedModel 时，将名称 - 值参数 'Bootstrap' 设置为 true，并为名称 - 值参数选择一个 'BootstrapIter'。使用自助法意味着从原始观测值中选择 NIter 个样本（有放回）。在每次迭代中，fitConstrainedModel 求解与“约束模型”部分有相同的约束问题。fitConstrainedModel 获得每个系数 b_i 的几个值（解），可以将其绘制为 boxplot 或 histogram。使用箱形图或直方图，可以检查中位数以评估系数是否偏离零及系数偏离其均值的程度。

```
>> lb = [-Inf;zeros(K,1)];
ub = [Inf;ones(K,1)];
AIneq = [0 -1 0 0 0 1 0 0 0 0;0 1 0 0 0 -1 0 0 0 0];
bIneq = [0.05;0.05];
c0 = zeros(K,1);
NIter = 100;
Options = optimoptions('fmincon','SpecifyObjectiveGradient',true,'Display',
'off');
rng('default')
[sc,mdl] = fitConstrainedModel(sc,'AInequality',AIneq,'bInequality',
bIneq,...
    'LowerBound',lb,'UpperBound',ub,'Bootstrap',true,'BootstrapIter',NIter,
'Options',Options);
figure
boxplot(mdl.Bootstrap.Matrix,mdl.Coefficients.Properties.RowNames)
hold on
line(xlim,[0 0],'color','k','linestyle',':')
line(xlim,[1 1],'color','k','linestyle',':')
title('使用N=100次迭代')
ylabel('模型系数')
```

运行程序，效果如图 5-6 所示。

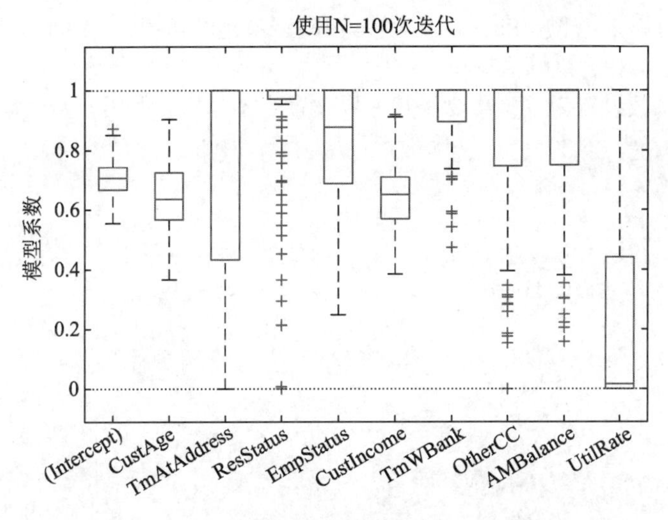

图 5-6　箱形图

箱形图中的红实线（本书为黑白印刷，具体颜色以程序运行结果为准）表示中位数，底部和顶部边缘适用于 25th 和 75th 百分位数。虚线是最小值和最大值，不包括离群值。虚线表示系数的下界和上界约束。在实例中，系数不能为负。

为了帮助决定将在模型中保留哪些预测变量，需要评估每个系数为零的次数的比例。

```
>> Tol = 1e-6;
figure
bar(100*sum(mdl.Bootstrap.Matrix<= Tol)/Niter%)
ylabel('零点')
title('Bootstrap 迭代中的零百分比')
xticklabels(mdl.Coefficients.Properties.RowNames)
grid on
```

运行程序，效果如图 5-7 所示。

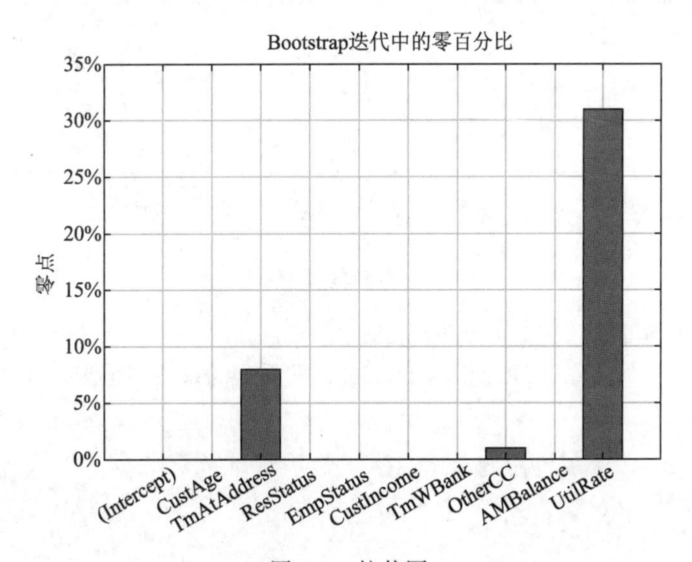

图 5-7　柱状图

根据绘图，可以拒绝 'UtilRate'，因为它具有最多数量的零值；也可以拒绝 'TmAtAddress'，因为它显示为峰值，尽管该峰值较小。

要将相应的系数设置为零，需要将其上界设置为零，然后使用原始数据集重新求解模型。

```
>> ub(3) = 0;
ub(end) = 0;
[sc,mdl] = fitConstrainedModel(sc,'AInequality',AIneq,'bInequality',bIneq,
'LowerBound',lb,'UpperBound',ub,'Options',Options);
Ind = (abs(mdl.Coefficients.Estimate) <= Tol);
ModelCoeff = mdl.Coefficients.Estimate(~Ind);
ModelPreds = mdl.Coefficients.Properties.RowNames(~Ind)';

figure
hold on
plot(ModelCoeff,'.','MarkerSize',12)
ylim([0.2 1.2])
ylabel(' 模型系数 ')
xticklabels(ModelPreds)
title(' 重新求解模型 ')
grid on
```

运行程序，效果如图 5-8 所示。

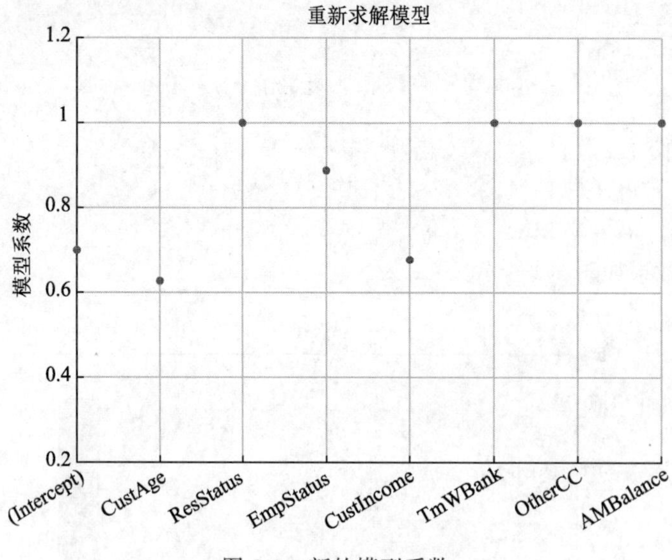

图 5-8　新的模型系数

（5）将约束系数重新设置为 creditscorecard。

现在已经求解了约束系数，可使用 setmodel 设置模型的系数和预测变量，然后可以计算（未缩放的）点数。

```
>> ModelPreds = ModelPreds(2:end);
sc = setmodel(sc,ModelPreds,ModelCoeff);
p = displaypoints(sc);
disp(p)
     Predictors                    Bin                  Points
```

```
    _________________        __________________________        ___________
    {'CustAge'      }        {'[-Inf,33)'            }            -0.16725
    {'CustAge'      }        {'[33,37)'              }            -0.14811
    {'CustAge'      }        {'[37,40)'              }           -0.065607
    {'CustAge'      }        {'[40,46)'              }            0.044404
    {'CustAge'      }        {'[46,48)'              }             0.21761
    {'CustAge'      }        {'[48,58)'              }             0.23404
    {'CustAge'      }        {'[58,Inf]'             }             0.49029
    {'CustAge'      }        {'<missing>'            }                 NaN
    {'ResStatus'    }        {'Tenant'               }           0.0044307
    {'ResStatus'    }        {'Home Owner'           }             0.11932
    {'ResStatus'    }        {'Other'                }             0.30048
    {'ResStatus'    }        {'<missing>'            }                 NaN
    {'EmpStatus'    }        {'Unknown'              }           -0.077028
    {'EmpStatus'    }        {'Employed'             }             0.31459
    {'EmpStatus'    }        {'<missing>'            }                 NaN
    {'CustIncome'   }        {'[-Inf,29000)'         }            -0.43795
    {'CustIncome'   }        {'[29000,33000)'        }           -0.097814
    {'CustIncome'   }        {'[33000,35000)'        }            0.053667
    {'CustIncome'   }        {'[35000,40000)'        }            0.081921
    {'CustIncome'   }        {'[40000,42000)'        }            0.092364
    {'CustIncome'   }        {'[42000,47000)'        }             0.23932
    {'CustIncome'   }        {'[47000,Inf]'          }             0.42477
    {'CustIncome'   }        {'<missing>'            }                 NaN
    {'TmWBank'      }        {'[-Inf,12)'            }            -0.15547
    {'TmWBank'      }        {'[12,23)'              }           -0.031077
    {'TmWBank'      }        {'[23,45)'              }           -0.021091
    {'TmWBank'      }        {'[45,71)'              }             0.36703
    {'TmWBank'      }        {'[71,Inf]'             }             0.86888
    {'TmWBank'      }        {'<missing>'            }                 NaN
    {'OtherCC'      }        {'No'                   }            -0.16832
    {'OtherCC'      }        {'Yes'                  }             0.15336
    {'OtherCC'      }        {'<missing>'            }                 NaN
    {'AMBalance'    }        {'[-Inf,558.88)'        }             0.34418
    {'AMBalance'    }        {'[558.88,1254.28)'     }           -0.012745
    {'AMBalance'    }        {'[1254.28,1597.44)'    }           -0.057879
    {'AMBalance'    }        {'[1597.44,Inf]'        }            -0.19896
    {'AMBalance'    }        {'<missing>'            }                 NaN
```

第 6 章

CHAPTER 6

K- 均值聚类算法分析

聚类是一种无监督的学习，它将相似的对象归到同一个簇中。聚类方法几乎可以应用于所有对象，簇内的对象越相似，聚类效果越好。本章将要学习一种称为 *K*- 均值（*K*-means）聚类的算法，之所以称为 *K*- 均值是因为该算法可以发现 *K* 个不同的簇，且每个簇的中心采用簇中所含值的均值计算而成。

在介绍 *K*- 均值聚类算法前，先讨论什么是簇识别（cluster identification）。簇识别给出聚类结果的含义。假定有一些数据，现在将相似数据归到一起，簇识别会说明这些簇到底是什么。聚类与分类的最大不同在于，分类的目的事先已知，而聚类则不一样。因为聚类产生的结果与分类相同，只是没有预先定义类别，所以聚类有时也被称为无监督分类（unsupervised classification）。

聚类分析试图将相似对象归入同一簇，将不相似对象归到不同簇。相似这一概念取决于所选择的相似度计算方法。

6.1 *K*- 均值聚类算法概述

K- 均值聚类算法的核心目标是将给定的数据集划分为 *K* 个簇，并给出每个数据对应的簇中心点。

6.1.1 *K*- 均值聚类算法的思想

K- 均值聚类算法把 *N* 个对象划分成 *K* 个簇，用簇中对象的均值表示每个簇的中心点（质心），迭代直到每个簇内的对象不再发生变化为止，平方误差准则函数达到最优，簇内对象相似度高，簇间相似度低。其具体过程描述如下。

（1）随机选择 *K* 个对象，代表要分成的 *K* 个簇的初始均值或中心。

（2）计算其余对象与各个均值的欧几里得距离（简称为欧氏距离），找到距离最短的对象，将其分配到距中心最近的簇中。

（3）计算每个簇中所有对象的平均值（均值），作为每个簇的新中心。

（4）再次计算所有对象与 *K* 个新中心的欧氏距离，根据“距离中心最近原则”，重新划分所有对象到各个簇中。

（5）重复步骤（3）、步骤（4），直至所有簇中心不变为止（即本轮生成的簇与上一轮生形成的簇相同），聚类结束。

6.1.2　K- 均值聚类算法的三要素

采用 K- 均值聚类算法实现划分聚类有 3 个关键点，即三要素。

1. 数据对象的划分

数据对象划分主要分为距离度量的选择和选择最小距离。

（1）距离度量的选择。

计算数据对象之间的距离时，要选择合适的相似性度量，较著名的距离度量方法是欧氏距离和曼哈顿距离，常用的是欧氏距离，公式如下：

$$d(x_i,x_j)=\sqrt{\sum_{k=1}^{d}(x_{ik}-x_{jk})^2}$$

其中，x_i，x_j 表示两个 d 维数据对象，即对象有 d 个属性，$x_i=(x_{i1},x_{i2},\cdots,x_{id})$，$x_j=(x_{j1},x_{j2},\cdots,x_{jd})$。$d(x_i,x_j)$ 表示对象 x_i 和 x_j 之间的距离，距离越小，二者越相似。

根据欧氏距离，计算出每一个数据对象与各个簇中心的距离。

（2）选择最小距离。

如果 $d(p,m_i)=\min\{d(p,m_1),d(p,m_2),\cdots,d(p,m_k)\}$，那么，$p\in c_i$；$p$ 表示给定的数据对象；$m_1,m_2,\cdots,m_k$ 分别表示簇 $c_1,c_2,\cdots,c_k$ 的初始均值或中心。

2. 准则函数的选择

K- 均值聚类算法采用平方误差准则函数来评估聚类的性能，聚类结束后，对所有聚类簇用该函数评估，函数表达式为

$$E=\sum_{i=1}^{k}\sum_{p\subset c_i}\left|p-m_i\right|^2$$

对于每个簇中的每个对象，求对象到其簇中心距离的平方，然后求和。其中，E 表示数据库中所有对象的平方误差和，p 表示给定的数据对象，m_i 表示簇 c_i 的均值。

3. 簇中心的计算

用每个簇内所有对象的均值作为簇中心，公式为

$$m_i=\frac{1}{n_i}\sum_{p\subset c_i}p，i=1,2,\cdots,k$$

此处假设簇 $c_1,c_2,\cdots,c_k$ 中的数据对象个数分别为 $n_1,n_2,\cdots,n_k$。

6.1.3　K- 均值聚类算法的步骤

根据 K- 均值算法的特点，其实现步骤如下。

（1）数据预处理，如归一化、离群点、异常值的处理等。

（2）随机选取 k 个簇中心，记为 $\mu_1^{(0)},\mu_2^{(0)},\cdots,\mu_k^{(0)}$。

（3）定义代价函数。

给定数据集 $D=\{x^{(1)},x^{(2)},\cdots,x^{(i)}\}$，K- 均值聚类算法的代价函数（基于欧氏的平方误差）为

$$J=m\sum_{i=1}^{m}\left\|x^{(i)}-\mu_c(i)\right\|^2$$

其中，c 为训练样本 $x^{(i)}$ 分配的聚类序号；$\mu_c(i)$ 是 $x^{(i)}$ 所属聚类的中心点。K-均值算法的平方误差准则函数的物理意义是：训练样本到其所属的聚类中心点的距离的平均值。

（4）令 $t = 0,1,2,\cdots$ 为迭代步数，重复下面过程直到 J 收敛：

对于每一个样本 x_i，将其分配到距离最近的簇：

$$c_i^{(t)} \leftarrow \arg\min_k \left\| x_i - \mu_k^{(t)} \right\|^2$$

对于每一个类簇 k，重新计算该类簇的中心：

$$\mu_k^{(t+1)} \leftarrow \arg\min_\mu \sum_{i:c_i^{(t)}} \left\| x_i - \mu \right\|^2$$

一直重复（4）中的步骤，直到模型收敛。

假设当前 J 没有达到最小值，那么首先固定簇中心 $\{\mu_k\}$，调整每个样本 x_i 所属的类别 c_i 来让 J 函数减少；然后固定 $\{c_i\}$，调整簇中心 $\{\mu_k\}$ 使 J 减小。当 J 递减到最小值时，$\{\mu_k\}$、$\{c_i\}$ 同时收敛，如图 6-1 所示。

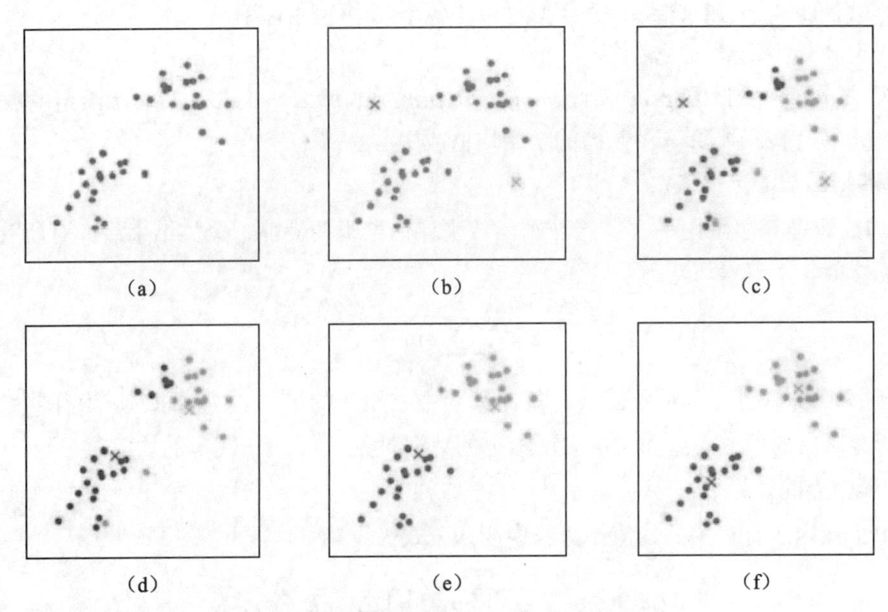

图 6-1　K-均值聚类算法的迭代过程

6.1.4　K-均值聚类算法的优缺点

1. 优点

同时，K-均值聚类算法具有以下优点：对于大数据集，K-均值聚类算法是相对可伸缩和高效的，它的计算复杂度是 $O(NKt)$ 接近线性，其中 N 是数据对象的数目，K 是聚类的簇数，t 是迭代的轮数。

K-均值聚类算法虽然经常以局部最优解结束，但是一般情况下达到局部最优已经可以满足聚类的需求。

2. 缺点

K-均值聚类算法的缺点主要表现在：

- 受初始初值和离群点的影响，每次的结果不稳定；
- 结果通常不是全局最优解而是局部最优解；
- 无法很好地解决数据簇分布差别较大的情况；
- 不太适用于离散分类。

6.1.5　K- 均值聚类算法调优

K- 均值聚类算法可通过调优来优化其自身的缺点，主要从以下几方面来进行。

1. 对局部最优解处理

在实际应用的过程中，聚类结果会与初始化的聚类中心相比，因为代价函数可能会收敛到在一个局部最优解上，而不是全局最优解。解决该问题的方法是多次初始化，然后选取代价函数最小的初始化过程，如图 6-2 所示。

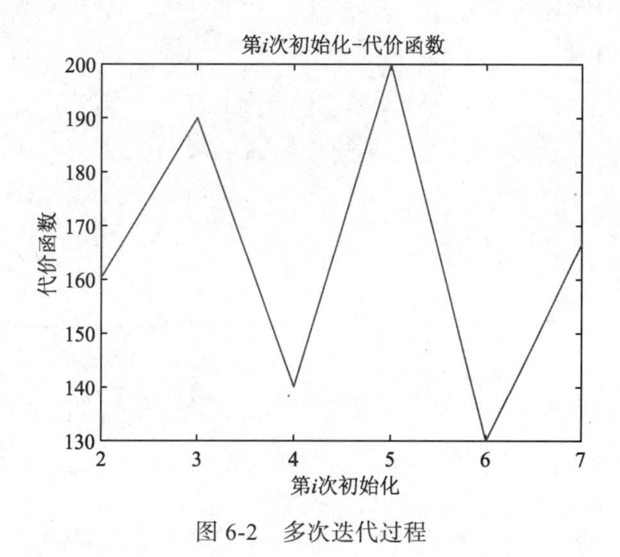

图 6-2　多次迭代过程

如果没有特别的要求，聚类个数如何选取？可以把聚类个数作为横坐标，代价函数作为纵坐标，找出拐点，如图 6-3 所示。

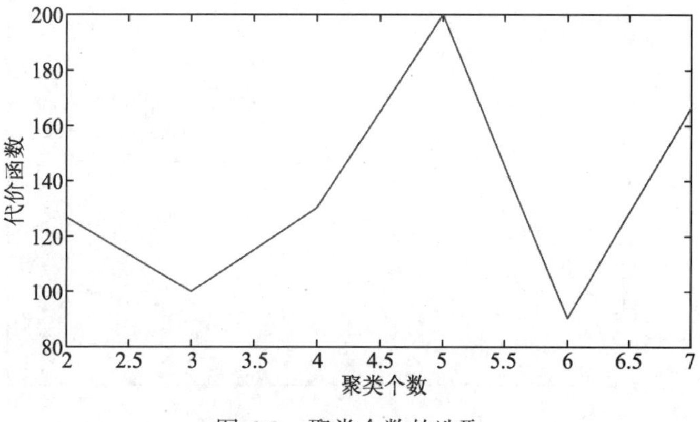

图 6-3　聚类个数的选取

2. 对数据归一化和离群点处理

K- 均值聚类本质上是一种基于欧氏距离度量的数据划分方法，均值和方差大的维度将对数据的聚类结果产生决定性的影响，所以未做归一化处理和统一单位的数据是无法直接参与运算和比较的。同时，离群点或者少量的噪声数据会对均值产生较大的影响，导致中心偏移，因此使用 K- 均值聚类算法之前通常需要对数据做预处理。

K 值的选择一般基于经验和多次实验结果，例如，可以尝试不同的 K 值，找到一个最优的解。K 值的选择方法有手肘法、Gap Statistic 方法。

手肘法是指：y 轴是不同 K 值所对应的误差平方和和所定义的损失函数，如图 6-4 所示。当 K 在 (1,3) 范围时，曲线急速下降；K 大于 3 时，曲线趋向于平稳，则拐点 K 就是最佳值。

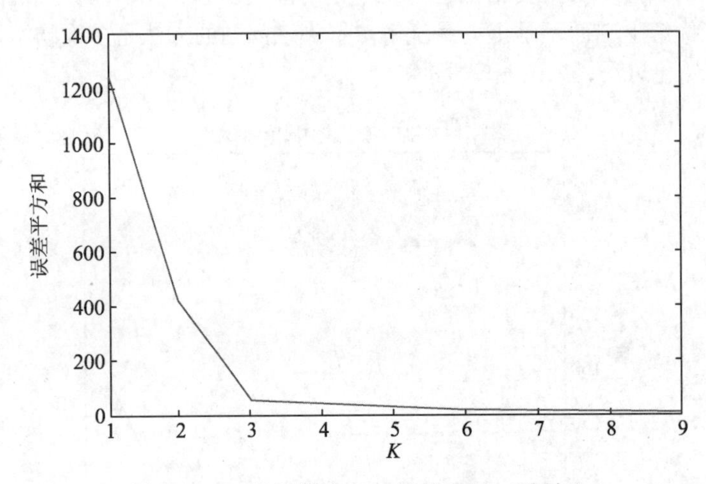

图 6-4　K- 均值算法中 K 值的选择：手肘法

Gap Statistic 方法中，不用肉眼判断，只需找到最大的 Gap Statistic 所对应的 K 即可，如图 6-5 所示，此法也适用于批量化作业。Gap(K) 的物理含义是随机样本的损失与实际样本的损失之差。实际样本对应的最佳簇数为 K，则实际样本的损失应该相对较小，随机样本损失与实际样本损失之差也相应达到最小值，从而 Gap(K) 取得最大值所对应的 K 值就是簇数。

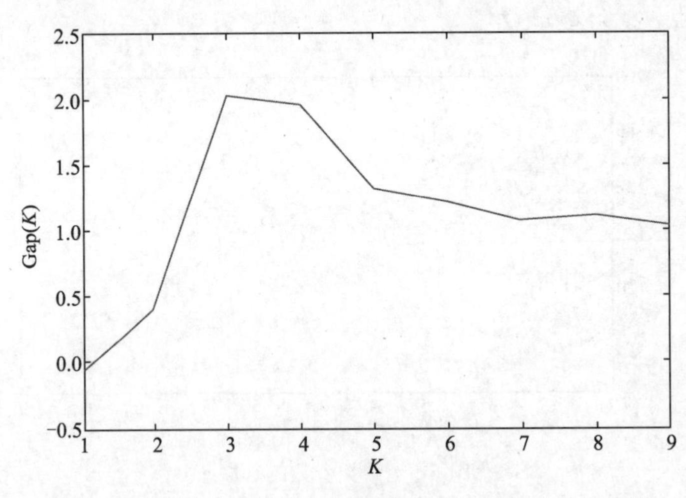

图 6-5　K- 均值聚类算法中 K 值的选择：Gap Statistic 方法

6.2　K- 均值聚类算法实现

6.2.1　K- 均值聚类算法函数

在 MATLAB 中，提供了相关函数实现 *K*- 均值聚类算法。

（1）kmeans 函数。

kmeans 函数用于实现 *K*- 均值聚类。函数的语法格式如下。

idx = kmeans(X,k)：执行 *K*- 均值聚类，以将 n×p 数据矩阵 X 的观测值划分为 k 个聚类，并返回包含每个观测值的簇索引的 n×1 向量 (idx)。X 的行对应于点，列对应于变量。

默认情况下，kmeans 使用欧氏距离的平方度量，并用 *K*-means++ 算法进行簇中心初始化。

idx = kmeans(X,k,Name,Value)：进一步按一个或多个 Name,Value 对组参数所指定的附加选项返回簇索引。

例如，指定余弦距离、使用新初始值重复聚类的次数或使用并行计算的次数。

[idx,C] = kmeans(___)：在 k×p 矩阵 C 中返回 k 个簇质心的位置。

[idx,C,sumd] = kmeans(___)：在 k×1 向量 sumd 中返回簇内的点到质心距离的总和。

[idx,C,sumd,D] = kmeans(___)：在 n×k 矩阵 D 中返回每个点到每个质心的距离。

【例 6-1】对数据进行 *K*- 均值聚类，然后绘制簇区域。

```
>> clear all;
% 加载 Fisher 鸢尾花数据集，使用花瓣长度和宽度作为预测变量
load fisheriris
X = meas(:,3:4);
figure;
plot(X(:,1),X(:,2),'k*','MarkerSize',5);                % 效果如图 6-6 所示
title 'Fisher 鸢尾花数据 ';
xlabel ' 萼片长度 /cm';
ylabel ' 萼片宽度 /cm';
```

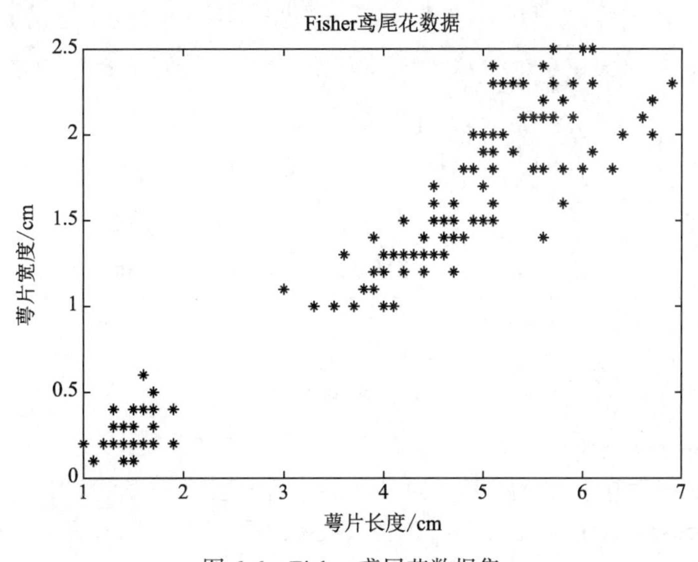

图 6-6　Fisher 鸢尾花数据集

较大的簇被分成两个区域：一个较低方差区域，另一个较高方差区域。这表明较大的簇可能是两个重叠的簇。

```
>> % 对数据进行聚类，指定 K = 3
rng(1); % 循环性
[idx,C] = kmeans(X,3);
%idx 是与 X 中的观测值对应的预测簇索引的向量，C 是包含最终质心位置的 3 × 2 矩阵
% 使用 kmeans 计算从每个质心到网格上各点的距离
>> x1 = min(X(:,1)):0.01:max(X(:,1));
x2 = min(X(:,2)):0.01:max(X(:,2));
[x1G,x2G] = meshgrid(x1,x2);
XGrid = [x1G(:),x2G(:)];                               % 在绘图上定义精细网格
idx2Region = kmeans(XGrid,3,'MaxIter',1,'Start',C);
%kmeans 显示一条警告，指出算法未收敛，因为软件只实现了一次迭代

>> % 绘制簇区域，如图 6-7 所示
figure;
gscatter(XGrid(:,1),XGrid(:,2),idx2Region,...
    [0,0.75,0.75;0.75,0,0.75;0.75,0.75,0],'..');
hold on;
plot(X(:,1),X(:,2),'k*','MarkerSize',5);
title 'Fisher 鸢尾花数据';
xlabel '萼片长度 /cm';
ylabel '萼片宽度 /cm';
legend('区域 1','区域 2','区域 3','数据','Location','SouthEast');
hold off;
```

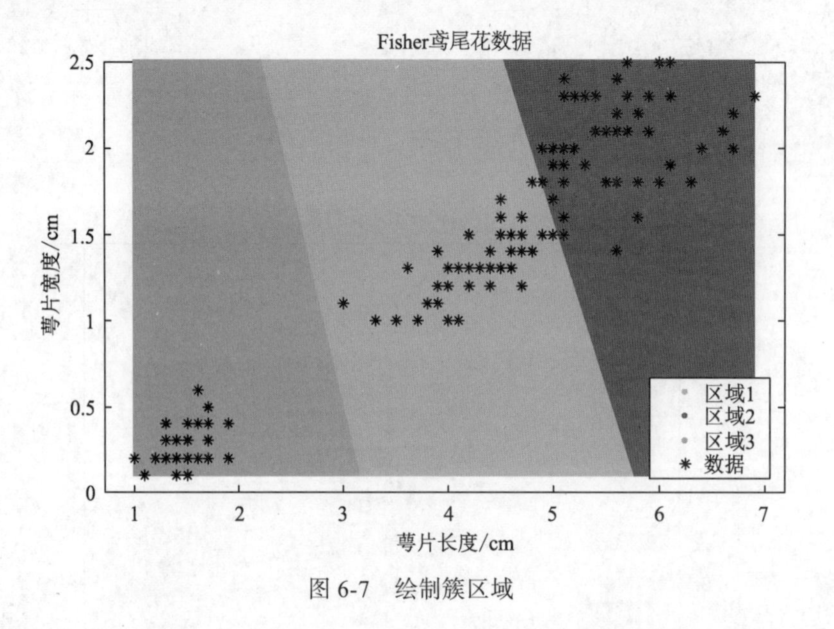

图 6-7　绘制簇区域

（2）imsegkmeans 函数。

imsegkmeans 函数基于 *K*- 均值聚类的图像分割。函数的语法格式如下。

L = imsegkmeans(I,k)：通过执行 *K*- 均值聚类将图像 I 分割成 k 个簇，并在 L 中返回分割后带标签的输出。

[L,centers] = imsegkmeans(I,k)：返回簇质心位置 centers。

L = imsegkmeans(I,k,Name,Value)：使用名称 - 值参数来控制 *K*- 均值聚类算法的各方面。

【例 6-2】使用 *K*- 均值聚类分割灰度图像。

```
% 将图像读入工作区
>> I = imread("cameraman.tif");
imshow(I)                                  % 效果如图 6-8 所示
title(" 原始图像 ")
>> % 使用均值聚类将图像分割成 3 个区域
[L,Centers] = imsegkmeans(I,3);
B = labeloverlay(I,L);
imshow(B)                                  % 效果如图 6-9 所示
title(" 分割后图像 ")
```

图 6-8 灰度图像

图 6-9 基于 *K*- 均值聚类的图像分割效果

此外，在 MATLAB 中利用 *K*- 均值聚类分割图像时，可以使用图像的某些特征进行一些改进，下面实例进行演示。

【例 6-3】使用纹理和空间信息改进 *K*- 均值聚类分割。

```
% 将图像读入工作区，减小图像大小以使实例运行得更快
>> RGB = imread("kobi.png");
RGB = imresize(RGB,0.5);
imshow(RGB)                                % 如图 6-10 所示
```

图 6-10 kobi.png 图像

```
>> % 使用 K- 均值聚类将图像分割成两个区域
L = imsegkmeans(RGB,2);
B = labeloverlay(RGB,L);
imshow(B)                                          % 效果如图 6-11 所示
title(" 分割图像 ")
```

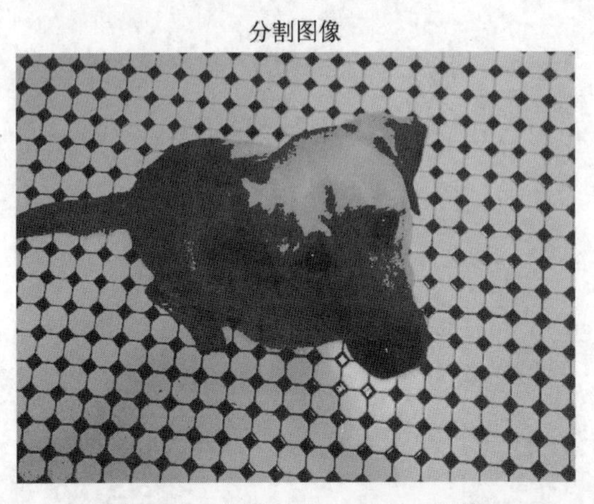

图 6-11　分割后的 koib.png 图像

在分割的图像中，一些像素的标签有误。该实例的后续部分将说明如何通过补充关于每个像素的信息来改进 *K*- 均值聚类分割。

使用每个像素邻域中的纹理信息来补充图像。要获取纹理信息，可使用一组 Gabor 滤波器对图像的灰度版本进行滤波。

```
% 创建一组 Gabor 滤波器（包含 24 个），覆盖 6 个波长和 4 个方向
>> wavelength = 2.^(0:5) * 3;
orientation = 0:45:135;
g = gabor(wavelength,orientation);
% 将图像转换为灰度
I = im2gray(im2single(RGB));
% 使用 Gabor 滤波器对灰度图像进行滤波，以蒙太奇方式显示 24 个滤波后的图像
% 如图 6-12 所示
gabormag = imgaborfilt(I,g);
montage(gabormag,"Size",[4 6])
```

```
>> % 对每个滤波后的图像进行平滑处理以消除局部变化，以蒙太奇方式显示平滑处理后的图像
% 如图 6-13 所示
for i = 1:length(g)
    sigma = 0.5*g(i).Wavelength;
    gabormag(:,:,i) = imgaussfilt(gabormag(:,:,i),3*sigma);
end
montage(gabormag,"Size",[4 6])
```

用空间位置信息补充关于每个像素的信息。

```
% 获取输入图像中所有像素的 X 和 Y 坐标
>> nrows = size(RGB,1);
```

```
ncols = size(RGB,2);
[X,Y] = meshgrid(1:ncols,1:nrows);
```

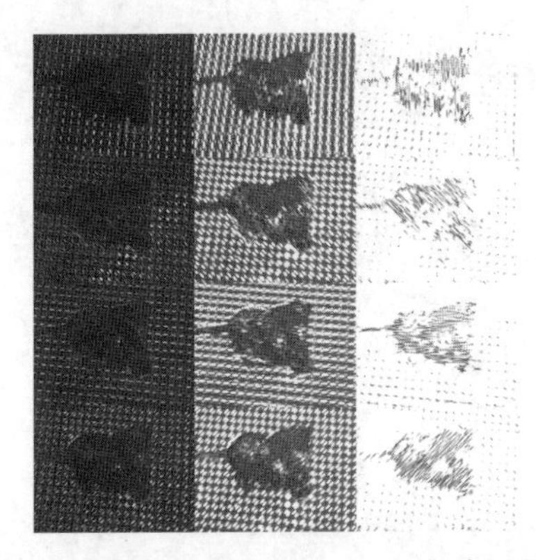

图 6-12　蒙太奇方式显示 24 个滤波后的图像

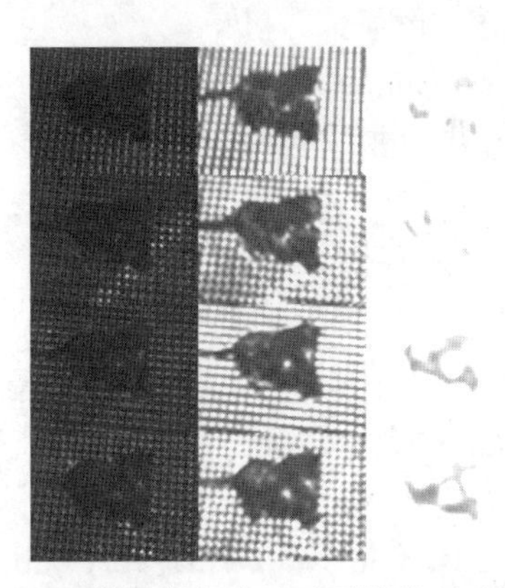

图 6-13　蒙太奇方式显示平滑处理后的图像

对于实例，特征集使用强度图像 I，而不是原始彩色图像 RGB。特征集省略了颜色信息，因为狗毛的黄色与图块的黄色相似。颜色通道无法提供足够多有关狗和背景的差异信息来进行清晰的分割。

```
>> featureSet = cat(3,I,gabormag,X,Y);
>> % 使用 K- 均值聚类基于补充特征集将图像分割成两个区域
L2 = imsegkmeans(featureSet,2,"NormalizeInput",true);
C = labeloverlay(RGB,L2);
imshow(C)                                        % 效果如图 6-14 所示
title(" 带有附加像素信息的标记图像 ")
```

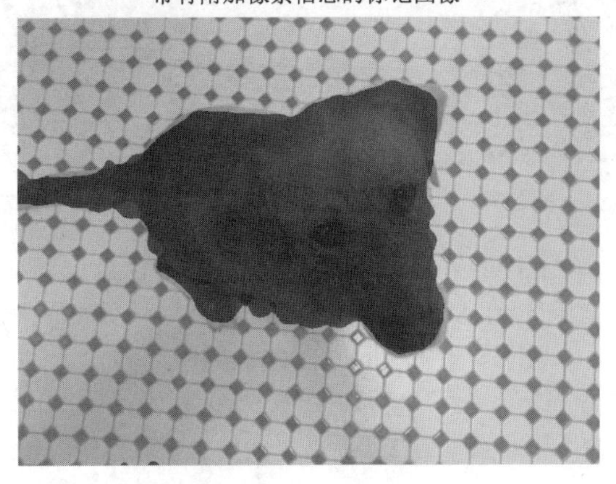

图 6-14　*K*- 均值聚类基于补充特征集将图像分割成两个区域

6.2.2　*K*- 均值聚类基于颜色的分割

本小节实例在 RGB 和 L*a*b* 颜色空间中执行图像的 *K*- 均值聚类，以显示使用不同颜色空间改进分割结果。

【例 6-4】使用 *K*- 均值聚类实现基于颜色的分割。

具体实现步骤如下。

（1）读取图像。

在 hestain.png 中读取，这是一个带有苏木精和曙红染色组织（H&E）的图像。这种 H&E 染色方法有助于病理学家区分染成蓝紫色和粉红色的组织类型。

```
>> he = imread("hestain.png");
imshow(he)                                    % 效果如图 6-15 所示
title("H&E 图像 ")
```

（2）用 *K*- 均值聚类对 RGB 颜色空间的颜色进行分类。

在 RGB 颜色空间中，使用 *K*- 均值聚类将图像分割成 3 个区域。对于输入图像中的每个像素，imsegkmeans 函数返回一个对应的簇标签。

将标注图像叠加显示在原始图像上。标注图像将白色、浅蓝色、紫色和浅粉色区域组合在一起，这是不正确的。由于 RGB 颜色空间合并了每个通道（红、绿、蓝）内的亮度和颜色信息，因此两种不同颜色的较亮版本比这两种颜色的较暗版本更接近，更难分割。

```
>> numColors = 3;
L = imsegkmeans(he,numColors);
B = labeloverlay(he,L);
imshow(B)                                     % 效果如图 6-16 所示
title("RGB 图像分割 ")
```

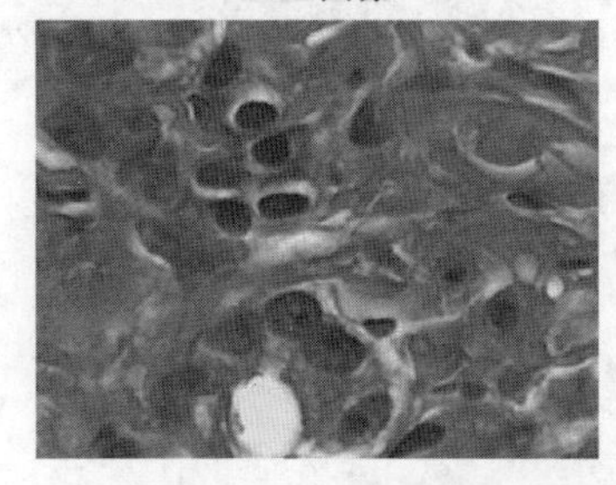

图 6-15　H&E 图像

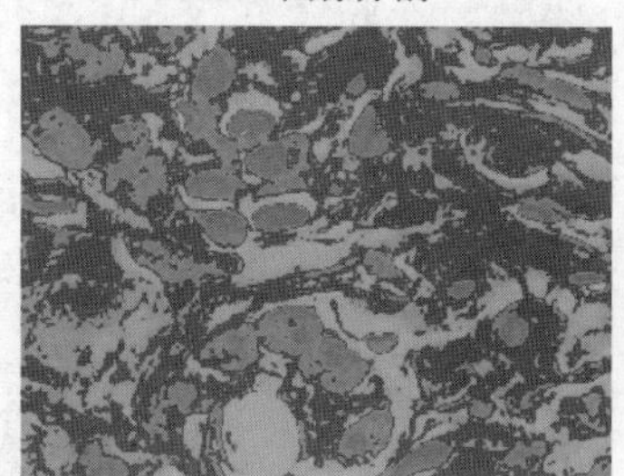

图 6-16　RGB 图像分割

（3）将图像从 RGB 颜色空间转换为 L*a*b* 颜色空间。

L*a*b* 颜色空间将图像的光度和颜色分开，这使按颜色分割区域变得更加容易并且与亮度无关，颜色空间更符合人类对图像中不同的白色、蓝紫色和粉色区域的视觉感知。

L*a*b* 颜色空间包含光度层 L*、色度层 a*（表示颜色落在沿红 - 绿轴的位置）和色度层 b*（表示颜色落在沿蓝 - 黄轴的位置），所有颜色信息都在 a* 和 b* 层。

```
>>% 使用 rgb2lab 函数将图像转换为 L*a*b* 颜色空间
>> lab_he = rgb2lab(he);
```

（4）用 *K*- 均值聚类对基于 a*b* 空间的颜色进行分类。

要仅使用颜色信息分割图像，可将图像限制为 lab_he 中的 a* 和 b* 值。将图像转换为 single 数据类型，以便 imsegkmeans 函数使用。使用 imsegkmeans 函数将图像像素分成 3 个簇；将 NumAttempts 的值设置为使用不同的初始簇质心位置重复聚类 3 次，以避免拟合局部最小值。

```
>> ab = lab_he(:,:,2:3);
ab = im2single(ab);
pixel_labels = imsegkmeans(ab,numColors,NumAttempts=3);
>> % 将标注图像叠加显示在原始图像上。新标注图像将白色、蓝紫色和粉色染色组织区域更清
% 晰地区分开来
B2 = labeloverlay(he,pixel_labels);
imshow(B2)                                    % 效果如图 6-17 所示
title(" 标签图像 a*b*")
```

（5）创建按颜色分割的 H&E 图像。

使用 pixel_labels 可以按颜色分离原始图像 hestain.png 中的对象，从而产生 3 个掩膜图像。

```
>> mask1 = pixel_labels == 1;
cluster1 = he.*uint8(mask1);
imshow(cluster1)                              % 效果如图 6-18 所示
title(" 掩膜 1 对象 ");
```

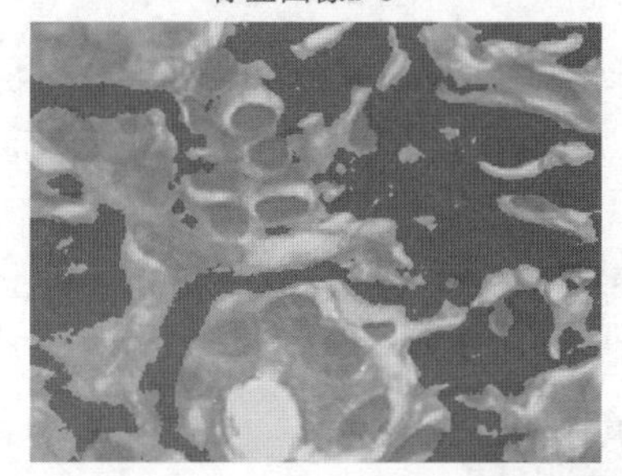

图 6-17 标签图像 a*b*

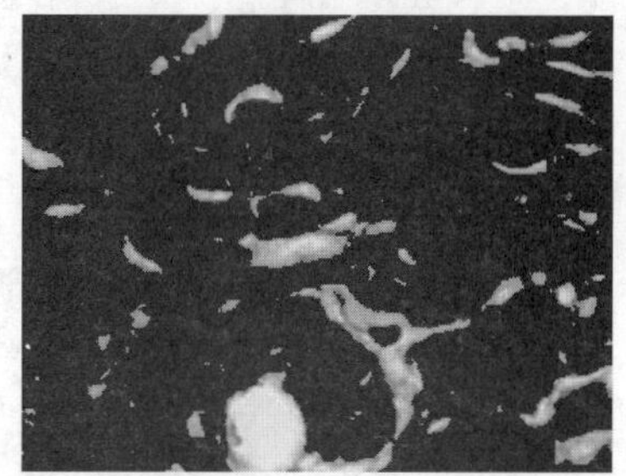

图 6-18 掩膜 1 对象

```
>> mask2 = pixel_labels == 2;
cluster2 = he.*uint8(mask2);
imshow(cluster2)                              % 效果如图 6-19 所示
title(" 掩膜 2 对象 ");
```

```
>> mask3 = pixel_labels == 3;
cluster3 = he.*uint8(mask3);
imshow(cluster3)                              % 效果如图 6-20 所示
title(" 掩膜 3 对象 ");
```

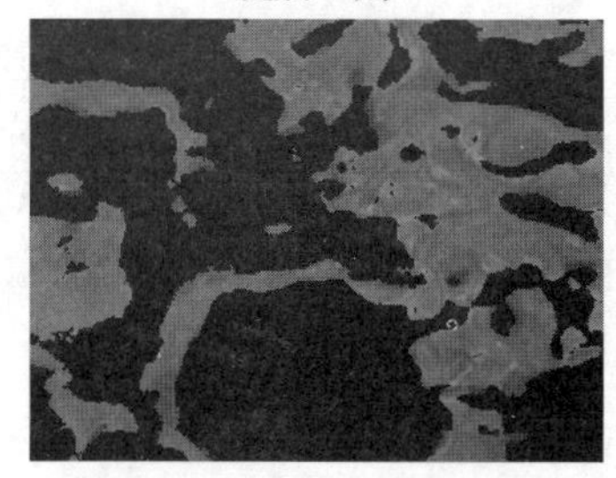

图 6-19 掩膜 2 对象

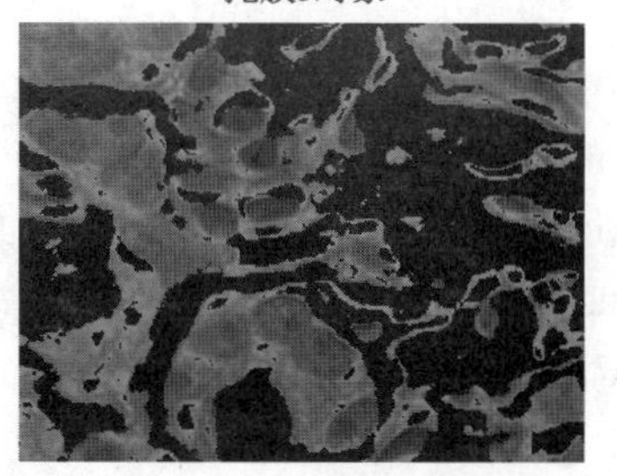

图 6-20 掩膜 3 对象

（6）分割核。

掩膜 3 中仅包含蓝色对象，有深蓝色和浅蓝色对象。可以使用 L*a*b* 颜色空间中的 L* 层来分离深蓝色和浅蓝色。细胞核为深蓝色。

L* 层包含每个像素的亮度值，提取此掩膜中像素的亮度值，并使用 imbinarize 函数用全局阈值对其设置阈值。掩膜 idx_light_blue 给出了浅蓝色像素的索引。

```
>> L = lab_he(:,:,1);
L_blue = L.*double(mask3);
L_blue = rescale(L_blue);
idx_light_blue = imbinarize(nonzeros(L_blue));
```

复制蓝色对象的掩膜 mask3，然后从掩膜中删除浅蓝色像素，将新掩膜应用于原始图像并显示结果。只有深蓝色细胞核可见。

```
blue_idx = find(mask3);
mask_dark_blue = mask3;
mask_dark_blue(blue_idx(idx_light_blue)) = 0;
blue_nuclei = he.*uint8(mask_dark_blue);
imshow(blue_nuclei)                              % 效果如图 6-21 所示
title("深蓝色细胞核")
```

图 6-21　显示细胞核效果

6.3　*K*-均值聚类改进算法

针对 *K*-均值聚类算法的缺点，有哪些改进的算法？下面对常用的两种改进算法进行介绍。

6.3.1　*K*-means++ 算法

对于 *K*-均值聚类算法中存在的初始聚类中心点选择问题的缺点，可以用 *K*-means++ 算法解决。*K*-means++ 算法选择初始中心点的基本思想就是：初始的聚类中心之间的相互距离要尽可能地远。

K-means++ 算法具体实现步骤如下。

（1）从输入的数据点集合中随机选择一个点作为第一个聚类中心。

（2）对于数据集中的每一个点 x，计算它与最近聚类中心（指已选择的聚类中心）的距离 $D(x)$。

（3）选择一个新的数据点作为新的聚类中心，选择的原则是：$D(x)$ 较大的点，被选取作为聚类中心的概率较大。

（4）重复（2）和（3），直到 K 个聚类中心被选出来。

（5）利用这 K 个初始的聚类中心来运行标准的 K- 均值聚类算法。

从上面的算法描述上可以看到，K-means++ 算法的关键是步骤（3），如何将 $D(x)$ 反映到点被选择的概率上，对应的步骤如下。

（1）先从数据库中随机挑一个随机点当“种子点”。

（2）对于每个点，都计算其和最近的一个“种子点”的距离 $D(x)$，并将其保存在一个数组里，然后把这些距离加起来得到 $\text{sum}(D(x))$。

（3）取一个随机值，用权重的方式计算下一个“种子点”。具体实现为先取一个能落在 $\text{sum}(D(x))$ 中的随机值 Random，然后用 $\text{Random} = \text{Random} - D(x)$，直到其小于或等于 0，此时的点就是下一个“种子点”。

（4）重复（2）和（3），直到 K 个聚类中心被选出来。

（5）利用这 K 个初始的聚类中心来运行标准的 K- 均值聚类算法。

算法的第（3）步选取新中心的方法，能保证距离 $D(x)$ 较大的点会被选出来作为聚类中心。聚类数据如图 6-22 所示。

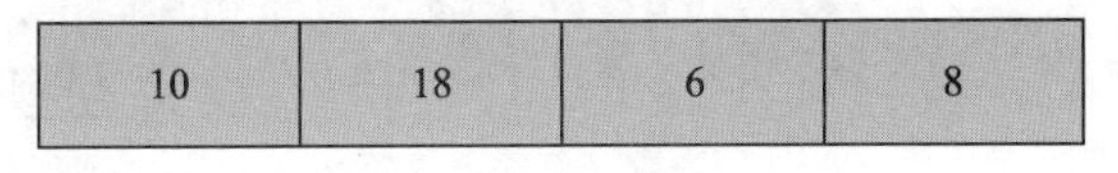

图 6-22　聚类数据

假设 A、B、C、D 的 $D(x)$ 如图 6-22 所示，当算法取值 $\text{sum}(D(x)) \times \text{Random}$ 时，该值会以较大的概率落入 $D(x)$ 较大的区间内，所以对应的点会以较大的概率被选中作为新的聚类中心。

下面直接通过一个实例来演示 K-means++ 算法的实现。

【例 6-5】K-means++ 算法的实现演示。

```
clear all;
%生成数据
X = [randn(100,2); randn(100,2)+5; randn(100,2)+10];
%聚类种类
K = 3;
max_iters = 10;
centroids = init_centroids(X, K);
%迭代更新簇分配和簇质心
for i = 1:max_iters
    %簇分配
    labels = assign_labels(X, centroids);
    %更新簇质心
    centroids = update_centroids(X, labels, K);
end
%绘制聚类结果
colors = ['r', 'g', 'b'];
figure;
hold on;
for i = 1:K
```

```
    plot(X(labels == i, 1), X(labels == i, 2), [colors(i) '*']);
    plot(centroids(i, 1), centroids(i, 2), [colors(i) 'o'], 'MarkerSize',
10, 'LineWidth', 3);
end
title('K-means++ ');
legend('类别1', '质心1', '类别 2', '质心 2', '类别 3', '质心 3');
hold off;
```

运行程序，效果如图 6-23 所示。

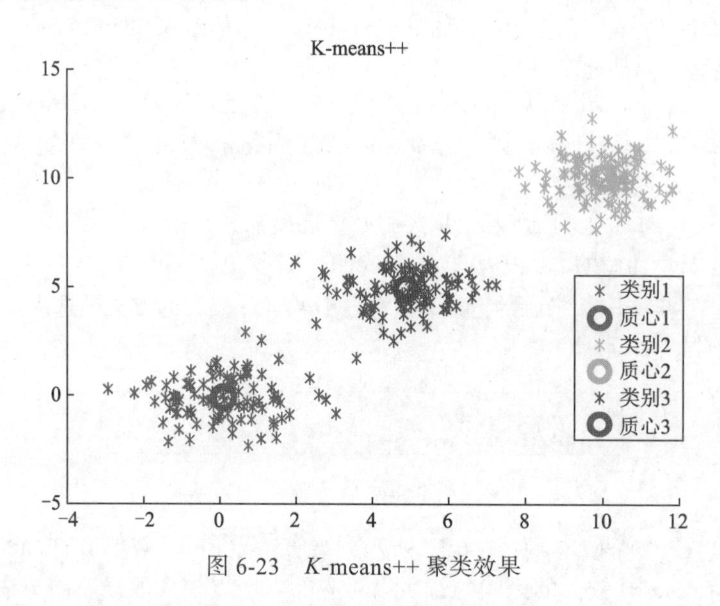

图 6-23　*K*-means++ 聚类效果

在程序代码中，调用几个自定义编写的函数，源代码为：

```
% 初始化簇质心函数
function centroids = init_centroids(X, K)
    % 随机选择一个数据点作为第一个质心
    centroids = X(randperm(size(X, 1), 1), :);
    % 选择剩余的质心
    for i = 2:K
        D = pdist2(X, centroids, 'squaredeuclidean');
        D = min(D, [], 2);
        D = D / sum(D);
        centroids(i, :) = X(find(rand < cumsum(D), 1), :);
    end
end
% 簇分配函数
function labels = assign_labels(X, centroids)
    [~, labels] = min(pdist2(X, centroids, 'squaredeuclidean'), [], 2);
end
% 更新簇质心函数
function centroids = update_centroids(X, labels, K)
    centroids = zeros(K, size(X, 2));
    for i = 1:K
        centroids(i, :) = mean(X(labels == i, :), 1);
```

```
    end
end
```

6.3.2　ISODATA 算法

K- 均值聚类算法有一个重要的缺点：聚类的类别数目事先必须确定下来，而作为非监督聚类，事先很难去确定待聚类的集合（样本）中到底有多少类别，基于这一缺点，研究人员在 K- 均值聚类的基础上做了改进，提出另一种非监督聚类方法：迭代自组织数据分析算法（ISODATA），它在 K- 均值聚类算法的基础上，在聚类过程增加了合并和分裂两个操作，并通过设定参数来控制这两个操作。

1. ISODATA 算法基本步骤和思路

ISODATA 聚类的类别数目随着聚类的进行，是变化着的，因为在聚类的过程中，对类别数有合并和分裂的操作。合并是当聚类结果的某一类别中样本数太少，或两个类别间的距离太近时，将这两个类别合并成一个类别；分裂是当聚类结果中某一类别的类内方差太大，将该类别进行分裂，分裂成两个类别。

ISODATA 聚类的过程和 K- 均值聚类一样，也是使用迭代的思想：先随意给定初始的类别中心，然后聚类，通过迭代，不断调整这些类别中心，直到得到最好的聚类中心为止。其基本算法步骤如下。

（1）选择某些初始值。可选不同的参数指标，也可在迭代过程中人为修改，以将 N 个模式样本按指标分配到各个聚类中心中去。

（2）计算各类中各样本的距离指标函数。

（3）按给定的要求，将前一次获得的聚类集进行分裂处理。

（4）按给定的要求，将前一步获得的聚类集进行合并处理。

（5）获得新的聚类中心。

（6）重新进行迭代运算，计算各项指标，判断聚类结果是否符合要求。经过多次迭代后，若结果收敛，则运算结束。

ISODATA 算法流程如图 6-24 所示。

2. ISODATA 算法

ISODATA 算法的具体过程如下。

第一步：输入 N 个模式样本 $\{x_i\}, i=1,2,\cdots N$ 。

预选 N_c 个初始聚类中心 $\{z_1, z_2, \cdots, z_{N_c}\}$ ，它可以不等于所要求的聚类中心的数目，其初始位置可以从样本中任意选取。

预选：K 为预期的聚类中心数目；

θ_N 为每一聚类域中最少的样本数目，如果少于此数即不作为一个独立的聚类；

θ_S 为一个聚类域中样本距离分布的标准差；

θ_c 为两个聚类中心间的最小距离，如果小于此数，两个聚类需要进行合并；

L 为在一次迭代运算中可以合并聚类中心的最多对数；

I 为迭代运算的次数。

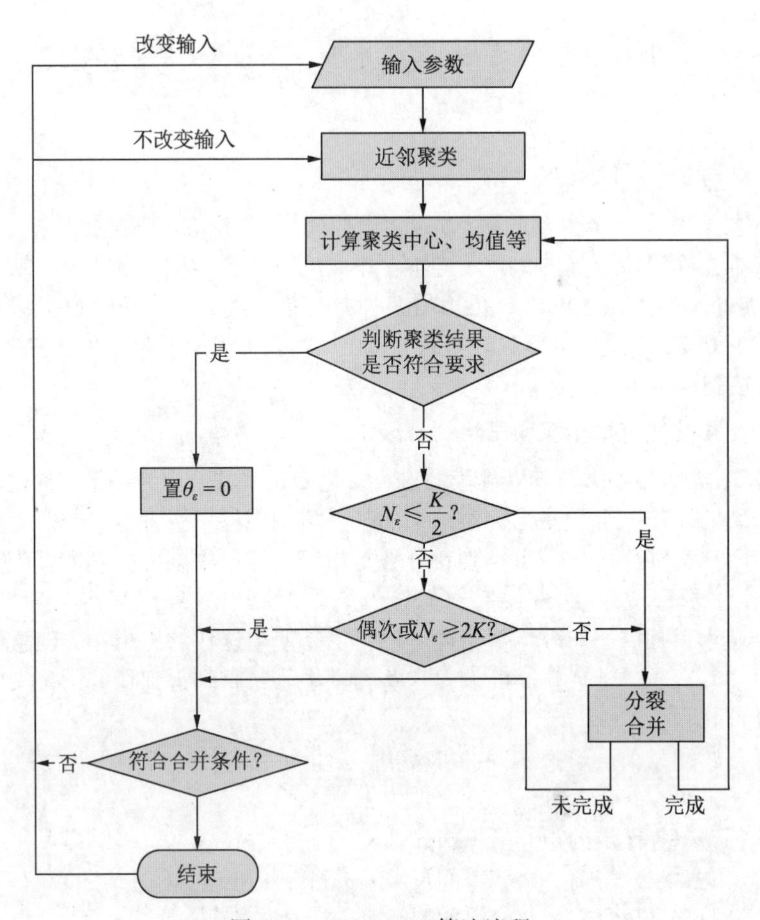

图 6-24 ISODATA 算法流程

第二步：将 N 个模式样本分给最近的聚类 S_j，假若 $D_j=\min\{\|x-z_i\|,i=1,2,\cdots,N_c\}$，即 $\|x-z_j\|$ 最小，则 $x\in S_j$。

第三步：如果 S_j 中的样本数目 $S_j<\theta_N$，则取消该样本子集，此时 N_c 减去 1。

说明：以上各步对应基本步骤（1）。

第四步：修正各聚类中心。

$$z_j=\frac{1}{N_j}\sum_{x\in S_j}x,\ j=1,2,\cdots,N_c$$

第五步：计算各聚类域 S_j 中模式样本与各聚类中心间的平均距离。

$$\bar{D}_j=\frac{1}{N_j}\sum_{x\in S_j}\|x-z_j\|,\ j=1,2,\cdots,N_c$$

第六步：计算全部模式样本和其对应聚类中心的总平均距离。

$$\bar{D}=\frac{1}{N}\sum_{j=1}^{N}N_j\bar{D}_j$$

说明：以上各步对应基本步骤（2）。

第七步：判别分裂、合并及迭代运算。

- 如果迭代运算次数已达到 I 次，即最后一次迭代，则置 θ_c =0，转至第十一步。
- 如果 $N_c \leqslant \frac{K}{2}$，即聚类中心的数目小于或等于规定值的一半，则转至第八步，对已有聚类进行分裂处理。
- 如果迭代运算的次数是偶数次，或 $N_c \geqslant 2K$，不进行分裂处理，转至第十一步；否则（即既不是偶数次迭代，又不满足 $N_c \geqslant 2K$），转至第八步，进行分裂处理。

说明：以上对应基本步骤（3）。

第八步：计算每个聚类中样本距离的标准差向量

$$\sigma_j = (\sigma_{1j}, \sigma_{2j}, \cdots, \sigma_{nj})^{\mathrm{T}}$$

其中，向量的各个分量为

$$\sigma_{ij} = \sqrt{\frac{1}{N_j}\sum_{k=1}^{N_j}(x_{ik} - z_{ij})^2}$$

其中，$i(i=1,2,\cdots,n)$ 为样本特征向量的维数，$j(j=1,2,\cdots,N_c)$ 为聚类数，N_j 为 S_j 中的样本个数。

第九步：求每一标准向量 $\{\sigma_j, j=1,2,\cdots,N_c\}$ 中的最大分量，以 $\{\sigma_{j\max}, j=1,2,\cdots,N_c\}$ 为代表。

第十步：在任一最大分量集 $\{\sigma_{j\max}, j=1,2,\cdots,N_c\}$ 中，如果有 $\sigma_{j\max} > \theta_S$，同时满足如下两个条件之一。

① $\bar{D}_j > \bar{D}$ 和 $N_j > 2(\theta_N + 1)$，即 S_j 中样本总数超过规定值一倍。

② $N_c \leqslant \frac{K}{2}$。

则将 z_j 分裂为两个新的聚类中心和，且 N_c 加 1。在第九步中的 $\sigma_{j\max}$ 分量加上 $k\sigma_{j\max}$，在第十步中的 $\sigma_{j\max}$ 分量减去 $k\sigma_{j\max}$。如果本步骤完成了分裂运算，则转至第二步，否则继续。

说明：以上对应基本步骤（4）进行分裂处理。

第十一步：计算全部聚类中心的距离

$$D_{ij} = \|z_i - z_j\|,\ i=1,2,\cdots,N_c-1,\ j=i+1,\cdots,N_c$$

第十二步：比较 D_{ij} 与 θ_C 的值，将 $D_{ij} < \theta_C$ 的值按最小距离次序递增排列，即

$$\{D_{i_1 j_1}, D_{i_2 j_2}, \cdots, D_{i_L j_L}\}$$

其中，$D_{i_1 j_1} < D_{i_2 j_2} < \cdots < D_{i_L j_L}$。

第十三步：将距离为 $D_{i_k j_k}$ 的两个聚类中心 Z_{i_k} 和 Z_{j_k} 合并，得新的中心为

$$Z_k^* = \frac{1}{N_{i_k} + N_{j_k}}[N_{i_k} Z_{i_k} + N_{j_k} Z_{j_k}],\ k=1,2,\cdots,L$$

其中，被合并的两个聚类中心向量分别以其聚类域内的样本数加权，使 Z_k^* 为真正的平均向量。

说明：以上对应基本步骤（5）进行合并处理。

第十四步：如果最后一次迭代运算（即第 I 次），则算法结束。否则，如果需要改变输入参数，转至第一步；如果输入参数不变，转至第二步。

说明：在本步运算中，迭代运算的次数每次应加 1。

3. ISODATA 算法的实现

下面通过一个实例来演示 ISODATA 算法的实现。

【例 6-6】利用 ISODATA 算法对 Fisher 鸢尾花数据集进行聚类。

```
>>clear all;
data_load=dlmread('iris.data');                          %载入 iris.data 数据集
[~,dim]=size(data_load);
x=data_load(:,1:dim-1);
K=3;
theta_N=1;
theta_S=1;
theta_c=4;
L=1;
I=5;
ISODATA(x,K,theta_N,theta_S,theta_c,L,I)
```

运行程序，输出如下：

```
第 1 类聚类中心为
    6.6016    2.9857    5.3841    1.9159
第 1 类中元素为
    7.0000    3.2000    4.7000    1.4000
    6.4000    3.2000    4.5000    1.5000
    6.9000    3.1000    4.9000    1.5000
    ...
    6.5000    3.0000    5.2000    2.0000
    6.2000    3.4000    5.4000    2.3000
    5.9000    3.0000    5.1000    1.8000
第 2 类聚类中心为
    5.6838    2.6784    4.0919    1.2676
第 2 类中元素为
    5.5000    2.3000    4.0000    1.3000
    5.7000    2.8000    4.5000    1.3000
    4.9000    2.4000    3.3000    1.0000
    ...
    5.1000    2.5000    3.0000    1.1000
    5.7000    2.8000    4.1000    1.3000
    4.9000    2.5000    4.5000    1.7000
第 3 类聚类中心为
    5.0060    3.4180    1.4640    0.2440
第 3 类中元素为
    5.1000    3.5000    1.4000    0.2000
    4.9000    3.0000    1.4000    0.2000
    4.7000    3.2000    1.3000    0.2000
    ...
    4.6000    3.2000    1.4000    0.2000
    5.3000    3.7000    1.5000    0.2000
    5.0000    3.3000    1.4000    0.2000
```

在以上程序中，调用到自定义编写的几个函数，源代码为：

```
%实现ISODATA算法函数
function ISODATA(x,K,theta_N,theta_S,theta_c,L,I)
% x:data
% K:预期的聚类中心数
% theta_N:每一聚类中心中最少的样本数，小于此数就不作为一个独立的聚类
% theta_S:一个聚类中样本距离分布的标准差
% theta_c:两聚类中心之间的最小距离，如小于此数，两个聚类进行合并
% L:在一次迭代运算中可以合并的聚类中心的最多对数
% I:迭代运算的次数序号
%%第一步
n = size(x,1);
N_c = K;
mean = cell(K,1);
for i=1:K
    mean{i} = x(i,:);
end
ite = 1;
while ite<I
    flag = 1;
    while flag
    %%第二步
    class = cell(size(mean));
    for i=1:n
        num = Belong2(x(i,:),mean);
        class{num} =  [class{num};x(i,:)];
    end
    %%第三步
    for i=1:N_c
        size_i = size(class{i},1);
        if size_i<theta_N
          class_i = class{i};
          mean = DeleteRow(mean,i);
          class = DeleteRow(class,i);
          N_c = N_c-1;
          for j=1:size_i
            class_ij = class_i(j,:);%the j'th row of class{i}
            num = Belong2(class_ij,mean);
            class{num} = [class{num};class_ij];
          end
        end
    end

    %%第四步
    for i=1:N_c
        if ~isempty(mean{i})
            mean{i} = sum(class{i})./size(class{i},1);
        end
    end
    %%第五步
    Dis = zeros(N_c,1);
    for i=1:N_c
```

```
    if ~isempty(class{i})
        N_i =size(class{i},1);
        tmp = bsxfun(@minus,class{i},mean{i});
        Dis(i) = sum(arrayfun(@(x)norm(tmp(x,:)),1:N_i))/N_i;
    end
end
%% 第六步
D = 0;
for i=1:N_c
    if ~isempty(class{i})
        N_i =size(class{i},1);
        D = D + N_i*Dis(i);
    end
end
D = D/n;
%% 第七步
flag = 0;
if ite == I
    theta_c = 0;
    flag = 0;
elseif ~(N_c > K/2)
    flag = 1;
elseif mod(ite,2)==0 || ~(N_c<2*K)
    flag = 0;
end
%% 分裂处理
%% 第八步
if flag
    flag = 0;
    delta = cell(N_c,1);
    for i=1:N_c
        if ~isempty(class{i})
            N_i =size(class{i},1);
            tmp = bsxfun(@minus,class{i},mean{i});
            delta{i} = arrayfun(@(x)norm(tmp(:,x)),1:size(tmp,2))/N_i;
        end
    end

%% 第九步
delta_max = cell(N_c,1);
for i=1:N_c
    if ~isempty(class{i})
        max_i = max(delta{i});
        sub = find(delta{i}==max_i,1);
        delta_max{i} = [max_i,sub];
    end
end
%% 第十步
for i=1:N_c
    if delta_max{i}(1) > theta_S
        N_i =size(class{i},1);
```

```
            con1 = (Dis(i)>D && N_i>2*(theta_N + 1));
            con2 = ~(N_c>K/2);
            if con1 || con2
                %% 分裂处理
                flag = 1; % 一旦发生分裂，那么分裂一次后就返回第二步；若没发生分裂，
                          % 则直接进入合并处理
                lamda = 0.5;
                max_sub = delta_max{i}(2);
                mean{i}(max_sub) = mean{i}(max_sub) + lamda * delta_max{i}(1);
                addOneMean =  mean{i};
                addOneMean(max_sub) = addOneMean(max_sub) - lamda *
delta_max{i}(1);
                mean = [mean;addOneMean];
                N_c = N_c+1;
                break;
            end
        end
    end

   end


   end
   %% 合并处理
   if L
   %% 第十一步
   Distance = zeros(N_c,N_c);
   for i=1:N_c-1
       for j=i:N_c
           Distance(i,j) = norm(mean{i}-mean{j});
       end
   end
   %% 第十二步
   index = find(-Distance>theta_c);
   keepIndex = [Distance(index),index];
   [~, index] = sort(keepIndex(:,1));
   if size(index,1) > L
       index = index(1:L,:);
   end
   %% 第十三步
   if size(index,1) ~= 0
       for id=1:size(index,1)
           [m_i m_j]= seq2idx(index(id),N_c);
           %% 合并处理
           N_mi = size(class{m_i},1);
           N_mj = size(class{m_j},1);
           mean{m_i} = (N_mi*mean{m_i} + N_mj*mean{m_j})/(N_mi+N_mj);
           mean = DeleteRow(mean,m_j);
           class{m_i} = [class{m_i};class{m_j}];
           class = DeleteRow(class,m_j);
       end
   end
```

```
    end
    %%第十四步
    ite=ite+1;
end
   for  i=1:N_c
       fprintf('第%d类聚类中心为\n',i);
       disp(mean{i});
       fprintf('第%d类中元素为\n',i);
       disp(class{i});
   end
end
```

下面为在 ISODATA 算法中调用到的函数。

```
function [row col] = seq2idx(id,n)
    if mod(id,n)==0
        row = n;
        col = id/n;
    else
        row = mod(id,n);
        col = ceil(id/n);
    end
end
```

```
function A_del = DeleteRow(A,r)
    n = size(A,1);
    if r == 1
        A_del = A(2:n,:);
    elseif r == n
        A_del = A(1:n-1,:);
    else
        A_del = [A(1:r-1,:);A(r+1:n,:)];
    end
end
```

```
function number = Belong2(x_i,means)
    INF = 10000;
    min = INF;
    kk = size(means,1);
    number = 1;
    for i=1:kk
        if ~isempty(means{i})
            if norm(x_i - means{i}) < min
                min = norm(x_i - means{i});
                number = i;
            end
        end
    end
end
```

第 7 章

CHAPTER 7

决策树分析

决策树（Decision Tree，DT）分类过程为从根节点开始，对实例的某一特征进行测试，根据测试结果将实例分配到其子节点，每个子节点对应该特征的一个值，如此递归对实例进行测试并分配，直至叶节点，叶节点即表示一个类。

7.1 决策树的简介

决策树，顾名思义，就是帮做决策的树。现实生活中往往会遇到各种各样的抉择，整理决策过程，可以发现，该过程实际上就是一个树模型。

决策树分为分类树和回归树两种，本节只介绍决策树中的分类树，下面通过实例来演示分类树的过程。例如，选择好西瓜的过程如图 7-1 所示。

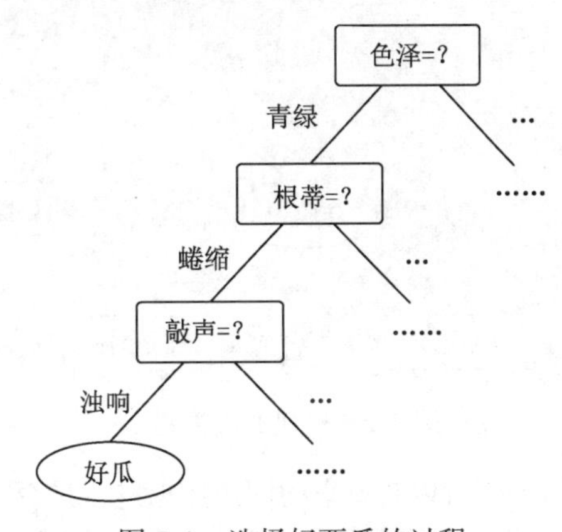

图 7-1 选择好西瓜的过程

可认为色泽、根蒂、敲声是一个西瓜的 3 个特征，每次做出抉择都是基于这 3 个特征将一个节点分成好几个新的节点。在实际中，色泽、根蒂、敲声特征选取完成后，开始进行决策，在问题中，决策的内容实际上是将结果分成两类，即：坏瓜、好瓜。这一类智能决策问题称为分类问题，决策树是一种简单地处理分类问题的算法。

7.2 决策树的原理

下面通过一个现实生活中的经典实例来说明决策树的原理。

表 7-1 列举了普遍用户生活状况的相关数据。

表 7-1　用户生活状况的相关数据

ID	是否拥有房产	婚姻情况（单身、已婚、离婚）	年收入 / 千元	是否可以偿还债务
1	是	单身	125	是
2	否	已婚	100	是
3	否	单身	70	否
4	是	已婚	120	是
5	否	离婚	95	是
6	否	已婚	60	否
7	是	离婚	220	是
8	否	单身	85	是
9	否	已婚	75	是
10	否	单身	90	是

决策树的训练数据往往就是表 7-1 这种的表格形式，表中的前 3 列（ID 不包含）是数据样本的属性，最后一列是决策树需要做的分类结果。通过表 7-1 所示的数据，构建的决策树如图 7-2 所示。

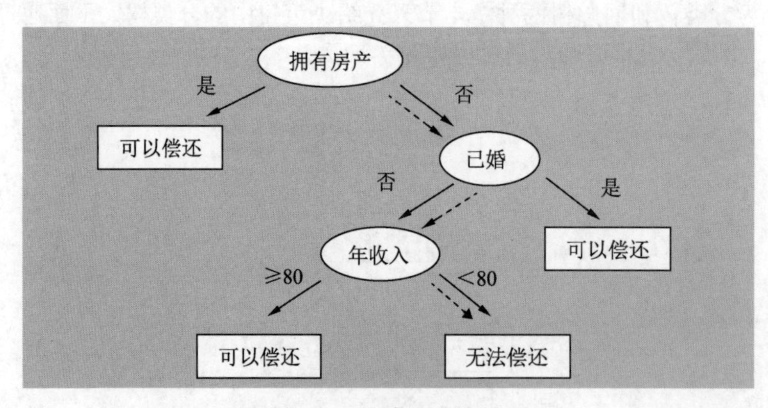

图 7-2　构建的决策树

有了图 7-2 所示的决策树，就可以对新来的用户数据进行是否可以偿还的预测。

决策树的构造十分重要。所谓决策树的构造就是进行属性选择度量，确定各个特征属性之间的拓扑结构。构造决策树的关键步骤是分裂属性。所谓分裂属性就是在某个节点处按照某一特征属性的不同划分构造不同的分支，其目标是让各个分裂子集尽可能地“纯”，即尽量让一个分裂子集中待分类项属于同一类别。分裂属性分为 3 种不同的情况。

（1）属性是离散值且不要求生成二叉决策树。此时用属性的每一个划分作为一个分支。

（2）属性是离散值且要求生成二叉决策树。此时使用属性划分的一个子集进行预测，按照“属于此子集”和“不属于此子集”分成两个分支。

（3）属性是连续值。此时确定一个值作为分裂点 split_point，按照大于 split_point 和小于 split_point 生成两个分支。

7.2.1　信息熵

信息熵指的是一组数据所包含的信息量，使用概率来度量。数据包含的信息越有序，所包含的信息量越低；数据包含的信息越混乱，包含的信息量越高。例如，在极端情况下，如果数据中的信息都是 0 或者都是 1，那么熵值为 0，因为从这些数据中得不到任何信息，或者说这组数据给出的信息是确定的。如果数据是均匀分布的，那么它的信息熵最大，因为根据数据不能知晓发生哪种情况的可能性比较大。

假定样本集合 D 中第 k 类样本所占的比例为 $p_k(k=1,2,\cdots,|y|)$，则 D 的信息熵定义为

$$\mathrm{Ent}(D)=\sum_{k=1}^{|y|} p_k \log_2 p_k \tag{7-1}$$

其中，$\mathrm{Ent}(D)(0\leqslant \mathrm{Ent}(D)\leqslant \log_2|y|)$越小，$D$ 包含的信息越有序；$\mathrm{Ent}(D)$ 越大，则 D 包含的信息越混乱。

式（7-1）中的 D 是一个随机变量取值集合，设其是一个离散的随机变量集合，并对其进行简单的 0-1 分布，有 $p(D=1)=p$，则 $p(D=0)=1-p$，此时熵为 $-p\log_2 p-(1-p)\log_2(1-p)$，当 p =1 或 p =0 时，信息熵最小，D 取值为 0，此时的随机变量不确定性最小，信息有序。当 p =0.5 时，信息熵最大，此时随机变量的不确定性最大，信息混乱。

7.2.2　信息增益

假定离散属性 a 有 V 个可能的取值 $\{a^1,a^2,\cdots,a^V\}$，如果使用 a 来对样本集 D 进行划分，则会产生 V 个分支节点，其中第 v 个分支节点包含 D 中所有在属性 a 上取值为 a^v 的样本，即为 D^v。根据式（7-1）计算出 D^v 的信息熵，再考虑到不同的分支节点所包含的样本数不同，给分支节点赋予权重 $\dfrac{D^v}{D}$，即对样本数越多的分支节点的影响越大，于是可计算出用属性 a 对样本 D 进行划分所获得的“信息增益”（Information Gain）。

$$\mathrm{Gain}(D,a)=\mathrm{Ent}(D)-\sum_{v=1}^{V}\frac{D^v}{|D|}\mathrm{Ent}(D^v) \tag{7-2}$$

一般而言，信息增益越大，意味着使用属性 a 来进行划分所获得的“纯度提升”越大，因此，可用信息增益来进行决策树的划分属性选择，最优划分属性准则为 $a_*=\max\limits_{a\in A}\mathrm{Gain}(D,a)$，著名的 ID3 决策树学习算法就是以信息增益为准则来选择划分属性的。

7.2.3　信息增益率

为了解决 ID3 决策树学习算法偏重特征数目这个问题，研究人员提出了 C4.5 算法（C4.5 算法是机器学习算法中的一种分类决策树算法，其核心算法是 ID3 算法）最大的特点是引入信息增益率来作为分类标准。

信息增益率 = 信息增益 / 特征本身的熵：

$$\mathrm{Gain}_{\mathrm{ration}}(D,a)=\frac{\mathrm{Gain}(D,a)}{\mathrm{Ent}_a(D)}$$

其中，$\mathrm{Ent}_a(D)=\sum_{v=1}^{V}\dfrac{D^v}{|D|}\log_2\dfrac{D^v}{|D|}$。

信息增益率对可取较小值的特征有所偏好（分母越小，整体越大），因此并不是直接用增益率最大的特征进行划分，而是使用一个启发式方法：先从候选划分特征中找到信息增益率高于平均的特征，再从中选择增益率最高的。

例如，选好瓜的例子，考虑纹理本身的熵，也就是否为好瓜的熵。纹理本身有 3 种可能，每种概率都已知，则纹理的熵为

$$H_{纹理}=\left[\left(\frac{9}{17}\right)\log_2\frac{9}{17}+\left(\frac{5}{17}\right)\log_2\frac{5}{17}+\left(\frac{3}{17}\right)\log_2\frac{3}{17}\right]\approx 1.447$$

那么选择纹理作为分类依据时，信息增益率为

$$\text{Gain}_{\text{ration}}(D,纹理)=\frac{0.234}{1.447}0.162$$

7.2.4 基尼系数

ID3 算法使用信息增益率来选择特征，优先选择信息增益率大的。C4.5 算法采用信息增益率来选择特征，以减少信息增益容易选择特征值大的特征的问题。但是无论是 ID3 算法还是 C4.5 算法，都是基于信息率的熵模型，这里面会涉及大量的对数运算。因此，考虑简化模型的同时不至于完全丢失熵模型。CART 分类树算法使用基尼系数来代替信息增益率，基尼系数代表了模型的不纯度，基尼系数越小，则不纯度越低，特征越好。这与信息增益率是相反的。

$$\text{Gini}(D)=\sum_{K=1}^{|y|}\sum_{k'\neq k}p_k p_{k'}=1-\sum_{K=1}^{|y|}p_k^2$$

直观来看，Gini(D) 反映了数据集 D 中随机抽取两个样本类别标记不一致的概率，因此，Gini(D) 越小，则数据集 D 的纯度越高。

采用与式（7-2）相同的符号表示，属性 a 的 Gini 系数定义为

$$\text{Gini\_index}(D,a)=\sum_{v=1}^{V}\frac{D^v}{|D|}\text{Gini}(D^v)$$

于是，在候选属性集合中，选择划分后的基尼系数最小的属性作为最优的划分属性，即 $a_*=\max\limits_{a\in A}\text{Gini\_index}(D,a)$。以湿度为例，其存在两种选择，具体演示计算过程如表 7-2 所示。

表 7-2 湿度统计

Play	Normal 属性	High 属性
Yes	6	2
no	7	2

即有

$$\text{Gini(Normal)}=1-\left(\frac{6}{13}\right)^2-\left(\frac{7}{13}\right)^2\approx 0.497$$

$$\text{Gini(High)}=1-\left(\frac{2}{4}\right)^2-\left(\frac{2}{4}\right)^2=0.5$$

$$\text{Gini\_index(D,Humidity)}=\frac{4}{17}\times 0.5+\frac{13}{17}\times 0.47\approx 0.497705$$

对于维度，其存在 3 种选择，只需分别计算求和即可。

7.3　3 种算法的对比

在 7.2 节介绍了 ID3、C4.5 及基尼系数这 3 种算法，它们各有优缺点，本小节将对 3 种算法进行对比。

1）适用范围

ID3 算法只能处理离散特征的分类问题，C4.5 算法能够处理离散特征和连续特征的分类问题，CART 算法可以处理离散和连续特征的分类与回归问题。

2）假设空间

ID3 和 C4.5 算法使用的决策树可以是多分叉的，而 CART 算法的决策树必须是二叉树。

3）优化算法

ID3 算法没有剪枝策略，当叶节点上的样本都属于同一个类别或者所有特征都使用过的情况下，决策树停止生长。

C4.5 算法使用预剪枝策略，当分裂后的增益小于给定阈值或者叶节点上的样本数量小于某个阈值或者叶节点数量达到限定值或者树的深度达到限定值，决策树停止生长。

CART 决策树主要使用后剪枝策略。

7.4　剪树处理

决策树算法很容易过拟合，剪枝算法就是用来防止决策树过拟合，提高泛化性能的方法。剪枝分为预剪枝与后剪枝。

7.4.1　预剪枝

预剪枝是指在决策树的生成过程中，对每个节点在划分前先进行评估，如果当前的划分不能带来泛化性能的提升，则停止划分，并将当前节点标记为叶节点。

预剪枝方法有：

（1）当叶节点的实例个数小于某个阈值时，停止生长；

（2）当决策树达到预定高度时，停止生长；

（3）当每次拓展对系统性能的增益小于某个阈值时，停止生长；

预剪枝不足就是剪枝后的决策树可能不满足需求，从而就被过早停止生长。

7.4.2　后剪枝

后剪枝是指先从训练集生成一棵完整的决策树，然后自底向上对非叶节点进行考察，如果将该节点对应的子树替换为叶节点，能带来泛化性能的提升，则将该子树替换为叶节点。

后剪枝决策树通常比预剪枝决策树保留了更多的分枝，一般情形下，后剪枝决策树的欠拟合风险很小，泛化能力往往优于预剪枝决策树。但后剪枝决策树是在生产完全决策树之后进行的，并且要自底向上地对所有非叶节点进行逐一考察，因此其训练时间开销比未剪枝的决策树和预剪枝的决策树都要大很多。

7.5 决策树的特点

与其他算法一样，决策树算法也存在优点与缺点。

1. 优点

决策树的优点主要表现在：

（1）容易理解，可解释性较好；

（2）可以用于小数据集；

（3）时间复杂度较小；

（4）可以处理多输入问题与不相关特征数据；

（5）对缺失值不敏感。

2. 缺点

决策算法同样存在相应缺点：

（1）在处理特征关联性比较强的数据时，表现得不太好；

（2）当样本中各类别不均匀时，信息增益会偏向于那些具有更多数值的特征；

（3）对连续性的字段比较难预测；

（4）容易出现过拟合；

（5）当类别太多时，错误可能会增加得比较快。

7.6 分类树的函数

MATLAB 中工具箱提供了相关函数用于实现分类树的各种功能，下面对相关函数进行介绍。

7.6.1 创建分类树

MATLAB 主要提供了 3 个函数用于创建分类树。

（1）fitctree 函数。

fitctree 函数在分类树进行分支时，采用的是 CART 方法。函数的语法格式如下。

tree = fitctree(Tbl,ResponseVarName)：根据包含在表 Tbl 中的输入变量（也称为预测器、特征、属性）和包含在 Tbl 中的输出（响应或标签）返回适合的二进制分类决策树。ResponseVarName 返回的二叉树根据 Tbl 列的值拆分分支节点。

tree = fitctree(Tbl,formula)：根据表 Tbl 中包含的输入变量返回一个拟合的二进制分类决策树。

tree = fitctree(Tbl,Y)：Tbl 为样本属性值矩阵，Y 为样本标签。

tree = fitctree(X,Y)：根据矩阵 X 和输出 Y 中包含的输入变量，返回一个拟合的二进制分类决策树。返回的二叉树根据 X 列的值拆分分支节点。

tree = fitctree(___,Name,Value)：使用前面的任何语法，用一个或多个名称 - 值（Name-Value）对参数指定分类树。

【例 7-1】利用 fitctree 函数对自带的 ionosphere 数据绘制分类树。

```
>> % 数据预处理
```

```
load ionosphere;
length=size(X,1);
rng(1);                                        % 可复现
indices = crossvalind('Kfold', length, 5);     % 用 k 折分类法将样本随机分为 5 份
i=1;                                           %4 份用来训练，1 份进行测试
test = (indices == i);
train = ~test;
X_train=X(train, :);
Y_train=Y(train, :);
X_test=X(test, :);
Y_test=Y(test, :);
% 构建 CART 算法分类树
tree=fitctree(X_train,Y_train);
view(tree,'Mode','graph');                     % 生成树图
rules_num=(tree.IsBranchNode==0);
rules_num=sum(rules_num);                      % 求取规则数量
Cart_result=predict(tree,X_test);              % 使用测试样本进行验证
Cart_result=cell2mat(Cart_result);
Y_test=cell2mat(Y_test);
Cart_result=(Cart_result==Y_test);
Cart_length=size(Cart_result,1);               % 统计准确率
Cart_rate=(sum(Cart_result))/Cart_length;
disp(['规则数：' num2str(rules_num)]);
disp(['测试样本识别准确率：' num2str(Cart_rate)]);
```

运行程序，输出如下，效果如图 7-3 所示。

```
规则数：15
测试样本识别准确率：0.9
```

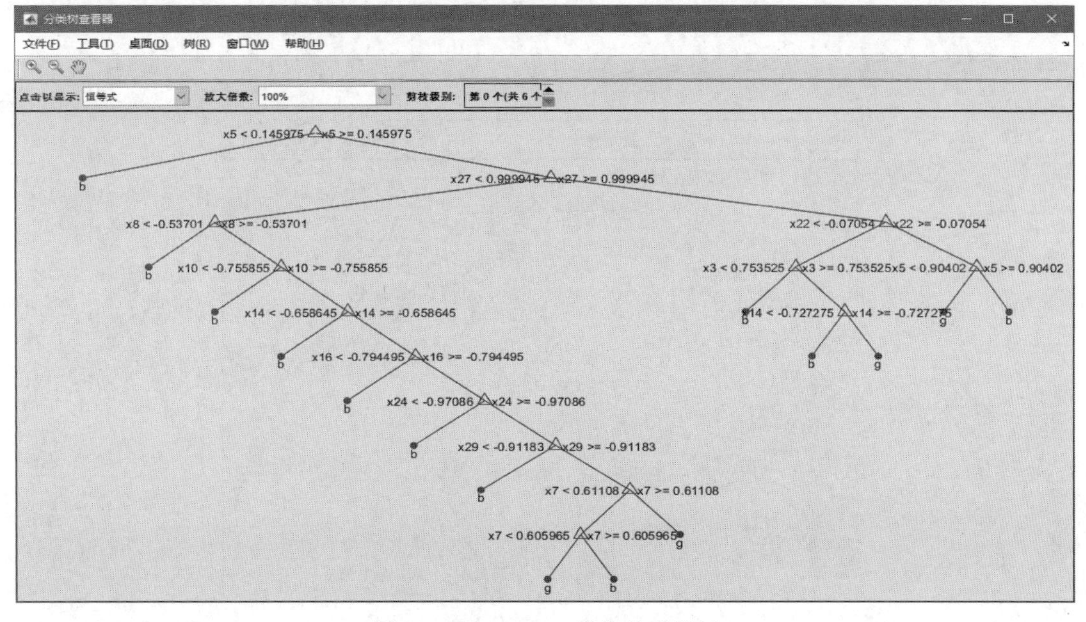

图 7-3　ionosphere 数据的分类树

（2）compact 函数。

利用 compact 函数可以创建一个简化版本的树。函数的语法格式如下。

ctree = compact(tree)：根据给定的树结构创建一个简化版本的树。

【例 7-2】利用 compact 函数创建一个简化版本的分类树。

解析：将 Fisher 的鸢尾花数据分类树的大小与该树的简化版本进行比较。

```
>> load fisheriris                                          % 载入数据
fulltree = fitctree(meas,species);
ctree = compact(fulltree);
b = whos('fulltree');                                       % b.bytes =全树尺寸
c = whos('ctree');                                          % c.bytes =简化树尺寸
[b.bytes c.bytes]                                           % 显示两种树大小
```

运行程序，输出如下：

```
ans =
        11931        5266
```

（3）prune 函数。

MATLAB 提供了 prune 函数通过修剪生成分类子树序列。函数的语法格式如下。

Tree1 = prune (tree)：创建分类树的一个副本，并填充其最佳修剪序列。

Tree1 = prune (tree，Name，Value)：创建一个剪枝树，其中包含由 Name-Value 对参数指定的其他选项。一次只能使用一个选项。

【例 7-3】修剪并显示一个分类树结构。

解析：为 Fisher 的鸢尾花数据显示一个完整的分类树结构。

```
>> load fisheriris;
varnames = {'SL','SW','PL','PW'};
t1 = fitctree(meas,species,'MinParentSize',5,'PredictorNames',varnames);
                                                            % 完整的分类树
view(t1,'Mode','graph');                                    % 效果如图 7-4 所示
```

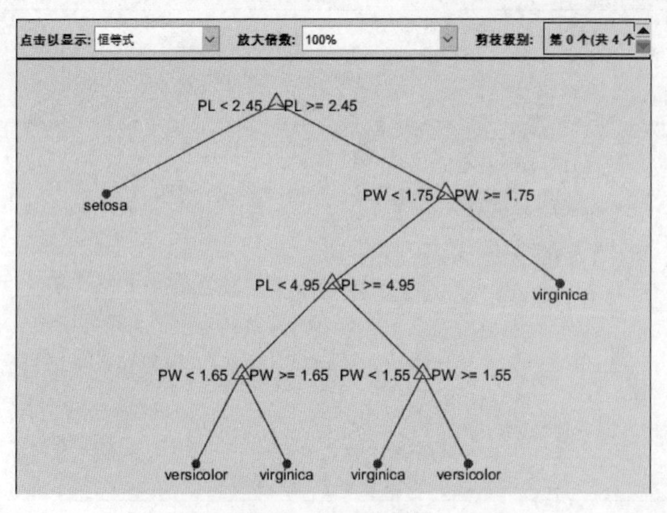

图 7-4 完整分类树

```
% 构造并显示最佳修剪序列中的下一个最大树
>> t2 = prune(t1,'Level',1);
view(t2,'Mode','graph');                                    % 效果如图 7-5 所示
```

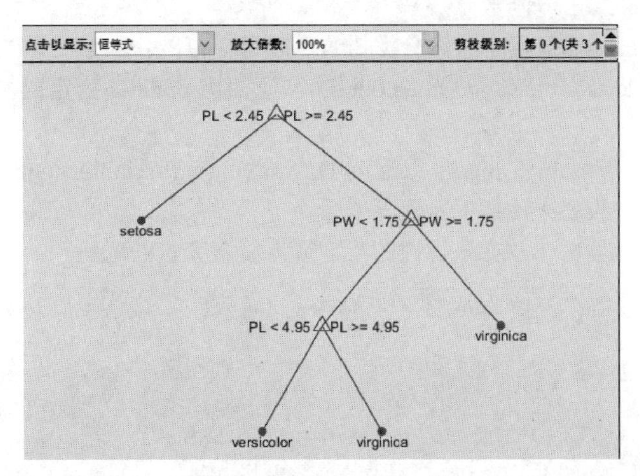

图 7-5　修剪后的最大树

7.6.2　改进分类树

MATLAB 提供了 cvloss 函数用于交叉验证分类树错误。函数的语法格式如下。

E = cvloss (tree)：返回树 tree（分类树）的交叉验证分类错误（loss）E。

cvloss 函数使用分层分区来创建交叉验证集，也就是说，每个数据的每个分区的类比例与用于训练树的数据的类比例大致相同。

E = cvloss(tree)：返回 E 的标准错误。

[E,SE] = cvloss(tree)：返回树的叶子节点数 SE。

[E,SE,Nleaf] = cvloss(tree)：返回树的叶子节点数 Nleaf。

[E,SE,Nleaf,BestLevel] = cvloss(tree)：返回树的最佳修剪级别 BestLevel。

[___] = cvloss(tree,Name,Value)：使用由一个或多个 Name-Value 对参数指定的其他选项进行交叉验证。

【例 7-4】利用 cvloss 函数计算默认分类树的交叉验证错误。

```
% 加载汽车小数据集，考虑位移、功率和重量作为响应 MPG 的预测因子
>> load carsmall
X = [Displacement Horsepower Weight];
% 使用整个数据集生长分类树
Mdl = fitrtree(X,MPG);
% 计算交叉验证错误
rng(1);                                                     % 重复性
E = cvloss(Mdl)
```

运行程序，输出如下：

```
E =
   27.6976
E10 倍加权的平均 MSE
```

7.6.3 解释分类树

MATLAB 中提供了一些相关函数用于解释分类树，下面对几个常用的函数进行介绍。

（1）nodeVariableRange 函数。

nodeVariableRange 函数用于检索分类树节点的可变范围。函数的语法格式如下。

varRange = nodeVariableRange(tree,nodeID)：返回由 nodeID 指定的树节点上的预测变量的范围 varRange。

varRange = nodeVariableRange(tree,nodeID,OmitUnusedVariables=omitUnusedVars)：是否从返回的 varRange 中省略未使用的预测器变量。

【例 7-5】创建分类树，并在分类树的指定节点检索变量的范围。

```
% 载入美国人口普查数据集（census1994 数据集），成人数据包含 6 个数字和 8 个分类变量
>> load census1994
% 根据成人数据中包含的特征和成人数据中的类别标签来训练分类树。通过指定名称 - 值对参数
% MaxNumSplits 来限制树中拆分的数量
>> load census1994
>> tree = fitctree(adultdata,"salary",MaxNumSplits=31)
tree =
  ClassificationTree
           PredictorNames: {1×14 cell}
             ResponseName: 'salary'
    CategoricalPredictors: [2 4 6 7 8 9 10 14]
               ClassNames: [<=50K     >50K]
           ScoreTransform: 'none'
          NumObservations: 32561
  Properties, Methods
% 检索节点 10 处的预测器变量范围
>> varRange = nodeVariableRange(tree,10)
varRange =
包含以下字段的 struct:
             age: [-Inf 20.5000]
    relationship: [Not-in-family    Other-relative    Own-child    Unmarried]
    capital_gain: [7.0735e+03 Inf]
```

（2）partialDependence 函数。

partialDependence 函数用于计算决策树部分依赖。函数的语法格式如下。

pd = partialDependence(RegressionMdl,Vars)：计算列出的预测变量 Vars 和使用包含预测数据的回归模型 RegressionMdl，预测响应之间的部分依赖 pd。

pd = partialDependence(ClassificationMdl,Vars,Labels)：使用包含预测数据的分类模型 ClassficationMdl，计算列出的预测变量 Vars 与 Labels 中指定类别的分数之间的部分依赖 pd。

pd = partialDependence(___,Data)：在数据中使用新的预测变量数据。除了前面语法中的任何输入参数组合之外，还可以指定 Data

[pd,x,y] = partialDependence(___)：返回 x 和 y，它们分别包含第一个和第二个预测变量的查询点。如果指定了一个变量，那么 partalDepency 将为 y 返回一个空矩阵 ([])。

【例 7-6】利用 partialDependence 函数计算多类两变量部分依赖与绘图。

解析：训练一个分类模型集合，并计算多个类的两个变量的部分依赖值，然后绘制每个

类的偏相关值。

```
% 加载 census 1994 数据集，数据中包含美国年薪数据（分类为小于或等于 50K 和大于 50K）和几个
% 人口统计变量
>> load census1994
% 从表成人数据中提取要分析的变量子集
X = adultdata(1:500,["age","workClass","education_num","marital_status",
"race", ...
    "sex","capital_gain","capital_loss","hours_per_week","salary"]);
% 利用计算机拟合技术，将分类树的随机森林训练方法指定为 " 袋 "
rng("default")
t = templateTree("Reproducible",true);
Mdl = fitcensemble(X,"salary","Method","Bag","Learners",t);
% 计算两个类（小于或等于 50K 和大于 50K）的预测因子 age 和 education _ num 的部分依
% 赖值，将要采样的观察值指定为 100
[pd,x,y] = partialDependence(Mdl,["age","education_num"],Mdl.ClassNames,
"NumObservationsToSample",100);

% 使用 surf 函数为第一个类（<=50K）创建部分依赖值的曲面图，效果如图 7-6 所示
figure
surf(x,y,squeeze(pd(1,:,:)))
xlabel(" 年龄 ")
ylabel(" 教育 ")
zlabel(" 年薪 <=50K")
title(" 绘制部分依赖图 ")
view([130 30])
% 为第二类 (>50K) 创建部分依赖值的曲面图，效果如图 7-7 所示
>> figure
surf(x,y,squeeze(pd(2,:,:)))
xlabel(" 年龄 ")
ylabel(" 教育 ")
zlabel(" 年薪 >50K")
title(" 绘制部分依赖图 ")
view([130 30])
```

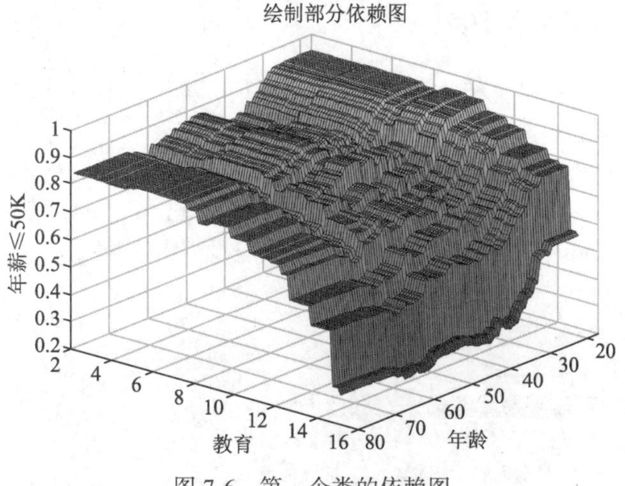

图 7-6　第一个类的依赖图

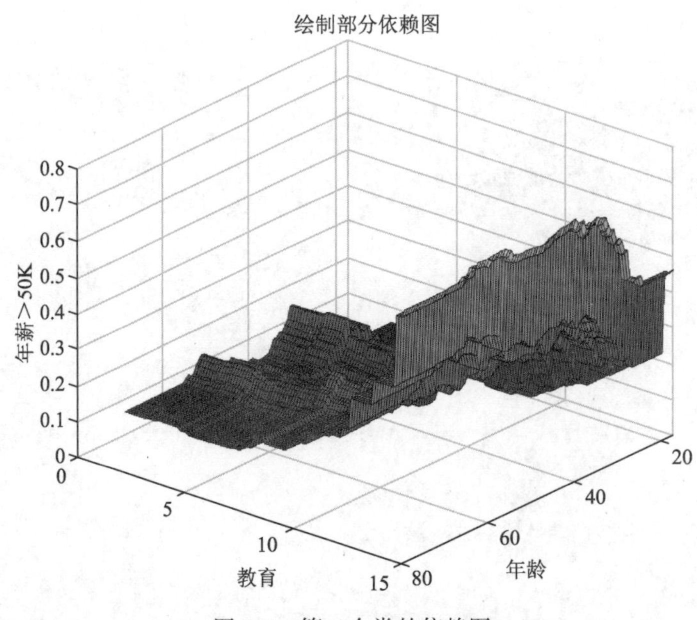

图 7-7　第二个类的依赖图

（3）predictorImportance 函数。

predictorImportance 函数用于估计分类树的预测重要性。函数的语法格式如下。

imp = predictorImportance(tree)：计算树的预测因子重要性的估计值，方法是将每个预测因子分裂引起的风险变化相加，然后将总和除以分支节点的数目。

【例 7-7】利用 predictorImportance 函数估计预测值的重要性。

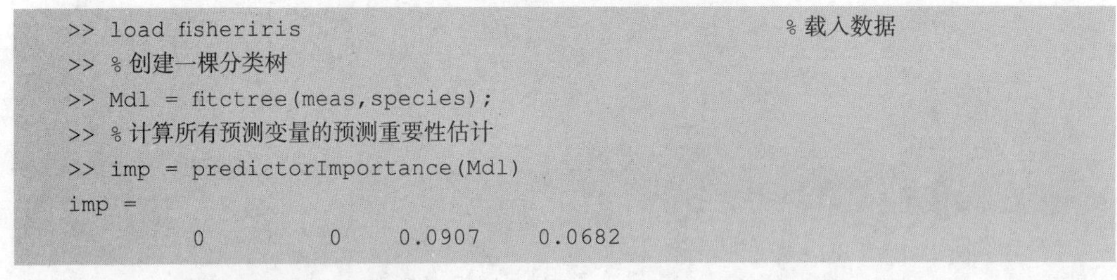

```
>> load fisheriris                                          % 载入数据
>> % 创建一棵分类树
>> Mdl = fitctree(meas,species);
>> % 计算所有预测变量的预测重要性估计
>> imp = predictorImportance(Mdl)
imp =
         0         0    0.0907    0.0682
```

7.6.4 交叉验证分类树

同样地，MATLAB 提供了相关函数实现交叉验证分类树，下面介绍几个常用的函数。

（1）kfoldEdge 函数。

kfoldEdge 函数用于交叉验证分类模型的分类边界。函数的语法格式如下。

E = kfoldEdge(CVMdl)：返回交叉验证分类模型 CVMdl 得到的分类边缘。

【例 7-8】计算在 Fisher 鸢尾花数据集上训练集合的 k 倍边缘。

```
>> % 加载样本数据集
>> load fisheriris
>> % 训练 100 个增强分类树的集合
>> t = templateTree('MaxNumSplits',1);                      % 弱学习者模板树对象
ens = fitcensemble(meas,species,'Learners',t);
>> % 从 ens 创建一个经过交叉验证的集合，并找到分类边缘
```

```
>> rng(10,'twister')                                         % 重复性
cvens = crossval(ens);
E = kfoldEdge(cvens)
E =
    3.2033
```

（2）kfoldLoss 函数。

kfoldLoss 函数用于计算交叉验证分类模型的分类损失。函数的语法格式如下。

L = kfoldLoss(CVMdl)：返回交叉验证分类模型 CVMdl 获得的分类损失。

【例 7-9】利用 kfoldLoss 计算数据的交叉验证的分类误差。

```
>> load ionosphere                                           % 载入数据集
>> % 使用 AdaBoostM1 训练 100 个决策树的分类集合
>> t = templateTree('MaxNumSplits',1);
ens = fitcensemble(X,Y,'Method','AdaBoostM1','Learners',t);
>> % 使用 10 倍交叉验证对集合进行交叉验证
>> cvens = crossval(ens);
>> % 交叉验证的分类误差
>> L = kfoldLoss(cvens)
L =
    0.0741
```

（3）kfoldPredict 函数。

kfoldPredict 函数是在交叉验证的分类模型中对观测结果进行分类。函数的语法格式如下。

label = kfoldPredict(CVMdl)：返回由交叉验证分类器 CVMdl 预测的类标签。

label = kfoldPredict(CVMdl,'IncludeInteractions',includeInteractions)：指定是否在计算中包含交互项。

【例 7-10】使用一个判别分析模型的 10 折混淆矩阵交叉验证预测来创建一个数据库。

```
% 加载 Fisher 鸢尾花数据集，X 包含 150 种不同花的花度量值，Y 列出了每种花的种类
>> load fisheriris
X = meas;
y = species;
order = unique(y)                                            % 创建指定类顺序的变量
order =
  3×1 cell 数组
    {'setosa'    }
    {'versicolor'}
    {'virginica' }
>> % 利用 fitcdiscr 函数建立一个 10 折交叉验证的判别分析模型
cvmdl = fitcdiscr(X,y,'KFold',10,'ClassNames',order);
% 预测试花品种
predictedSpecies = kfoldPredict(cvmdl);
% 创建一个混淆矩阵，将真实的类值与预测的类值进行比较，效果如图 7-8 所示
confusionchart(y,predictedSpecies)
```

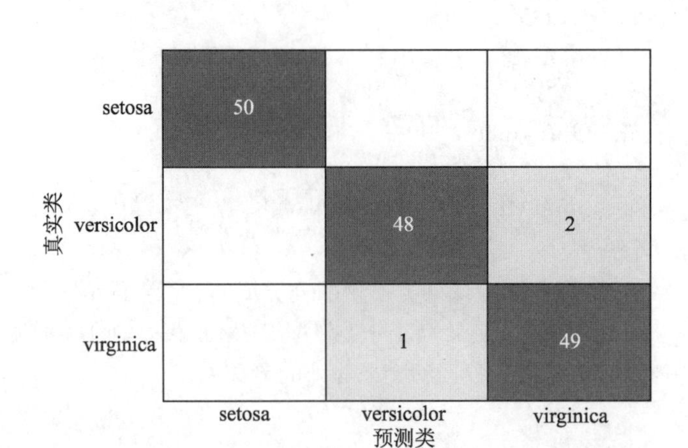

图 7-8　真实的类值与预测的类值比较图

7.6.5　测量性能

同样地，MATLAB 提供了相关函数测量分类树的性能，下面介绍常用的几个函数。

（1）resubLoss 函数。

resubLoss 函数用于重置分类误差。函数的语法格式如下。

L = resubLoss(tree)：返回重置误差，即用于创建树 tree 的数据计算出的误差。

L = resubLoss(tree,'Subtrees',subtreevector)：返回修剪序列子树向量中树的分类误差向量。

[L,se] = resubLoss(tree,'Subtrees',subtreevector)：返回分类误差的标准误差向量。

[L,se,NLeaf] = resubLoss(tree,'Subtrees',subtreevector)：返回修剪序列树中叶节点数的向量。

【例 7-11】实例演示检查每棵子树的分类误差。

```
>> clear all;
load fisheriris    % 加载 fisheriris 数据集，将数据划分为训练集（50%）和验证集（50%）
n = size(meas,1);
rng(1)                                              % 重复性
idxTrn = false(n,1);
idxTrn(randsample(n,round(0.5*n))) = true;          % 训练集合逻辑指标
idxVal = idxTrn == false;                           % 验证集合逻辑索引
% 使用训练集生长分类树
Mdl = fitctree(meas(idxTrn,:),species(idxTrn));
% 查看分类树，效果如图 7-9 所示
view(Mdl,'Mode','graph');
```

分类树有 4 个修剪级别。级别 0 是完整的、未修剪的树（如图 7-9 所示）；级别 1 为父节点，进行了一层分类；级别 2 为叶子节点；级别 3 为根节点，即没有分类。下面代码不包括计算第 3 级的每棵子树（或修剪级别）的训练样本分类误差。

```
>> m = max(Mdl.PruneList) - 1;
trnLoss = resubLoss(Mdl,'SubTrees',0:m)
trnLoss =
    0.0267
    0.0533
    0.3067
```

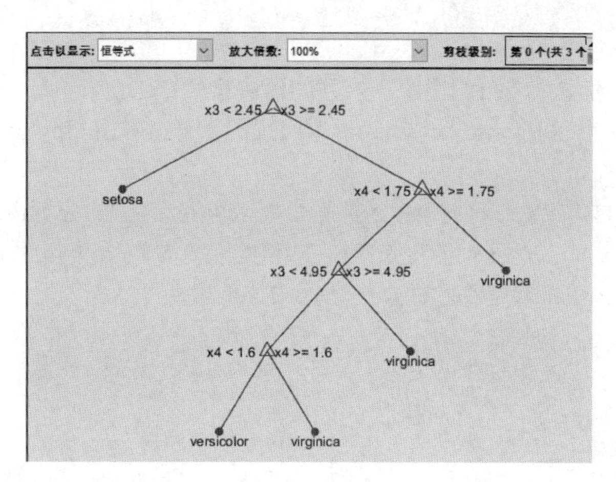

图 7-9　分类树

由结果可看出：

① 完整的、未修剪的树对训练观测值的分类误差约为 2.7%；

② 修剪至 1 级的树对训练观测值的分类误差约为 5.3%；

③ 修剪至 2 级（即树桩）的树对训练观测值的分类误差约为 30.7%。

```
% 计算每个级别的验证样本分类误差（不包括第 3 级）
>> valLoss = loss(Mdl,meas(idxVal,:),species(idxVal),'SubTrees',0:m)
valLoss =
    0.0369
    0.0237
    0.3067
```

由结果可看出：

① 完整的、未修剪的树对验证观测值的分类误差约为 3.7%；

② 修剪至 1 级的树对验证观测值的分类误差约为 2.4%；

③ 修剪至 2 级（即树桩）的树对验证观测值的分类误差约为 30.7%。

```
% 为了平衡模型复杂性，可以考虑将 Mdl 修剪到 1 级
>> pruneMdl = prune(Mdl,'Level',1);
view(pruneMdl,'Mode','graph')                              % 效果如图 7-10 所示
```

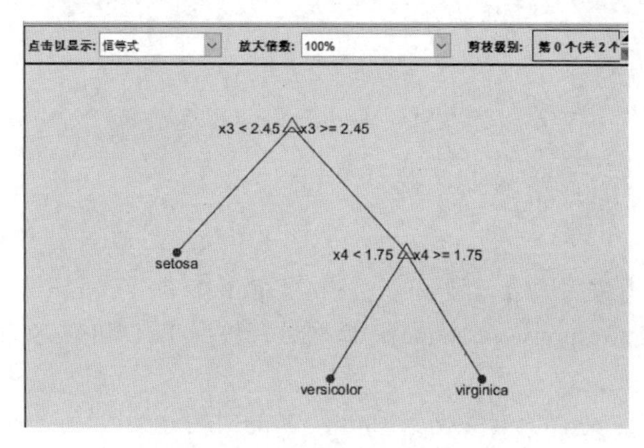

图 7-10　Mdl 修剪到 1 级分类树

（2）margin 函数。

margin 函数用于确定分类树的边距。函数的语法格式如下。

m = margin(tree,TBL,ResponseVarName)：返回预测变量表 TBL 和类标签 ResponseVarName 的分类边距。

m = margin(tree,TBL,Y)：返回预测变量表 TBL 和类标签 Y 的分类边距。

m = margin(tree,X,Y)：返回预测变量矩阵 X 和类标签 Y 的分类边距。

【例 7-12】计算 Fisher 鸢尾花数据集中数据的分类边距。

```
% 对其前两列数据进行训练，并查看最后 10 个条目
>> load fisheriris
X = meas(:,1:2);
tree = fitctree(X,species);
M = margin(tree,X,species);
M(end-10:end)
ans =
    0.1111
    0.1111
    0.1111
   -0.2857
    0.6364
    0.6364
    0.1111
    0.7500
    1.0000
    0.6364
    0.2000
>> % 对所有数据进行训练的分类树效果更好
>> tree = fitctree(meas,species);
M = margin(tree,meas,species);
M(end-10:end)
ans =
    0.9565
    0.9565
    0.9565
    0.9565
    0.9565
    0.9565
    0.9565
    0.9565
    0.9565
    0.9565
    0.9565
```

（3）edge 函数。

edge 函数用于分类树的边缘。函数的语法格式如下。

E = edge(tree,TBL,ResponseVarName)：返回具有数据 TBL 和分类 TBL.ResponseVarName 的树的分类边缘。

E = edge(tree,X,Y)：返回具有数据 X 和分类 Y 的树的分类边缘。

E = edge(___,Name,Value)：使用由一个或多个 Name-Value 对参数指定属性选项计算边缘。

【例 7-13】利用 edge 函数计算分类边距和边。

```
%计算 Fisher iris 数据的分类边界和边缘，并查看最后 10 个条目
>> load fisheriris
X = meas(:,1:2);
tree = fitctree(X,species);
E = edge(tree,X,species)
E =
    0.6299
>> M = margin(tree,X,species);
M(end-10:end)
ans =
    0.1111
    0.1111
    0.1111
   -0.2857
    0.6364
    0.6364
    0.1111
    0.7500
    1.0000
    0.6364
    0.2000
>> %在所有数据上训练的分类树更好
>> tree = fitctree(meas,species);
E = edge(tree,meas,species)
E =
    0.9384
>> M = margin(tree,meas,species);
M(end-10:end)
ans =
    0.9565
    0.9565
    0.9565
    0.9565
    0.9565
    0.9565
    0.9565
    0.9565
    0.9565
    0.9565
    0.9565
```

7.7　决策树的应用

在 7.1 节中举例说明了怎样选择好瓜，本节直接通过 MATLAB 程序代码实现该示例。

【例 7-14】根据给定的西瓜数据，绘制选择好瓜的决策树。

```
%西瓜数据集
clear
```

```
load('watermelon.mat')
size_data = size(watermelon); %watermelon2 为导入工作区的数据
% 分为训练集和测试集
x_train = watermelon(1:size_data(1)-2,:) ;    % 此处加上了属性标签行
x_test = watermelon(size_data(1)-1:end,1:size_data(2)-1);
                                              % 选择最后两个数据当测试集
% 训练
size_data = size(x_train);
dataset = x_train(2:size_data(1),:);          % 纯数据集
labels = x_train(1,1:size_data(2)-1);         % 属性标签
% 生成决策树
mytree = ID3(dataset,labels);
[nodeids,nodevalue,branchvalue] = print_tree(mytree);
tree_plot(nodeids,nodevalue,branchvalue);
```

运行程序，效果如图 7-11 所示。

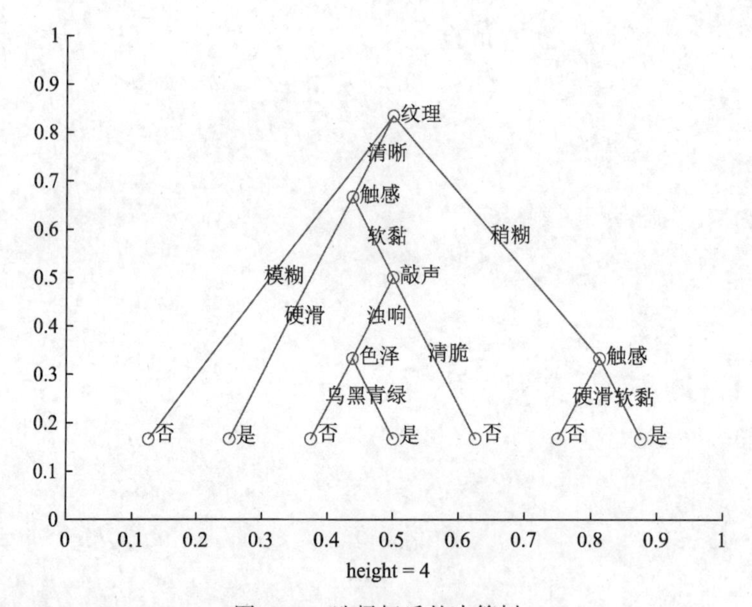

图 7-11　选择好瓜的决策树

在以上程序中，调用到自定义的几个函数，源代码分别为：

```
function myTree = ID3(dataset,labels)
%ID3 算法构建决策树
%dataset: 数据集
%labels: 属性标签
% tree: 构建的决策树
size_data = size(dataset);
classList = dataset(:,size_data(2));                    % 得到标签
% 全为同一类，熵为 0
if length(unique(classList))==1
    myTree =  char(classList(1));
    return
end
```

```
size_data = size(dataset);
classList = dataset(:,size_data(2));
%% 属性集为空 if size_data(2) == 1
    temp=tabulate(classList);
    value=temp(:,1);                                    % 属性值
    count=cell2mat(temp(:,2));                          % 不同属性值的各自数量
    index=find(max(count)==count);
    choose=index(randi(length(index)));
    myTree =  char(value(choose));
    return
end

bestFeature = chooseFeatureGini(dataset);               % 找到信息增益最大的特征
bestFeatureLabel = char(labels(bestFeature));           % 得到信息增益最大的特征的名
                                                        % 字，即为接下来要删除的特征
myTree = containers.Map;
leaf = containers.Map;
featValues = dataset(:,bestFeature);
uniqueVals = unique(featValues);

labels=[labels(1:bestFeature-1)
labels(bestFeature+1:length(labels))];                  % 删除该特征

% 形成递归，一个个特征地按每个类别往下分
for i=1:length(uniqueVals)
    subLabels = labels(:)';
    value = char(uniqueVals(i));
    subdata = splitDataset(dataset,bestFeature,value);
                                    % 取出该特征值为 value 的所有样本，并去除该属性
    leaf(value) = ID3(subdata,subLabels);
    myTree(char(bestFeatureLabel)) = leaf;
end
end
```

```
function bestFeature=chooseFeatureGini(dataset,~)
% 选择基尼指数最小的属性特征
% 数据预处理
[N,M]=size(dataset);                                    % 样本数量 N
M=M-1;                                                  % 特征个数 M
y=strcmp(dataset(:,M+1),dataset(1,M+1));                % 标签 y(以第一个标签为 1)
x=dataset(:,1:M);                                       % 数据 x
Gini_index = zeros(1,M);          % 创建一个数组，用于存储每个特征的信息增益
%bestFeature;                                           % 最大基尼系数的特征

% 计算基尼指数
for i=1:M
    % 计算第 i 种属性的基尼指数
```

```
    temp=tabulate(x(:,i));
    value=temp(:,1);                                     %属性值
    count=cell2mat(temp(:,2));                           %不同属性值的各自数量
    Kind_Num=length(value);                              %取值数目
    Gini=zeros(Kind_Num,1);
    % i 属性下 j 取值的基尼指数
    for j=1:Kind_Num
        % 在第 j 种取值下正例的数目
        Gini(j)= getGini( y(strcmp(x(:,i),value(j))) );
    end
    Gini_index(i)=count'/N*Gini;
end
%随机挑选一个最小值
min_GiniIndex=find(Gini_index==min(Gini_index));
choose=randi(length(min_GiniIndex));
bestFeature=min_GiniIndex(choose);
end
function Gini = getGini(y)
%计算基尼系数
% y 对应的标签，为 1 或 0，对应正例与反例
    N=length(y);                                 %标签长度
    P_T=sum(y)/N;                                %正例概率
    P_F=1-P_T;                                   %负例概率
    Gini=1-P_T*P_T-P_F*P_F;                      %基尼系数
end

function [myTree] = ID3_2(dataset,labels)
% ID3 算法构建决策树
% dataset: 数据集
% labels: 属性标签
% tree: 构建的决策树
size_data = size(dataset);
classList = dataset(:,size_data(2));                 %得到标签
%全为同一类，熵为 0
if length(unique(classList))==1
    myTree =  char(classList(1));
    return
end
%去除完全相同的属性，避免产生没有分类结果的节点
choose=ones(1,size_data(2));
for i=1:(size_data(2)-1)
    featValues = dataset(:,i);
    uniqueVals = unique(featValues);
    if(length(uniqueVals)<=1)
        choose(i)=0;
    end
end
labels=labels((choose(1:size_data(2)-1))==1);
dataset=dataset(:,choose==1);

size_data = size(dataset);
```

```
classList = dataset(:,size_data(2));
%属性集为空，找最多数
temp=tabulate(classList);
value=temp(:,1);                                        %属性值
count=cell2mat(temp(:,2));                              %不同属性值的各自数量
index=find(max(count)==count);
choose=index(randi(length(index)));
nodeLable =  char(value(choose));
if size_data(2) == 1
    myTree =  nodeLable;
    return
end

bestFeature = chooseFeatureGini(dataset);               %找到信息增益最大的特征
bestFeatureLabel = char(labels(bestFeature));           %得到信息增益最大的特征的名
                                                        %字，即为接下来要删除的特征
myTree = containers.Map;
leaf = containers.Map;
featValues = dataset(:,bestFeature);
uniqueVals = unique(featValues);

labels=[labels(1:bestFeature-1)
labels(bestFeature+1:length(labels))];
                                                        %删除该特征

%形成递归，一个个特征地按每个类别往下分
for i=1:length(uniqueVals)
    subLabels = labels(:)';
    value = char(uniqueVals(i));
    subdata = splitDataset(dataset,bestFeature,value);
                                    %取出该特征值为value的所有样本，并去除该属性
    leaf(value) = ID3_2(subdata,subLabels);
end
leaf('nodeLabel')= nodeLable;
myTree(char(bestFeatureLabel)) = leaf;
end
```

```
function [nodeids_,nodevalue_,branchvalue_] = print_tree(tree)
%层序遍历决策树，返回nodeids（节点关系），nodevalue（节点信息），branchvalue（枝干信息）
nodeids(1) = 0;
nodeid = 0;
nodevalue={};
branchvalue={};

queue = {tree} ;                                        %形成队列，一个一个进去
while ~isempty(queue)
    node = queue{1};
    queue(1) = [];                                      %在队列中除去该节点
    if string(class(node))~="containers.Map"            %叶节点的话（即走到底了）
```

```
            nodeid = nodeid+1;
            nodevalue = [nodevalue,{node}];
        elseif string(class(node))=="containers.Map"
             % 节点的话
            if length(node.keys)==1
                nodevalue = [nodevalue,node.keys];        % 存储该节点名
                node_info = node(char(node.keys));        % 存储该节点下的属性对应的 map
                nodeid = nodeid+1;
                branchvalue = [branchvalue,node_info.keys];     % 每个节点下的属性
                for i=1:length(node_info.keys)
                    nodeids = [nodeids,nodeid];
                end
            end

            keys = node.keys();
            for i = 1:length(keys)
                key = keys{i};
                queue=[queue,{node(key)}];                % 队列变成该节点下面的节点
            end
        end
    end
    nodeids_=nodeids;
    nodevalue_=nodevalue;
    branchvalue_ = branchvalue;
    end
    function subDataset = splitDataset(dataset,axis,value)
    % 划分数据集，axis 为某特征列，取出该特征值为 value 的所有样本，并去除该属性
    subDataset = {};
    data_size = size(dataset);
    % 取该特征列，该属性对应的数据集
    for i=1:data_size(1)
        data = dataset(i,:);
        if string(data(axis)) == string(value)
            subDataset = [subDataset;[data(1:axis-1)
    data(axis+1:length(data))]];                      % 取该特征列，该属性对应的数据集
        end
    end
    end

    function tree_plot(p,nodevalue,branchvalue)
    % 参考 treeplot
    [x,y,h] = treelayout(p);                          %x: 横坐标，y: 纵坐标；h: 树的深度
    f = find(p~=0);                                   % 非 0 节点
    pp = p(f);                                        % 非 0 值
    X = [x(f); x(pp); NaN(size(f))];
    Y = [y(f); y(pp); NaN(size(f))];

    X = X(:);
    Y = Y(:);

    n = length(p);
```

```
if n<500
    hold on;
    plot(x,y,'ro',X,Y,'r-')
    nodesize = length(x);
    for i=1:nodesize
        text(x(i)+0.01,y(i),nodevalue{1,i});
    end
    for i=2:nodesize
        j = 3*i-5;
text((X(j)+X(j+1))/2-length(char(branchvalue{1,i-1}))/200,(Y(j)+Y(j+1))/2,
branchvalue{1,i-1})
    end
    hold off
else
    plot(X,Y,'r-');
end
xlabel(['height = ' int2str(h)]);
axis([0 1 0 1]);
end
```

第 8 章 主成分分析

CHAPTER 8

主成分分析（Principal Component Analysis，PCA）是一种降维方法，它能将多个指标转换为少数几个主成分，这些主成分是原始变量的线性组合，且彼此之间互不相关，其能反映出原始数据的大部分信息。一般来说，当研究的问题涉及多变量且变量之间存在很强的相关性时，可考虑使用主成分分析的方法来对数据进行简化。

8.1 降维方法

降维是将高维度的数据（指标太多）的最重要的一些特征保留，去除噪声和不重要的特征，从而实现提升数据处理速度的目的。在实际的生产和应用中，降维在一定的信息损失范围内，可以节省大量的时间和成本。降维是应用非常广泛的数据预处理方法，具有以下一些优点：

（1）使得数据集更易使用；

（2）降低算法的计算开销；

（3）去除噪声；

（4）使得结果容易理解。

下面对目前的 3 种降维方法进行简单介绍。

第一种降维方法称为主成分分析。在 PCA 中，数据从原来的坐标系转换到新的坐标系，新坐标系的选择是由数据本身决定的。第一个新坐标轴选择的是原始数据中方差最大的方向，第二个新坐标轴选择的是和第一个坐标轴正交且具有最大方差的方向。该过程一直重复，重复次数为原始数据中特征的数目，大部分方差包含在最前面的几个新坐标轴中。因此，可以忽略余下的坐标轴，即对数据进行了降维处理。

第二种降维方法是因子分析（Factor Analysis）。在因子分析中，假设在观察数据的生成中有一些观察不到的隐变量（Latent Variable）。假设观察数据是这些隐变量和某些噪声的线性组合，那么隐变量的数据可能比观察数据的数目少，也就是说通过找到隐变量就可以实现数据的降维。因子分析已经应用于社会科学、金融和其他领域。

第三种降维技术是独立成分分析（Independent Component Analysis，ICA）。ICA 假设数据是从 N 个数据源生成的，这一点和因子分析类似。假设数据为多个数据源的混合观察结果，这些数据源在统计上是相互独立的，而在 PCA 中只假设数据是不相关的。同因子分析一样，如果数据源的数目少于观察数据的数目，则可以实现降维过程。

在上述的 3 种降维方法中，PCA 的应用目前最为广泛，本章将对 PCA 展开介绍。

8.2　进行 PCA 的原因

PCA 是一种非监督算法，主要通过析取主成分显出的最大的个体差异，发现更便于人们能够理解的特征，也可以用来削减回归分析和聚类分析中变量的数目。

要进行 PCA 的主要原因如下。

（1）在很多场景中需要对多变量数据进行观测，在一定程度上增加了数据采集的工作量。并且多变量之间存在相关性，从而增加了问题分析的复杂性。

（2）对每个指标单独分析，分析结果是孤立的（不能完全利用数据的信息）。

（3）盲目减少指标，损失有用的信息，得出错误结论。

（4）在减少分析指标的同时，尽量减少原指标信息的损失。

（5）可以考虑将关系紧密的变量变成尽可能少的新变量，使这些新变量是两两不相关的，那么就可以用较少的综合指标分别代表存在于各个变量中的各类信息。

8.3　PCA 数学原理

本节先对 PCA 的基本数据原理进行介绍。

8.3.1　内积与投影

假如有一个向量运算：内积。两个维数相同的向量的内容被定义为

$$(a_1,a_2,\cdots,a_n)^{\mathrm{T}}\bullet(b_1,b_2,\cdots,b_n)^{\mathrm{T}}=a_1b_1+a_2b_2+\cdots+a_nb_n$$

内积运算将两个向量映射为一个实数，其计算方式非常容易理解，但是其意义并不明显，下面分析内积的几何意义。假设 $\boldsymbol{A}$ 和 $\boldsymbol{B}$ 是两个 n 维向量，n 维向量可以等价表示为 n 维空间中的一条从原点发射的有向线段，为了简单起见，假设 $\boldsymbol{A}$ 和 $\boldsymbol{B}$ 均为二维向量，则

$$\boldsymbol{A}=(x_1,y_1),\boldsymbol{B}=(x_2,y_2)$$

那么在二维平面上，$\boldsymbol{A}$ 和 $\boldsymbol{B}$ 可以用两条从原点发射的有向线段表示，如图 8-1 所示。

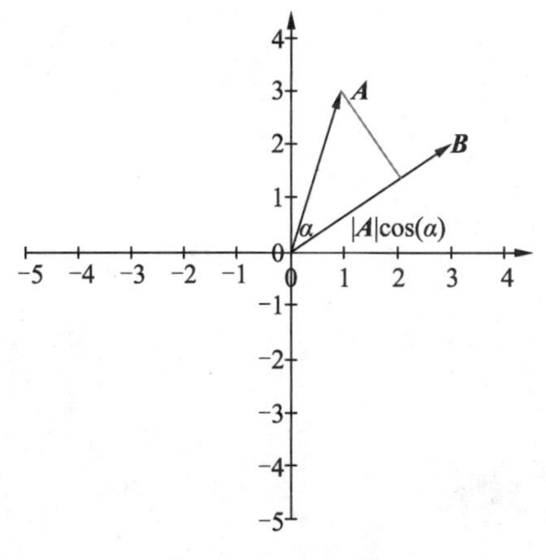

图 8-1　有向线段

现在从 $\boldsymbol{A}$ 点向 $\boldsymbol{B}$ 所在直线引入一条垂线，垂线与 $\boldsymbol{B}$ 的交点叫作 $\boldsymbol{A}$ 在 $\boldsymbol{B}$ 上的投影，再假设

$\boldsymbol{A}$与$\boldsymbol{B}$的夹角为α，则投影的向量长度为（这里假设向量$\boldsymbol{B}$的模为1）

$$|\boldsymbol{A}|\cos(\alpha)$$

其中，

$$|\boldsymbol{A}| = \sqrt{x_1^2 + y_1^2}$$

是向量$\boldsymbol{A}$的模，也就是$\boldsymbol{A}$线段的标量长度。

内积的另一种较为熟悉的表示方式为

$$\boldsymbol{A}\cdot\boldsymbol{B} = |\boldsymbol{A}||\boldsymbol{B}|\cos(\alpha) \tag{8-1}$$

换句话说，$\boldsymbol{A}$与$\boldsymbol{B}$的内积等于$\boldsymbol{A}$到$\boldsymbol{B}$的投影长度乘以$\boldsymbol{B}$的模，再进一步，如果假设$\boldsymbol{B}$的模为1，即让

$$|\boldsymbol{B}| = 1$$

即式（8-1）可变为

$$\boldsymbol{A}\cdot\boldsymbol{B} = |\boldsymbol{A}|\cos(\alpha)$$

从而可得出结论：设向量$\boldsymbol{B}$的模为1，则$\boldsymbol{A}$与$\boldsymbol{B}$的内积值等于$\boldsymbol{A}$向$\boldsymbol{B}$所在直线投影的矢量长度。

8.3.2 基

一个二维向量可以对应二维笛卡儿直角坐标系中从原点出发的一条有向线段，如图8-2所示的向量。

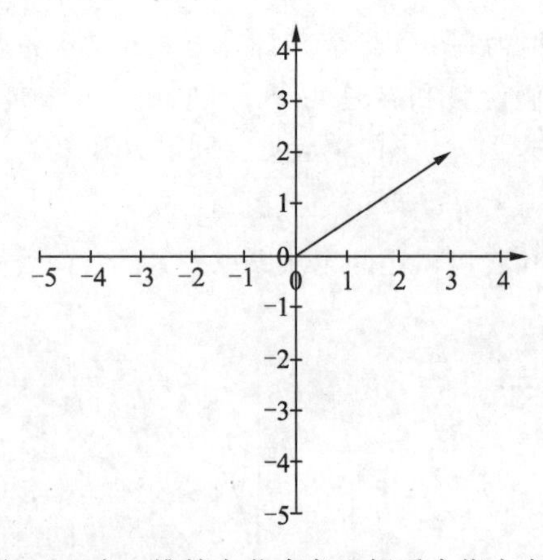

图8-2　在二维笛卡儿直角坐标系中指定向量

在代数表示上，经常使用线段终点的点的坐标表示向量，如图8-2中的向量可以表示为（3,2）。这里的坐标（3,2）实际上表示的是向量在x轴上的投影值为3，在y轴上的投影值为2。也就是说使其隐式引入一个定义：以x轴和y轴上正方向长度为1的向量为标准，那么一个向量（3,2）实际上是说在x轴投影为3而在y轴投影为2。注意投影是一个向量，所以可以为负。

即向量(x,y)实际上表示线性组合

$$x(1,0)^{\mathrm{T}} + y(0,1)^{\mathrm{T}}$$

实质上，所有二维向量都可以表示为这样的线性组合，此处（1,0）和（0,1）叫作二维空间的一组基，如图 8-3 所示。

在数学上，默认以（1,0）和（0,1）为基。实际上，对应于任何一个向量总可以找到其同方向上模为 1 的向量，只要让两个分量分别除以模就好了，如图 8-3 的基就可以变为 ($1/\sqrt{2}$, $1/\sqrt{2}$) 和 ($-1/\sqrt{2}$, $1/\sqrt{2}$)。

现在想获得（3,2）在新基上的坐标，即在两个方向上的投影向量值，那么根据内积的几何意义，只要分别计算（3,2）和两个基的内积，即可得到新的坐标为 ($5/\sqrt{2}$, $-1/\sqrt{2}$)。

图 8-4 给出了新的基及（3,2）在新基上坐标值的示意图。

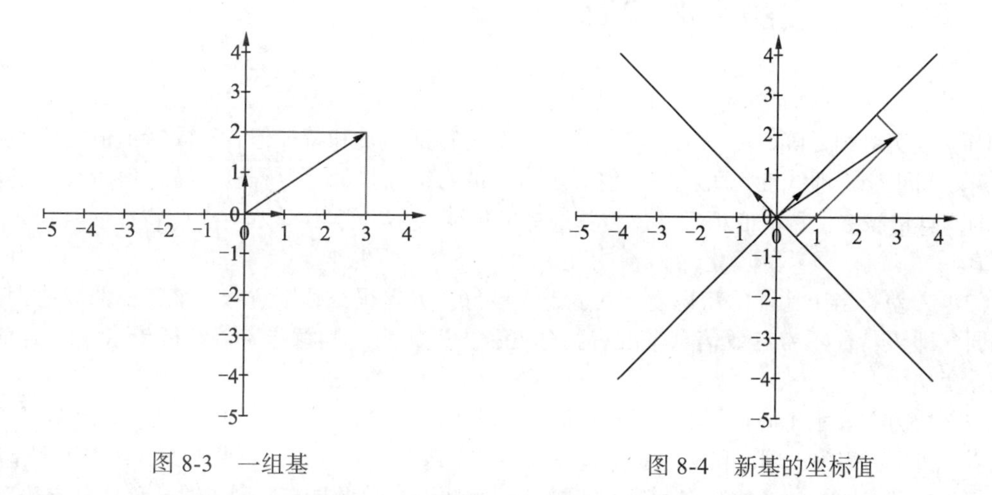

图 8-3　一组基　　　　图 8-4　新基的坐标值

> **注意：**上面列举的基是正交的（即内积为 0），但是可以成为一组基的唯一要求就是线性无关，非正交的基也是可以的。

8.3.3　基变换的矩阵表示

还是以（3,2）基为例，其矩阵形式表示为

$$\begin{pmatrix} \frac{1}{\sqrt{2}} & \frac{1}{\sqrt{2}} \\ -\frac{1}{\sqrt{2}} & \frac{1}{\sqrt{2}} \end{pmatrix}\begin{pmatrix} 3 \\ 2 \end{pmatrix}=\begin{pmatrix} \frac{5}{\sqrt{2}} \\ -\frac{1}{\sqrt{2}} \end{pmatrix}$$

如果有 m 个二维向量，只要将二维向量按照列排成一个两行 m 列的矩阵，然后用“基矩阵”乘以这个矩阵即可。例如，（1,1）、（2,2）、（3,3）想变换到刚才那组基，则可变为

$$\begin{pmatrix} \frac{1}{\sqrt{2}} & \frac{1}{\sqrt{2}} \\ -\frac{1}{\sqrt{2}} & \frac{1}{\sqrt{2}} \end{pmatrix}\begin{pmatrix} 1 & 2 & 3 \\ 1 & 2 & 3 \end{pmatrix}=\begin{pmatrix} \frac{2}{\sqrt{2}} & \frac{4}{\sqrt{2}} & \frac{6}{\sqrt{2}} \\ 0 & 0 & 0 \end{pmatrix}$$

于是一组向量的基变换被表示为矩阵的相乘。

一般地，如果有 M 个 N 维向量，想将其变换为由 R 个 N 维向量表示的新空间中，那么

首先将 R 个基按照行组成矩阵 $\boldsymbol{A}$，然后将向量按照列组成矩阵 $\boldsymbol{B}$，即两个矩阵的乘积 $\boldsymbol{AB}$ 就是变换结果，其中 $\boldsymbol{AB}$ 的第 m 列为 $\boldsymbol{A}$ 中的第 M 列变换后的结果。用数学表示为

$$\begin{pmatrix} \boldsymbol{p}_1 \\ \boldsymbol{p}_2 \\ \vdots \\ \boldsymbol{p}_R \end{pmatrix} (\boldsymbol{a}_1 \quad \boldsymbol{a}_2 \quad \cdots \quad \boldsymbol{a}_M) = \begin{pmatrix} \boldsymbol{p}_1\boldsymbol{a}_1 & \boldsymbol{p}_1\boldsymbol{a}_2 & \cdots & \boldsymbol{p}_1\boldsymbol{a}_M \\ \boldsymbol{p}_2\boldsymbol{a}_1 & \boldsymbol{p}_2\boldsymbol{a}_2 & \cdots & \boldsymbol{p}_2\boldsymbol{a}_M \\ \vdots & \vdots & \ddots & \vdots \\ \boldsymbol{p}_R\boldsymbol{a}_1 & \boldsymbol{p}_R\boldsymbol{a}_2 & \cdots & \boldsymbol{p}_R\boldsymbol{a}_M \end{pmatrix}$$

其中，$\boldsymbol{p}_i$ 为一个向量，表示第 i 个基，$\boldsymbol{a}_j$ 为一个列向量，表示第 j 个原始数据记录。

8.4 PCA 涉及的主要问题

利用 PCA 实现降维涉及的主要问题如下。

（1）对实对称方阵，可以正交对角化，分解为特征向量和特征值，不同特征值对应的特征向量之间正交，即线性无关。特征值表示对应的特征向量的重要程度，特征值越大，代表包含的信息量越多；特征值越小，代表其信息量越少。在等式 $\boldsymbol{Av} = \lambda \boldsymbol{v}$ 中 v 为特征向量，λ 为特征值。

（2）方差相当于特征的辨识度，其值越大越好。方差很小，则意味着该特征的取值大部分相同，即该特征不带有效信息，没有区分度；方差很大，则意味着该特征带有大量信息，有区分度。

（3）协方差表示不同特征之间的相关程序，例如，考察特征 x 和 y 的协方差，如果是正值，则表明 x 和 y 正相关，即 x 和 y 的变化趋势相同，x 越大，y 越大；如果是负值，则表明 x 和 y 负相关，即 x 和 y 的变化趋势相反，x 越小，y 越大；如果是零，则表明 x 和 y 没有关系，是相互独立的。

为计算方便，将特征去均值，设特征 x 的均值为 $\overline{x}$，去均值后的方差为 S，特征 x 和特征 y 的协方差为 $\mathrm{cov}(x, y)$，设样本数为 m，对应的公式分别为

$$\overline{x} = \frac{1}{m}\sum_{i=1}^{m} x_i$$

$$S = \frac{1}{m-1}\sum_{i=1}^{m}(x_i - \overline{x})^2$$

$$\mathrm{cov}(x, y) = E[(x - E(x))(y - E(y))] = \frac{1}{m-1}\sum_{i=1}^{m}(x_i - \overline{x})(y_i - \overline{y})$$

当 $\mathrm{cov}(x, y)=0$ 时，表示特征 x 和 y 完全独立。当有 n 个特征时，引用协方差矩阵表示多个特征之间的相关性，例如，有 3 个特征 x、y、z，协方差矩阵为

$$\mathrm{cov}(x,y,z) = \begin{bmatrix} \mathrm{cov}(x,y) & \mathrm{cov}(x,y) & \mathrm{cov}(x,z) \\ \mathrm{cov}(y,x) & \mathrm{cov}(y,y) & \mathrm{cov}(y,z) \\ \mathrm{cov}(z,x) & \mathrm{cov}(z,y) & \mathrm{cov}(z,z) \end{bmatrix}$$

显然，协方差矩阵是实对称矩阵，其主对角线是各个特征的方差，非对角线是特征间的协方差，根据线性代数的原理，该协方差矩阵可以正交对角化，即可以分解为特征向量和特征值，特征向量之间线性无关，特征值为正数。

8.5　PCA 的优化目标

PCA 降维方法之所以比其他两种降维方法应用广泛，很大原因在于它的优化目标，下面对各优化目标进行介绍。

（1）构造彼此线性无关的新特征。

PCA 的目标之一是新特征之间线性无关，即新特征之间的协方差为 0。其实质是让新特征的协方差矩阵为对角矩阵，对角线为新特征的方差，非对角线元素为 0，用来表示新特征之间的协方差 0，对应的特征向量正交。

基于此目标，求解投影矩阵，具体过程如下。

① 不考虑降维，即维度不改变的情况下，设原始矩阵 $\boldsymbol{X}$ 为 m 个样本，n 维特征，转换后的新矩阵 $\boldsymbol{Y}$ 仍为 m 个样本，n 维特征。

② 首先对 $\boldsymbol{X}$ 和 $\boldsymbol{Y}$ 去均值化，为了简便，仍用 $\boldsymbol{X}$ 和 $\boldsymbol{Y}$ 分别表示均值化的矩阵，此时 $\boldsymbol{X}$ 的协方差矩阵为

$$\boldsymbol{C}=\frac{1}{m-1}\boldsymbol{X}^{\mathrm{T}}\boldsymbol{X}$$

$\boldsymbol{Y}$ 的协方差矩阵为

$$\boldsymbol{C}=\frac{1}{m-1}\boldsymbol{Y}^{\mathrm{T}}\boldsymbol{Y}$$

③ 接着，将 $m\times n$ 阶矩阵 $\boldsymbol{X}$ 变为 $m\times n$ 阶矩阵 $\boldsymbol{Y}$，最简单的是对原始数据进行线性变换：$\boldsymbol{Y}=\boldsymbol{X}\boldsymbol{W}$，其中 $\boldsymbol{W}$ 为投影矩阵，是一组按行组成的 $n\times n$ 矩阵。将公式代入后可得

$$\boldsymbol{C}'=\frac{1}{m-1}\boldsymbol{Y}^{\mathrm{T}}\boldsymbol{Y}=\frac{1}{m-1}(\boldsymbol{X}\boldsymbol{W})^{\mathrm{T}}(\boldsymbol{X}\boldsymbol{W})=\frac{1}{m-1}\boldsymbol{W}^{\mathrm{T}}\boldsymbol{X}^{\mathrm{T}}\boldsymbol{X}\boldsymbol{W}=\boldsymbol{W}^{\mathrm{T}}\boldsymbol{C}'\boldsymbol{W}$$

PCA 的目标之一是新特征之间的协方差为 0，即 $\boldsymbol{C}'$ 为对角矩阵，根据 $\boldsymbol{C}'$ 的计算公式可知，PCA 的目标就转换为计算出 $\boldsymbol{W}$，且 $\boldsymbol{W}$ 应使得 $\boldsymbol{W}^{\mathrm{T}}\boldsymbol{C}\boldsymbol{W}$ 是一个对角矩阵。因为 $\boldsymbol{C}$ 是一个实对称矩阵，所以可以进行特征分解，所求的 $\boldsymbol{W}$ 即特征向量。

（2）选取新特征。

PCA 的目标之二是使最终保留的主成分（即 k 个新特征）具有最大差异性。由于方差表示信息量的大小，可以将协方差矩阵 $\boldsymbol{C}$ 的特征值（方差）从大到小排列，并从中选取 k 个特征，然后将所对应的特征向量组成 $n\times k$ 阶矩阵 $\boldsymbol{W}'$，计算出 $\boldsymbol{X}\boldsymbol{W}'$，作为降维后的数据，此时 n 维数据降低到 k 维。

一般而言，k 值的选取有两种方法。

① 预先设立一个阈值，如 0.95，然后选取使下式成立的最小 k 值：

$$\frac{\sum_{i=1}^{k}\lambda_i}{\sum_{i=1}^{n}\lambda_i}\geqslant 0.95$$

② 通过交叉验证的方式选择较好的 k 值，即降维后，机器学习模型的性能比较好。

8.6 PCA 的求解步骤

经过前面的介绍，整理总结得出 PCA 的求解步骤如下：

输入：m 条样本，特征数为 n 的数据集，即样本数据

$$\boldsymbol{X}=|x_1,x_2,\cdots,x_m|$$

降维到的目标维数为 k。记样本集为矩阵 $\boldsymbol{X}$

$$\boldsymbol{X}=\begin{bmatrix} x_{11} & x_{12} & \cdots & x_{1n} \\ x_{21} & x_{22} & \cdots & x_{2n} \\ \vdots & \vdots & \ddots & \vdots \\ x_{m1} & x_{m2} & \cdots & x_{mn} \end{bmatrix}_{m\times n}$$

其中，每一行代表一个样本，每一列代表一个特征，列号表示特征的维度，共 n 维。

输出：降维后的样本集

$$\boldsymbol{Y}=|y_1,y_2,\cdots,y_m|$$

步骤如下：

第一步，对矩阵去中心化得到新矩阵 $\boldsymbol{X}$，即每一列进行零均值化，也即减去这一列的均值 $\overline{x}_i$，

$$\overline{x}_i=\frac{1}{m}\sum_{j=1}^{m}x_{ji}(i=1,2,\cdots,n)$$

所求 $\boldsymbol{X}$ 仍为 $m\times n$ 阶矩阵

$$\boldsymbol{X}=\begin{bmatrix} x_{11}-\overline{x}_1 & x_{12}-\overline{x}_2 & \cdots & x_{1n}-\overline{x}_n \\ x_{21}-\overline{x}_1 & x_{22}-\overline{x}_2 & \cdots & x_{2n}-\overline{x}_n \\ \vdots & \vdots & \ddots & \vdots \\ x_{m1}-\overline{x}_1 & x_{m2}-\overline{x}_2 & \cdots & x_{mn}-\overline{x}_n \end{bmatrix}_{m\times n}$$

第二步，计算去中心化的矩阵 $\boldsymbol{X}$ 的协方差矩阵

$$\boldsymbol{C}=\frac{1}{m-1}\boldsymbol{X}^{\mathrm{T}}\boldsymbol{X}$$

即 $\boldsymbol{C}$ 为 $n\times n$ 阶矩阵。

第三步，对协方差矩阵 $\boldsymbol{C}$ 进行特征分解，求出协方差矩阵的特征值 λ_k，以及对应的特征向量 $\boldsymbol{v}_k$，即

$$\boldsymbol{C}\boldsymbol{v}_k=\lambda_k\boldsymbol{v}_k$$

第四步，将特征向量按对应特征值从左到右按列降序排列成矩阵，取前 k 列组成矩阵 $\boldsymbol{W}$，即 $n\times k$ 阶矩阵。

第五步，通过 $\boldsymbol{Y}=\boldsymbol{X}\boldsymbol{W}$ 计算降维到 k 维后的样本特征，即 $m\times k$ 阶矩阵。

8.7 PCA 的优缺点与应用场景

PCA 是一种常用的降维方法，用于将高维数据映射到低维空间。它可以帮助发现数据中最重要的特征，并去除其中的噪声，从而简化数据并加快机器学习算法的训练过程。以下是

PCA 方法的一些优缺点。

8.7.1 PCA 方法的优点

PCA 方法的优点主要表现在以下 5 方面。

（1）降维：PCA 可以将高维数据转换为低维数据，减少数据维度，降低存储和计算开销。

（2）特征提取：PCA 可以找到数据中最重要的特征（主成分），这些主成分是原始数据线性组合的结果，能够保留大部分数据的方差信息。

（3）去除噪声：PCA 可以过滤掉数据中的噪声，因为噪声通常包含在数据的低方差主成分中，而 PCA 会保留高方差的主成分。

（4）可解释性：PCA 得到的主成分是原始特征的线性组合，因此可以很好地解释数据的变化情况。

（5）数据可视化：降维后的数据可以更方便地在二维或三维空间中进行可视化展示。

8.7.2 PCA 方法的缺点

PCA 方法也存在相关缺点。

（1）信息损失：PCA 是一种无监督学习方法，它通过最大化方差来选择主成分，但在降维过程中可能会丢失一些重要信息，特别是低方差的主成分往往包含一些有用的局部模式。

（2）非线性问题处理困难：PCA 只能处理线性关系，对于非线性关系的数据降维效果不好。

（3）计算复杂性：PCA 需要计算数据的协方差矩阵，其计算复杂性随数据维度的增加而增加，对于大规模数据集可能较为耗时。

（4）可能不适用于稀疏数据：PCA 在处理稀疏数据时效果可能不佳，因为稀疏数据的协方差矩阵难以准确估计。

（5）主成分含义复杂：PCA 得到的主成分是原始特征的线性组合，可能不易解释，特别是当数据维度较高时，主成分往往难以直观地与实际含义对应。

PCA 是一种简单而有效的降维方法，在很多数据处理和特征提取的场景下有广泛应用。然而，对于一些特定问题，可能需要考虑其他更适合的降维方法，如流形学习等非线性降维方法。

8.7.3 PCA 的应用场景

PCA 是一种常用的降维方法，但它的应用场景不仅限于降维，还可以用于数据预处理、特征提取、去噪等领域。以下是主成分分析方法的一些应用场景。

（1）数据降维：PCA 最常见的应用场景就是将高维数据降低到低维空间。这在数据分析、可视化和机器学习中都非常有用。通过降维，可以减少计算和存储的开销，同时保留数据的主要信息。

（2）特征提取：PCA 可以用于提取数据中最重要的特征。通过找到数据中的主成分，PCA 可以把数据映射到一个新的低维空间，新空间中的特征通常更具代表性，有助于提高后续任务的性能。

（3）去噪：当数据中包含噪声或冗余信息时，PCA 可以过滤掉低方差的主成分，从而去除部分噪声，使得数据更干净，更容易处理。

（4）数据可视化：由于 PCA 能够将高维数据映射到低维空间，因此它常用于数据可视化。通过将数据降维到二维或三维空间，可以更方便地进行数据可视化和分析。

（5）特征融合：在某些情况下，数据可能来自不同的特征集或数据源。PCA 可以用于将这些特征进行融合，从而得到更综合、更具代表性的特征。

（6）信号处理：在信号处理领域，PCA 可以用于提取信号的主要成分，去除噪声和冗余信息，从而帮助提高信号处理的准确性和效率。

（7）图像处理：在图像处理中，PCA 可以用于图像压缩和特征提取。通过 PCA 降低图像维度，可以减少图像的存储空间和传输带宽，同时保留图像中的重要特征。

（8）数据预处理：在机器学习中，PCA 常用于数据预处理的步骤，用于减少特征维度，去除冗余信息，并提高后续机器学习模型的训练效率和准确性。

主成分分析在多个领域都有广泛的应用。然而，对于某些特定问题，其他降维或特征提取方法可能更适合，因此在实际应用中，需要根据具体情况来选择合适的方法。

8.8 PCA 相关函数

在 MATLAB 工具箱，提供了相关函数用于实现 PCA，下面对相关函数进行介绍。

（1）barttest 函数。

barttest 函数的功能是实现主成分的巴特利特检验，巴特利特检验是一种等方差性检验。函数的语法格式如下。

ndim=barttest(X,alpha) 是在显著性水平 alpha 下，给出满足数据矩阵 X 的非随机变量的 n 维模型，ndim 即模型维数，它由一系列假设检验所确定，ndim=1 表明数据 X 对应于每个主成分的方差是相同的；ndim=2 表明数据 X 对应于第二成分及其余成分的方差是相同的。

[ndim,prob,chisquare]=barttest(X,alpha)：返回假设检验概率的显著性值 prob，以及与检验卡方相关的 χ^2 值 chisquare。

【例 8-1】 利用 barttest 函数确定解释非随机数据变化所需的维度。

解析：从多元正态分布中生成一个 20 × 6 的随机数矩阵，其中平均值 mu = [0 0]，协方差 sigma=[1 0.99; 0.99 1]。

```
>> rng default                                          %重复性
mu = [0 0];
sigma = [1 0.99; 0.99 1];
X = mvnrnd(mu,sigma,20);                                %第 1 列和第 2 列
X(:,3:4) = mvnrnd(mu,sigma,20);                         %第 3 列和第 4 列
X(:,5:6) = mvnrnd(mu,sigma,20);                         %第 5 列和第 6 列
%确定解释数据矩阵 X 中非随机变化所需的维数。报告假设检验的显著性值
[ndim, prob] = barttest(X,0.05)
```

运行程序，输出如下：

```
ndim =
     3
prob =
    0.0000
    0.0000
```

```
       0.0000
       0.5148
       0.3370
```

ndim 的返回值表明需要三维来解释 X 的非随机变化。

（2）pca 函数。

pca 函数用于对原始数据进行主成分分析。函数的语法格式如下。

coeff = pca(X)：返回 n × p 数据矩阵 X 的主成分系数，也称为载荷。X 的行对应于观测值，列对应于变量。系数矩阵是 p × p 矩阵。coeff 的每列包含一个主成分的系数，并且这些列按成分方差的降序排列。默认情况下，pca 将数据中心化，并使用奇异值分解（Singular Value Decomposition，SVD）算法。

coeff = pca(X,Name,Value)：使用由一个或多个 Name,Value 对组参数指定的用于计算和处理特殊数据类型的附加选项，返回上述语法中的任何输出参数。

例如，可以指定 pca 返回的主成分数或使用 SVD 以外的其他算法。

[coeff,score,latent] = pca(___)：在 score 中返回主成分分数，在 latent 中返回主成分方差。可以使用上述语法中的任何输入参数。

[coeff,score,latent,tsquared] = pca(___)：返回 X 中每个观测值的 T 方统计量。

[coeff,score,latent,tsquared,explained,mu] = pca(___)：返回 explained（即每个主成分解释的总方差的百分比）和 mu（即 X 中每个变量的估计均值）。

【例 8-2】 计算主成分的系数、分数和方差。

```
>> % 加载样本数据集
load hald                                              % 原料数据有 4 个变量的 13 个观测值
% 计算原料数据的成分的主成分系数、分数和方差
[coeff,score,latent] = pca(ingredients)
coeff =
   -0.0678   -0.6460    0.5673    0.5062
   -0.6785   -0.0200   -0.5440    0.4933
    0.0290    0.7553    0.4036    0.5156
    0.7309   -0.1085   -0.4684    0.4844
score =
   36.8218   -6.8709   -4.5909    0.3967
   29.6073    4.6109   -2.2476   -0.3958
  -12.9818   -4.2049    0.9022   -1.1261
   23.7147   -6.6341    1.8547   -0.3786
   -0.5532   -4.4617   -6.0874    0.1424
  -10.8125   -3.6466    0.9130   -0.1350
  -32.5882    8.9798   -1.6063    0.0818
   22.6064   10.7259    3.2365    0.3243
   -9.2626    8.9854   -0.0169   -0.5437
   -3.2840  -14.1573    7.0465    0.3405
    9.2200   12.3861    3.4283    0.4352
  -25.5849   -2.7817   -0.3867    0.4468
  -26.9032   -2.9310   -2.4455    0.4116
latent =
  517.7969
   67.4964
```

```
   12.4054
    0.2372
```

score 的每列对应一个主成分，向量 latent 存储 4 个主成分的方差。

```
% 重新构造中心化的原料数据
>> Xcentered = score*coeff'
Xcentered =
   -0.4615  -22.1538   -5.7692   30.0000
   -6.4615  -19.1538    3.2308   22.0000
    3.5385    7.8462   -3.7692  -10.0000
    3.5385  -17.1538   -3.7692   17.0000
   -0.4615    3.8462   -5.7692    3.0000
    3.5385    6.8462   -2.7692   -8.0000
   -4.4615   22.8462    5.2308  -24.0000
   -6.4615  -17.1538   10.2308   14.0000
   -5.4615    5.8462    6.2308   -8.0000
   13.5385   -1.1538   -7.7692   -4.0000
   -6.4615   -8.1538   11.2308    4.0000
    3.5385   17.8462   -2.7692  -18.0000
    2.5385   19.8462   -3.7692  -18.0000
```

Xcentered 中的新数据是将原始原料数据对应列减去列均值进行中心化后所得的结果。

```
>> % 在单一图中可视化每个变量的正交主成分系数和每个观测值的主成分分数，如图 8-5 所示
biplot(coeff(:,1:2),'scores',score(:,1:2),'varlabels',{'v_1','v_2','v_3',
'v_4'});
```

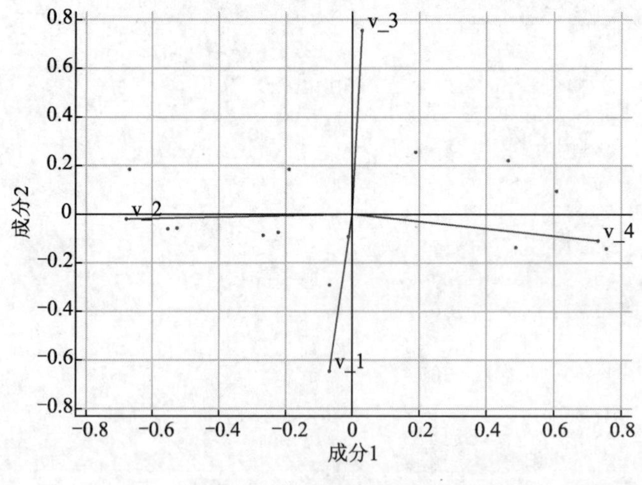

图 8-5　主成分分数图

4 个主成分的方差在图 8-5 中都用向量来表示，向量的方向和长度指示每个变量对图中两个主成分的贡献。例如，位于水平轴上的第一个主成分对于第三个和第四个变量具有正系数。因此，向量 v_3 和 v_4 映射到图的右半部分。第一个主成分中最大的系数是第四个，对应于变量 v_4。第二个主成分位于垂直轴上，对于变量 v_1、v_2 和 v_4 具有负系数，对于变量 v_3 具有正系数。

该二维双标图还包含 13 个观测值的对应点，点在图中的坐标指示了每个观测值的两个主

成分的分数。例如，绘图靠近左边缘的点对第一个主成分的分数最低。这些点基于最大分数值和最大系数长度进行了缩放，因此只能从图中确定其相对位置。

（3）pcacov 函数。

在 MATLAB 中，提供了 pcacov 函数实现协方差矩阵的主成分分析。函数的语法格式如下。

coeff = pcacov(V)：对协方差方阵 V 执行主成分分析，并返回主成分系数（也称为载荷）。

要对标准化变量进行主成分分析，请使用相关矩阵 R = V./(SD*SD')（其中 SD = sqrt(diag(V))）而不是 V。要直接对数据矩阵进行主成分分析，请使用 pca。

[coeff,latent] = pcacov(V)：返回包含主成分方差的向量，即 V 的特征值。

[coeff,latent,explained] = pcacov(V)：返回一个向量，其中包含由每个主成分解释的总方差的百分比。

【例 8-3】对协方差矩阵进行主成分分析。

```
>> % 基于 hald 数据集创建一个协方差矩阵
load hald
covx = cov(ingredients);
% 对 covx 变量进行主成分分析
[coeff,latent,explained] = pcacov(covx)
coeff =
   -0.0678   -0.6460    0.5673    0.5062
   -0.6785   -0.0200   -0.5440    0.4933
    0.0290    0.7553    0.4036    0.5156
    0.7309   -0.1085   -0.4684    0.4844
latent =
  517.7969
   67.4964
   12.4054
    0.2372
explained =
   86.5974
   11.2882
    2.0747
    0.0397
```

从结果可看出，第一个主成分解释的总方差的百分比在 85% 以上，前两个主成分解释总方差的百分比接近 98%。

（4）pcares 函数。

在 MATLAB 中，提供了 pcares 函数求解主成分分析的残差。函数的语法格式如下。

residuals=pcares(X,ndim)：返回保留 X 的 ndim 个主成分所获的残差。注意，ndim 是一个标量，必须小于 X 的列数。而且，X 是数据矩阵，而不是协方差矩阵。

[residuals,reconstructed] = pcares(X,ndim)：返回观测值 reconstructed，即通过保留其第一个 ndim 主成分获得的 X 的近似值。

【例 8-4】利用 pcares 函数求数据主成分的残差。

```
>> load hald
r1 = pcares(ingredients,1);
r2 = pcares(ingredients,2);
```

```
r3 = pcares(ingredients,3);
% 实例显示了随着组件维数从一个增加到三个，hald 数据第一行的残差下降
>> r11 = r1(1,:)
r11 =
    2.0350    2.8304   -6.8378    3.0879
>> r21 = r2(1,:)
r21 =
   -2.4037    2.6930   -1.6482    2.3425
>> r31 = r3(1,:)
r31 =
    0.2008    0.1957    0.2045    0.1921
```

8.9 偏最小二乘回归和主成分回归

在介绍实例前，先对偏最小二乘回归方法进行简单的介绍。

1. 偏最小二乘回归的定义

偏最小二乘回归（Partial Least Squares Regression, PLSR）是一种统计学和机器学习中的多元数据分析方法，特别适用于处理因变量和自变量之间存在多重共线性问题的情况。PLSR 作为一种多元线性回归分析方法，广泛应用于化学、环境科学、生物医学、金融等领域，尤其在高维数据和小样本问题中表现出色。

2. PLSR 的定理

偏最小二乘回归并没有一个专有的定理名称，它的核心思想是寻找新的正交投影方向（主成分），使得投影后的因变量和自变量之间具有最大的协方差，进而建立预测模型。不同于主成分回归（PCR）单纯地对自变量进行降维，PLSR 在降维过程中同时考虑了因变量和自变量的相关性，以期在降低维度的同时最大化预测性能。

3. PLSR 的原理

PLSR 方法分为以下步骤。

（1）提取主成分：首先计算自变量和因变量的协方差矩阵，通过迭代算法提取出第一组主成分，这组主成分既能反映自变量的变化趋势，又能反映因变量的变化趋势。

（2）回归建模：将提取出的主成分作为新的自变量，对因变量进行线性回归建模。

（3）重复迭代：对剩余的自变量残差继续提取新的主成分，并进行回归，直到满足预定的停止准则（如累计解释变异率达到设定阈值或提取的主成分数目达到预设值）。

4. 实例应用

实例说明如何应用偏最小二乘回归和主成分回归，并研究这两种方法的有效性。当存在大量预测变量并且它们高度相关甚至共线时，PLSR 和 PCR 都可以作为建模响应变量的方法。这两种方法都将新的预测变量（称为成分）构建为原始预测变量的线性组合，但它们构建这些成分的方式不同。PCR 创建成分来解释在预测变量中观察到的变异性，而不考虑响应变量。而 PLSR 会考虑响应变量，因此常使模型能够拟合具有更少成分的响应变量。从实际应用上来说，这能否最终转化为更简约的模型要视情况而定。

【例 8-5】偏最小二乘回归和主成分回归实例演示。

具体实现步骤如下。

（1）加载数据。

加载包括 60 个汽油样本组，401 个波长的光频谱强度及其辛烷值的数据集。

```
>> clear all;
>> load spectra
whos NIR octane
  Name          Size                 Bytes  Class     Attributes
  NIR          60x401               192480  double
  octane       60x1                    480  double
>> [dummy,h] = sort(octane);
oldorder = get(gcf,'DefaultAxesColorOrder');
set(gcf,'DefaultAxesColorOrder',jet(60));
plot3(repmat(1:401,60,1)',repmat(octane(h),1,401)',NIR(h,:)');
                                                           %效果如图 8-6 所示
set(gcf,'DefaultAxesColorOrder',oldorder);
xlabel('波长索引'); ylabel('辛烷'); axis('tight');
grid on
```

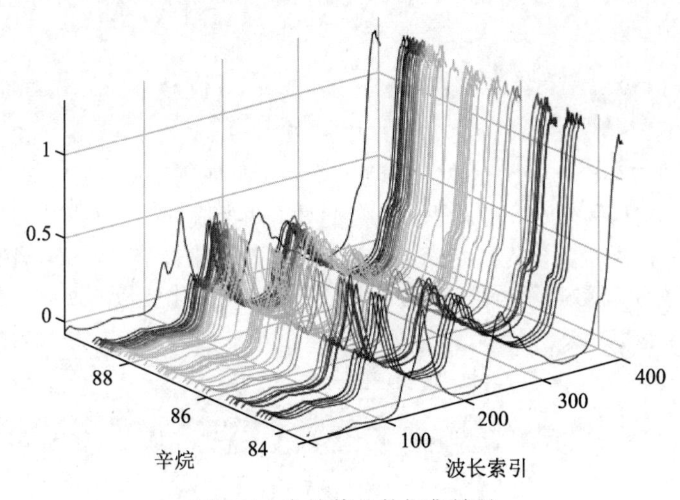

图 8-6　辛烷值的数据集效果

（2）使用两个成分拟合数据。

使用 plsregress 函数来拟合一个具有 10 个 PLSR 成分和一个响应变量的 PLSR 模型。

```
>> X = NIR;
y = octane;
[n,p] = size(X);
[Xloadings,Yloadings,Xscores,Yscores,betaPLS10,PLSPctVar] = plsregress(X,y,10);
```

10 个成分可能超出充分拟合数据所需要的成分数量，但可以根据此拟合的诊断来选择具有更少成分的简单模型。例如，选择成分数量的一种快速方法是将响应变量中解释的方差百分比绘制为成分数量的函数。

```
>> plot(1:10,cumsum(100*PLSPctVar(2,:)),'-bo');        %效果如图 8-7 所示
xlabel('PLSR 分量的数量');
ylabel('Y 中解释的方差百分比');
```

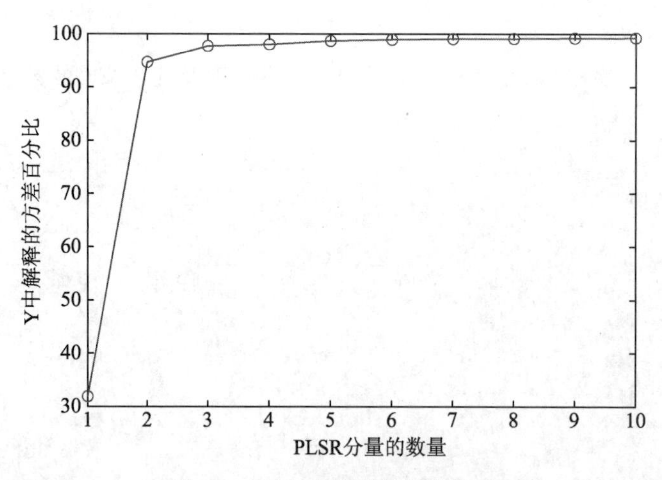

图 8-7　两个成分拟合数据效果

在实际应用中，选择成分数量时可能需要更加谨慎。例如，交叉验证就是一种广泛使用的方法。图 8-7 显示具有两个成分的 PLSR 即能解释观测的 y 中的大部分方差。计算双成分模型的拟合响应值。

```
>> [Xloadings,Yloadings,Xscores,Yscores,betaPLS] = plsregress(X,y,2);
yfitPLS = [ones(n,1) X]*betaPLS;
```

接下来，拟合具有两个主成分的 PCR 模型。第一步是使用 pca 函数对 X 执行主成分分析，并保留两个主成分。然后，PCR 就只是响应变量对这两个成分的线性回归。当不同变量的取值范围有很大差异时，通常应该先按照变量的标准差来归一化每个变量，实例中并没有这样做。为了更易于对比原始频谱数据解释 PCR 结果，对原始未中心化变量的回归系数进行转换。

```
>> [PCALoadings,PCAScores,PCAVar] = pca(X,'Economy',false);
betaPCR = regress(y-mean(y), PCAScores(:,1:2));
>> betaPCR = PCALoadings(:,1:2)*betaPCR;
betaPCR = [mean(y) - mean(X)*betaPCR; betaPCR];
yfitPCR = [ones(n,1) X]*betaPCR;
```

绘制 PLSR 和 PCR 两种方法的拟合响应值对观测响应值的图，如图 8-8 所示。

```
>> plot(y,yfitPLS,'bo',y,yfitPCR,'r^');
xlabel('观测响应');
ylabel('拟合响应');
legend({'含两个成分的 PLSR' '含两个成分的 PCR'}, 'location','NW');
```

图 8-8 中的比较从某种意义上说并不合理：成分数量（两个）是通过观察具有两个成分的 PLSR 模型预测响应变量的效果来选择的，而对于 PCR 模型来说，并无充分理由将其成分数量限制为与 PLSR 一致。但是，在成分数量相同的情况下，PLSR 拟合 y 的效果更好。事实上，观察图 8-8 中拟合值的水平散点图可以看出，两个成分的 PCR 并不比使用常量模型更好。两种回归的 R^2 值证实了这一点。

```
>> TSS = sum((y-mean(y)).^2);
RSS_PLS = sum((y-yfitPLS).^2);
rsquaredPLS = 1 - RSS_PLS/TSS
```

```
rsquaredPLS =
    0.9466
>> RSS_PCR = sum((y-yfitPCR).^2);
rsquaredPCR = 1 - RSS_PCR/TSS
rsquaredPCR =
    0.1962
```

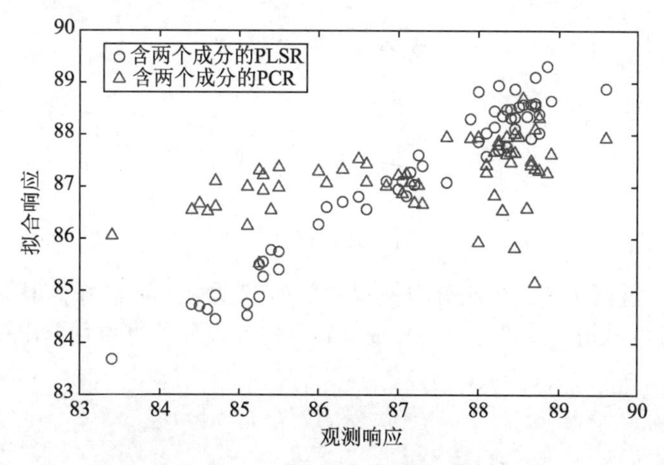

图 8-8　两种方法的拟合响应值对观测响应值

另一种比较两个模型的预测能力的方法是绘制两种情况下响应变量对两个预测变量的图，如图 8-9 所示。

```
>> plot3(Xscores(:,1),Xscores(:,2),y-mean(y),'bo');
legend('PLSR');
grid on; view(-30,30);
```

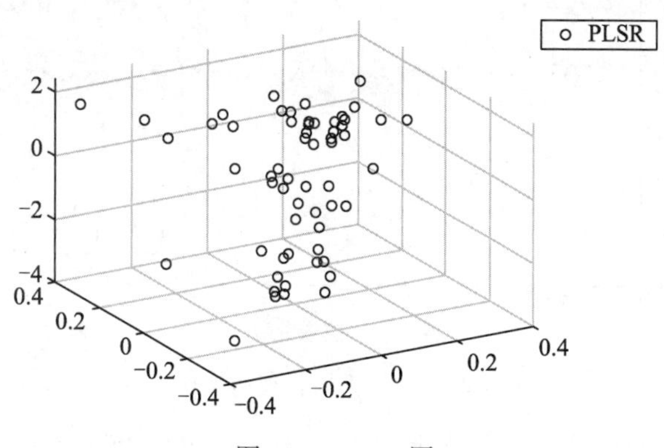

图 8-9　PLSR 图

虽然可能需要交互旋转图形才能明显地看出分布情况，但图 8-9 的 PLSR 图还是显示出点几乎都散布在一个平面上。而下面的 PCR 图(图 8-10)显示一片点云，几乎看不出线性关系。

```
>> plot3(PCAScores(:,1),PCAScores(:,2),y-mean(y),'r^');
legend('PCR');
grid on; view(-30,30);
```

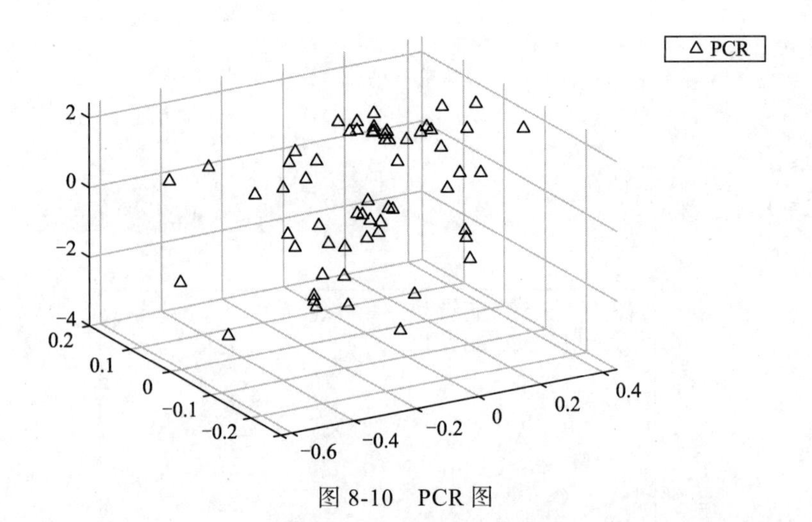

图 8-10　PCR 图

请注意，虽然这两个 PLSR 成分对 y 观测值而言预测效果较好，但图 8-11 显示，相比 PCR 所用的前两个主成分，这两个 PLSR 成分解释的 X 观测值方差百分比较低。

```
>> plot(1:10,100*cumsum(PLSPctVar(1,:)),'b-o',1:10,  ...
100*cumsum(PCAVar(1:10))/sum(PCAVar(1:10)),'r-^');
xlabel('主成分数');
ylabel('方差百分比X');
legend({'PLSR' 'PCR'},'location','SE');
```

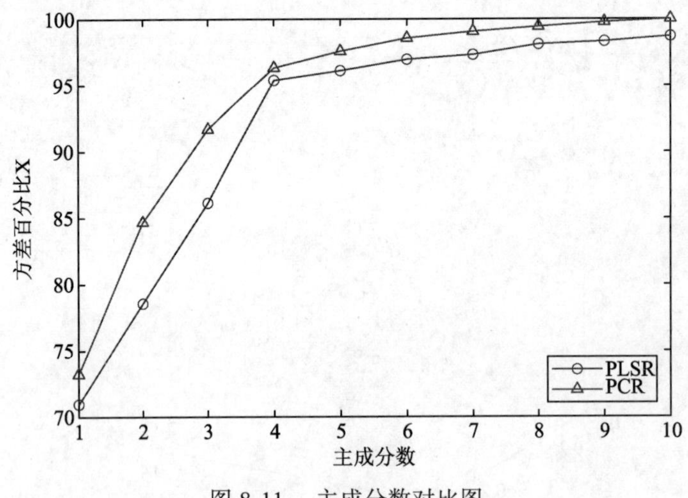

图 8-11　主成分数对比图

PCR 曲线更均匀的事实说明了为什么具有两个成分的 PCR 在拟合 y 方面比 PLSR 差。PCR 构造成分是为了最好地解释 X，因此前两个成分忽略了数据中对拟合观察到的 y 重要的信息。

（3）使用更多成分拟合数据。

在 PCR 中添加更多成分后，它必然可以更好地拟合原始数据 y，因为 X 中的大多数重要预测信息都在某个点出现在主成分中。例如，图 8-12 显示，使用 10 个成分时，两种方法的残差差异远小于使用两个成分时的残差差异。

```
>> yfitPLS10 = [ones(n,1) X]*betaPLS10;
betaPCR10 = regress(y-mean(y), PCAScores(:,1:10));
betaPCR10 = PCALoadings(:,1:10)*betaPCR10;
betaPCR10 = [mean(y) - mean(X)*betaPCR10; betaPCR10];
yfitPCR10 = [ones(n,1) X]*betaPCR10;
plot(y,yfitPLS10,'bo',y,yfitPCR10,'r^');
xlabel('观测响应');
ylabel('拟合响应');
legend({'包含 10 个成分的 PLSR' '包含 10 个成分的 PCR'},'location','NW');
```

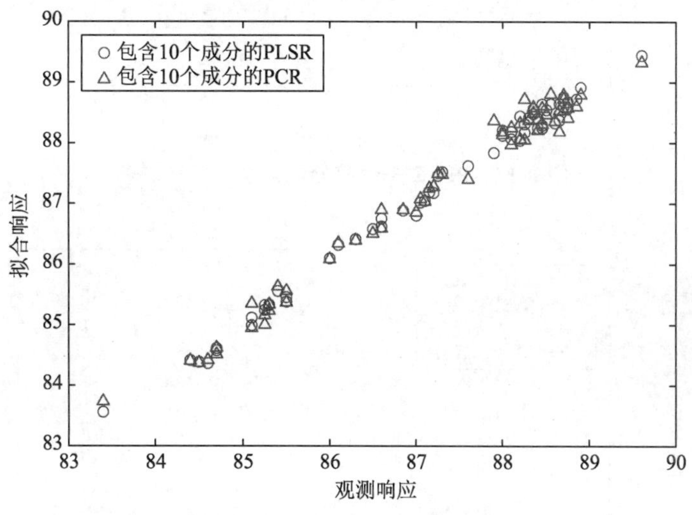

图 8-12　多成分拟合数据效果

虽然 PLSR 拟合的准确度稍高一点，但两个模型都比较准确地拟合了 y。因此，10 个成分对任一模型来说仍然是任意选择的数字。

（4）模型精简。

如果 PCR 需要 4 个成分才能获得与具有 3 个成分的 PLSR 相同的预测精度，是否说明 PLSR 模型更加精简呢？这取决于考虑的是模型的哪个方面。

PLSR 权重是定义 PLS 成分的原始变量的线性组合，即它们描述 PLSR 中的每个成分依赖原始变量的程度和方向，如图 8-13 所示。

```
>> [Xl,Yl,Xs,Ys,beta,pctVar,mse,stats] = plsregress(X,y,3);
plot(1:401,stats.W,'-');
xlabel('变量');
ylabel('PLSR 权重');
legend({'第一个成分' '第二个成分' '第三个成分'},'location','NW');
```

同样，PCA 载荷描述 PCR 中的每个成分依赖原始变量的程度，如图 8-14 所示。

```
>> plot(1:401,PCALoadings(:,1:4),'-');
xlabel('变量');
ylabel('PCA 载荷');
legend({'第一个成分' '第二个成分' '第三个成分' '第四个成分''},'location','NW');
```

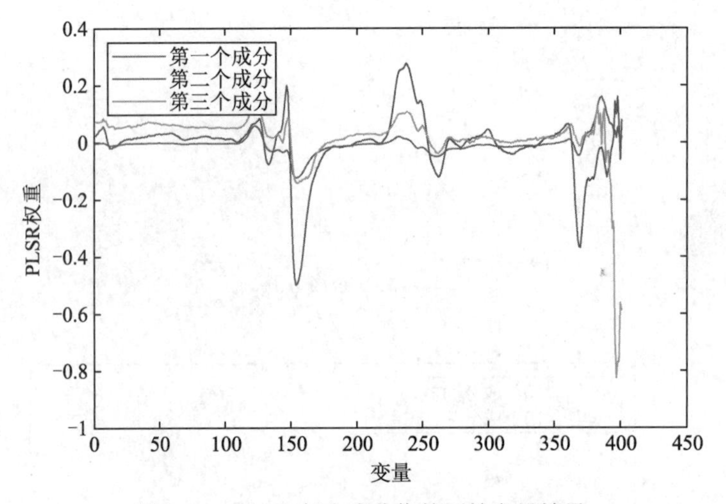

图 8-13 PLSR 每个成分依赖原始变量效果

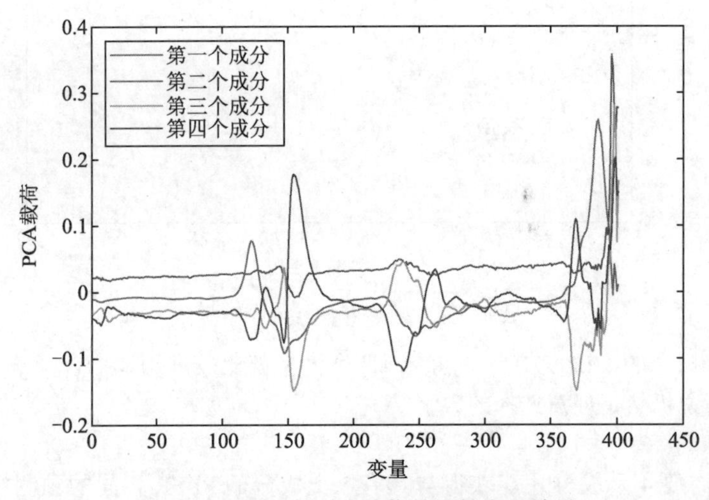

图 8-14 PCA 每个成分依赖原始变量效果

不管是 PLSR 还是 PCR，都可以通过检查哪些变量的权重最大来为每个成分提供一个具有实际意义的解释。例如，利用 Spectra 频谱数据，也许能够从汽油中存在化合物的角度解释强度波峰，然后观察特定成分的权重，从中选出少数几种化合物。从这个角度来说，成分越少越容易解释，而且因为 PLSR 通常需要更少的成分就能充分地预测响应，所以模型更精简。

另外，PLSR 和 PCR 为每个原始预测变量都生成一个回归系数和一个截距。从这个意义上讲，二者都不算精简，因为无论使用多少成分，两个模型都依赖于所有预测变量。然而，最终目的可能是将原始变量集缩减为更小但仍能准确预测响应的子集。

第 9 章

CHAPTER 9

支持向量机分析

支持向量机（Support Vector Machine，SVM）是一类按监督学习方式对数据进行二元分类的广义线性分类器，其决策边界是对学习样本求解的最大边距超平面，可以将问题化为一个求解凸二次规划的问题。与逻辑回归和神经网络相比，支持向量机在学习复杂的非线性方程时提供了一种更清晰、更强大的方式。

具体来说，就是在线性可分时，在原空间寻找两类样本的最优分类超平面；在线性不可分时，加入松弛变量并通过使用非线性映射将低维度输入空间的样本映射到高维度空间使其变为线性可分，这样就可以在该特征空间中寻找最优分类超平面。

9.1 线性分类

在样本空间中，划分超平面可以通过如下线性方程描述：

$$\boldsymbol{\omega}^{\mathrm{T}} x + b = y$$

类别用 y 表示，数据用 x 表示。其中，y 取值为 1 或 –1，对应不同的类别。但是，为什么会取 1 和 –1 呢？这个标准其实源自逻辑回归（Logistic Regression）。

9.1.1 逻辑回归

逻辑回归的目的是从特征学习一个 0/1 分类模型，而这个模型是将特性的线性组合作为自变量，由于自变量的取值范围是负无穷到正无穷。因此，使用 Logistic 函数（或称 Sigmoid 函数）将自变量映射到 [0,1] 上，映射后的值被认为是属于 y=1 概率。假设函数：

$$h_\theta(\boldsymbol{x}) = g(\boldsymbol{\theta}^{\mathrm{T}}\boldsymbol{x}) = \frac{1}{1+\mathrm{e}^{-\boldsymbol{\theta}^{\mathrm{T}}\boldsymbol{x}}}$$

其中，$\boldsymbol{x}$ 是 n 维特征向量，函数 g 就是 Sigmoid 函数。函数 $g(z) = 1/(1+\mathrm{e}^{-z})$ 的图像如图 9-1 所示。

可以看到，Sigmoid 函数将所有数据都映射到 [0,1] 范围。而假设函数就是特征属性 y=1 的概率

$$P(y=1 \mid x;\theta) = h_\theta(x)$$
$$P(y=0 \mid x;\theta) = 1 - h_\theta(x)$$

当要判别一个新的特征属于哪个类时，只需让 $h_\theta(x)$ 大于 0.5 就是 y=1 的类，反之属于 y=0 类。

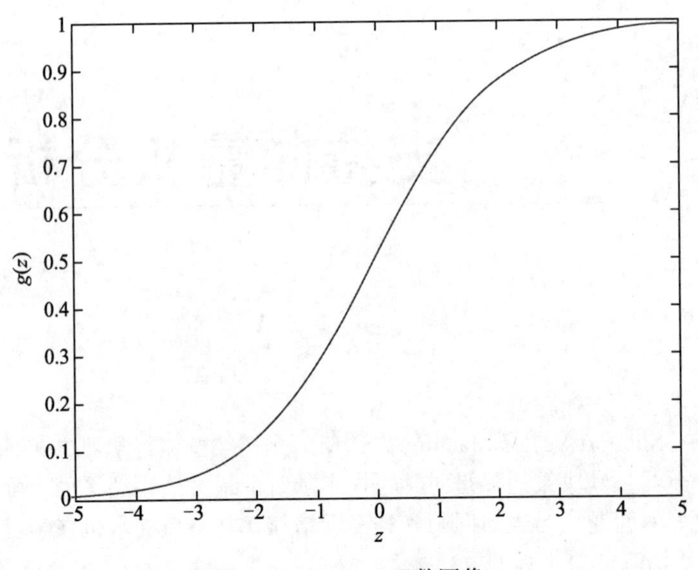

图 9-1　Sigmoid 函数图像

9.1.2　逻辑回归表述 SVM

类似于逻辑回归，在 SVM 中，用 $y\pm1$ 代替逻辑回归中 y=1 和 y=0，用 ω 和 b 代替 θ。未替换前 $\boldsymbol{\theta}^{\mathrm{T}}\boldsymbol{x}=\theta_0+\theta_1x_1+\theta_2x_2+\cdots+\theta_nx_n$，其中认为 x_0=1。替换后 $\theta_1x_1+\theta_2x_2+\cdots+\theta_nx_n$ 为 $\omega_1x_1+\omega_2x_2+\cdots+\omega_nx_n+b$（即 $\boldsymbol{\omega}^{\mathrm{T}}\boldsymbol{x}+b$）。这样，让 $\boldsymbol{\theta}^{\mathrm{T}}\boldsymbol{x}=\boldsymbol{\omega}^{\mathrm{T}}\boldsymbol{x}+b$，进一步有 $h_\theta(x)=g(\boldsymbol{\theta}^{\mathrm{T}}x)=g(\boldsymbol{\omega}^{\mathrm{T}}x+b)$，也就是说除了 y 由 y=0 变为 y=−1，只是标记不同外，与 Logistic 回归的形式化表示没区别。

再假设函数

$$h_{\omega,b}(\boldsymbol{x})=g(\boldsymbol{\omega}^{\mathrm{T}}\boldsymbol{x}+b)$$

只需要考虑 $\boldsymbol{\theta}^{\mathrm{T}}\boldsymbol{x}$ 的正负问题，而不用关心 $g(z)$，因此将 $g(z)$ 简化，将其简单映射到 y=−1 和 y=1 上。映射关系为

$$g(z)=\begin{cases}1, & z\geqslant 0\\ -1, & z<0\end{cases}$$

9.1.3　线性分类简单实例

下面举个简单的例子（硬间隔），一个二维平面（一个超平面，在二维空间中的例子是一条直线），如图 9-2 所示，平面上有两种不同的点，分别用两种不同的颜色表示：一种为红色的点（直线上方），另一种为蓝色的点（直线下方），直线表示一个可行的直平面。

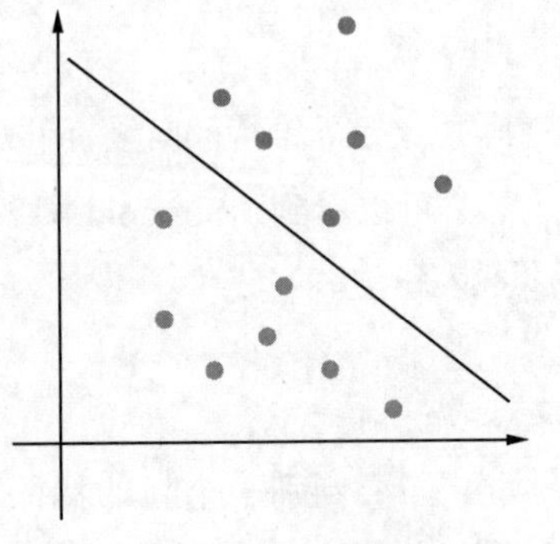

图 9-2　二维平面

从图 9-2 中可以看出，一条红色的线把红色的点和蓝色的点分开了。而这条红色的线就是超平面，也就是说，这个超平面的确把这两种不同颜色的数据点分隔开来，在超平面

彩色图片

一边的数据点所对应的全是 –1，而在另一边全是 1。

接着，可令分类函数

$$f(x) = \boldsymbol{\omega}^{\mathrm{T}}\boldsymbol{x} + b$$

显然，如果 $f(\boldsymbol{x}) = 0$，那么 $\boldsymbol{x}$ 是位于超平面上的点。

如图 9-3 所示，距离超平面最近的几个训练样本点使得 $\hat{\gamma} = y(\boldsymbol{\omega}^{\mathrm{T}}\boldsymbol{x} + b) = yf(\boldsymbol{x})$ 为 1，这些样本点称为支持向量（Support Vector），找到有最大间隔的划分超平面，也就是使函数最大化，要求满足条件（s.t. 意为 subject to）即使得函数最小化。这就是支持向量机的基本型。

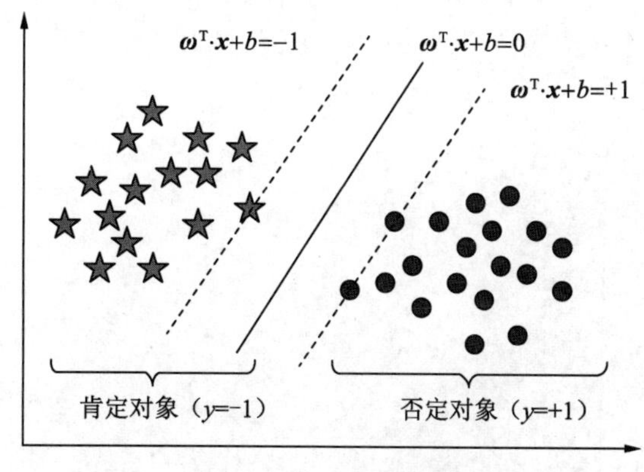

图 9-3　超平面

9.2　硬间隔

只考虑二分类问题，假设有 n 个训练点 x_i，每个训练点有一个指标 y_i。训练集即 $T = \{(x_1, y_1), (x_2, y_2), \cdots, (x_n, y_n)\}$，其中，$x_i \in R_N$ 为输入变量，其分量称为特征或属性，$y_i \in Y = \{1, -1\}$ 是输出指标。问题是给定新的输入 $\boldsymbol{x}$，如何推断它的输出 y 是 1 还是 –1。处理方法是找到一个函数 $g: R_N \to \mathbf{R}$，然后定义下面的决策函数实现输出。

$$f(\boldsymbol{x}) = \mathrm{sgn}(g(\boldsymbol{x}))$$

其中，sgn(*z*) 为符号函数，也就是当 $z \geqslant 0$ 时，sgn(*z*) 取值 +1，否则取值 –1。确定 g 的算法称为分类机。如果 $g(\boldsymbol{x}) = \boldsymbol{\omega}^{\mathrm{T}}\boldsymbol{x} + b$，则确定 $\boldsymbol{\omega}$ 和 b 的算法称为线性分类机。

考虑训练集 T，如果存在 $\boldsymbol{\omega} \in R^n$，$b \in \mathbf{R}$ 和 $\varepsilon > 0$ 使得对所有的 $y_i = 1$ 的指标 i，有 $\boldsymbol{\omega}^{\mathrm{T}} x_i + b \geqslant \varepsilon$；而对所有的 $y_j = -1$ 的指标 j，有 $\boldsymbol{\omega}^{\mathrm{T}} x_j + b \leqslant \varepsilon$，则称训练集 T 线性可分。几种常见的数据分类情况如图 9-4 所示。

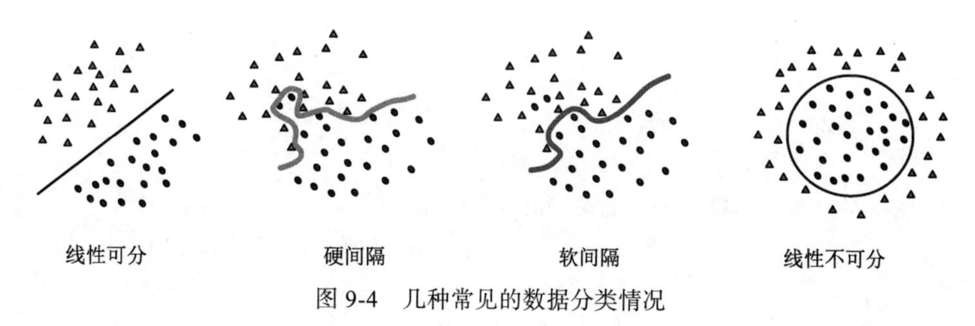

图 9-4　几种常见的数据分类情况

9.2.1 求解间隔

怎样进行间隔求解呢？下面从 3 方面进行介绍。

1. 求解目的

假设两类数据可以被 $H=\{x:\boldsymbol{\omega}^{\mathrm{T}}\boldsymbol{x}+b\geqslant\varepsilon\}$ 分离，垂直于法向量 $\boldsymbol{\omega}$，移动 H 直至碰到某个训练点，可以得到两个超平面 H_1 和 H_2，两个平面称为支撑超平面，它们分别支撑两类数据。而位于 H_1 和 H_2 正中间的超平面是分离这两类数据最好的选择。

如图 9-5 所示，法向量 $\boldsymbol{\omega}$ 有很多种选择，超平面 H_1 和 H_2 之间的距离称为间隔，这个间隔是 $\boldsymbol{\omega}$ 的函数，目的就是寻找这样的 $\boldsymbol{\omega}$ 使得间隔达到最大。

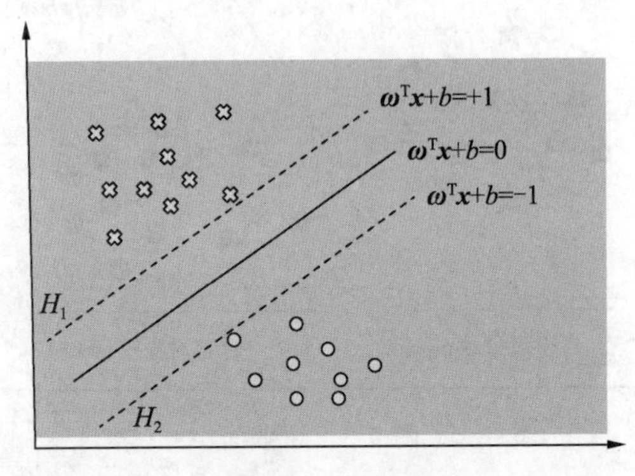

图 9-5 法向量

2. 几何距离

假设划分超平面的线性方程为 $\boldsymbol{\omega}^{\mathrm{T}}\boldsymbol{x}+b=0$，其中 $\boldsymbol{\omega}=(\omega_1,\omega_2,\cdots,\omega_n)$ 为法向量，决定了超平面的方向；b 为位移项，决定了超平面与原点之间的距离。显然划分超平面可被法向量 $\boldsymbol{\omega}$ 和位移 b 决定。

（1）样本到超平面 $\boldsymbol{\omega}^{\mathrm{T}}\boldsymbol{x}+b=0$ 的距离：$r=\dfrac{|\boldsymbol{\omega}^{\mathrm{T}}x_i+b|}{\|\boldsymbol{\omega}\|}=\dfrac{y_i(\boldsymbol{\omega}^{\mathrm{T}}x_i+b)}{\|\boldsymbol{\omega}\|}$

（2）样本集到超平面 $\boldsymbol{\omega}^{\mathrm{T}}\boldsymbol{x}+b=0$ 的距离：$\rho=\min\limits_{(x_i,y_i)\in S}\dfrac{y_i(\boldsymbol{\omega}^{\mathrm{T}}x_i+b)}{\|\boldsymbol{\omega}\|}=\dfrac{a}{\|\boldsymbol{\omega}\|}$

（3）优化目标：$\max\limits_{\omega,b}\dfrac{a}{\|\boldsymbol{\omega}\|}$

$$\text{s.t.}\quad y_i(\boldsymbol{\omega}^{\mathrm{T}}x_i+b)\geqslant a,\forall i$$

令 $\hat{\boldsymbol{\omega}}=\dfrac{\boldsymbol{\omega}}{a}$，$\hat{b}=\dfrac{b}{a}$，则

（1）优化目标转换为 $\max\limits_{\omega,b}\dfrac{1}{\|\hat{\boldsymbol{\omega}}\|}$

$$\text{s.t.}\quad y_i(\hat{\boldsymbol{\omega}}^{\mathrm{T}}x_i+\hat{b})\geqslant 1,\forall i$$

（2）转换后的目标函数不会影响模型的预测性能：

$$h(\boldsymbol{x})=\operatorname{sgn}(\boldsymbol{\omega}^{\mathrm{T}}\boldsymbol{x}+b)=\operatorname{sgn}(a\hat{\boldsymbol{\omega}}^{\mathrm{T}}\boldsymbol{x}+a\hat{b})=\operatorname{sgn}(\hat{\boldsymbol{\omega}}^{\mathrm{T}}\boldsymbol{x}+\hat{b})\cong\hat{h}(\boldsymbol{x})(a>0)$$

为后续求导方便，改进为

$$\max_{\omega,b} \frac{2}{\|\hat{\boldsymbol{\omega}}\|}$$

$$\text{s.t.} \quad y_i(\hat{\boldsymbol{\omega}}^{\mathrm{T}} x_i + \hat{b}) \geqslant 1, \forall i$$

改进的原因在于：求 $\boldsymbol{x}$ 的最大值等同于求解 $2x$ 的最大值。

假设超平面 $\boldsymbol{\omega}^{\mathrm{T}}\boldsymbol{x} + b = 0$ 能将训练样本正确分类，即 $a = 1$，对于 $(x_i, y_i) \in D$，则有

$$\begin{cases} \boldsymbol{\omega}^{\mathrm{T}} x_i + b \geqslant +1, & y = +1 \\ \boldsymbol{\omega}^{\mathrm{T}} x_i + b \leqslant -1, & y = -1 \end{cases}$$

距离超平面最近的这几个训练样本点使上述不等式中等号可以成立，被称为支持向量，两个异类支持向量到超平面距离之和为 $2/\|\hat{\boldsymbol{\omega}}\|$。

3. 最大化间隔

为了方便后续用 $\boldsymbol{\omega}$ 当作 $\hat{\boldsymbol{\omega}}$，因此最大间隔问题就是求解一个凸二次规划问题：

$$\max_{\omega,b} \frac{2}{\|\boldsymbol{\omega}\|}$$

$$\text{s.t.} \quad y_i(\boldsymbol{\omega}^{\mathrm{T}} x_i + b) \geqslant 1，i = 1, 2, \cdots, n$$

显然，为了最大化间隔，仅需要最大化 $\|\boldsymbol{\omega}\|^{-1}$，这等价于最小化 $\|\boldsymbol{\omega}\|^2$。于是上式可写为

$$\max_{\omega,b} \frac{1}{2}\|\boldsymbol{\omega}\|^2$$

$$\text{s.t.} \quad y_i(\boldsymbol{\omega}^{\mathrm{T}} x_i + b) \geqslant 1，i = 1, 2, \cdots, n$$

这是支持向量机的基本型。

9.2.2　拉格朗日乘数法

对多元函数求极值问题时，通过引入拉格朗日乘数 a 个变量的 b 个约束条件的问题转换为 $a+b$ 个变量无约束的问题，然后优化求解。这时应该考虑约束条件，约束条件一般分为等式约束和不等式约束两种。

1. 等式约束

有目标函数和约束条件：

$$\min f(\boldsymbol{x})$$

$$\text{s.t.} \quad g(\boldsymbol{x}) = 0$$

即定义拉格朗日函数：

$$L(\boldsymbol{x}, \lambda) = f(\boldsymbol{x}) + \lambda g(\boldsymbol{x})$$

分别对 $L(\boldsymbol{x}, \lambda)$ 的 $\boldsymbol{x}, \lambda$ 的偏导置零，将变量转换为条件，目标其实就是求 $L(\boldsymbol{x}, \lambda)$ 的极值。

2. 不等式约束

有目标函数和约束条件：

$$\min f(\boldsymbol{x})$$

$$\text{s.t.} \quad g(\boldsymbol{x}) \leqslant 0$$

约束条件转化为 KKT 条件：

$$\begin{cases} g(\boldsymbol{x}) \leqslant 0 \\ \lambda \geqslant 0 \\ \lambda g(\boldsymbol{x}) = 0 \end{cases}$$

求极值问题转换为在 KKT 条件下求解 $L(\boldsymbol{x},\lambda)$ 的最小值。

9.2.3 对偶问题

利用拉格朗日优化方法可以把 9.2.1 节中的最大间隔问题转换为比较简单的对偶问题，定义凸二次规划的拉格朗日函数：

$$L(\boldsymbol{\omega},b,a)=\frac{1}{2}\|\boldsymbol{\omega}\|^2-\sum_{i=1}^{n}a_i[y_i(\boldsymbol{\omega}^{\mathrm{T}}\boldsymbol{x}_i+b)-1]$$

其中，$a=(a_1,a_2,\cdots,a_n)$ 为拉格朗日乘子且 $a_i \geqslant 0$ 。令 $L(\boldsymbol{\omega},b,a)$ 对 $\boldsymbol{\omega}$ 和 b 的偏导为 0。即

$$\frac{\partial L}{\partial \boldsymbol{\omega}}=0 \rightarrow \boldsymbol{\omega}=\sum_{i=1}^{n}a_i y_i \boldsymbol{x}_i$$

$$\frac{\partial L}{\partial b}=0 \rightarrow \sum_{i=1}^{n}a_i y_i=0$$

$$\forall i，\ a_i[y_i(\boldsymbol{\omega}^{\mathrm{T}}\boldsymbol{x}_i+b)-1]=0(\text{约束条件})$$

将结果代入 $L(\boldsymbol{\omega},b,a)=\frac{1}{2}\|\boldsymbol{\omega}\|^2-\sum_{i=1}^{n}a_i[y_i(\boldsymbol{\omega}^{\mathrm{T}}\boldsymbol{x}_i+b)-1]$ 中可将 ω 和 b 消除，得到：

$$\begin{aligned}\inf_{\omega,b} L(\boldsymbol{\omega},b,a)&=\frac{1}{2}\boldsymbol{\omega}^{\mathrm{T}}\boldsymbol{\omega}+\sum_{i=1}^{m}a_i-\sum_{i=1}^{m}a_i y_i \boldsymbol{\omega}^{\mathrm{T}}\boldsymbol{x}_i-\sum_{i=1}^{m}a_i y_i b\\ &=\frac{1}{2}\boldsymbol{\omega}^{\mathrm{T}}\sum_{i=1}^{m}a_i y_i \boldsymbol{x}_i-\boldsymbol{\omega}^{\mathrm{T}}\sum_{i=1}^{m}a_i y_i \boldsymbol{x}_i+\sum_{i=1}^{m}a_i-b\sum_{i=1}^{m}a_i y_i\\ &=-\frac{1}{2}\boldsymbol{\omega}^{\mathrm{T}}\sum_{i=1}^{m}a_i y_i \boldsymbol{x}_i+\sum_{i=1}^{m}a_i-b\sum_{i=1}^{m}a_i y_i\end{aligned}$$

由于 $\sum_{i=1}^{m}a_i y_i=0$ ，所以上式最后一项可化为 0，于是得

$$\begin{aligned}\inf_{\omega,b} L(\omega,b,a)&=-\frac{1}{2}\boldsymbol{\omega}^{\mathrm{T}}\sum_{i=1}^{m}a_i y_i \boldsymbol{x}_i+\sum_{i=1}^{m}a_i\\ &=-\frac{1}{2}\left(\sum_{i=1}^{m}a_i y_i \boldsymbol{x}_i\right)^{\mathrm{T}}\sum_{i=1}^{m}a_i y_i \boldsymbol{x}_i+\sum_{i=1}^{m}a_i\\ &=-\frac{1}{2}\sum_{i=1}^{m}a_i y_i \boldsymbol{x}_i^{\mathrm{T}}\sum_{i=1}^{m}a_i y_i \boldsymbol{x}_i+\sum_{i=1}^{m}a_i\\ &=\sum_{i=1}^{m}a_i-\frac{1}{2}\sum_{i=1}^{m}\sum_{j=1}^{m}a_i a_j y_i y_j \boldsymbol{x}_i^{\mathrm{T}}\boldsymbol{x}_j\end{aligned}$$

可得

$$\max_{a}\sum_{i=1}^{m}a_i-\frac{1}{2}\sum_{i=1}^{n}\sum_{j=1}^{n}a_i a_j y_i y_j \boldsymbol{x}_i^{\mathrm{T}}\boldsymbol{x}_j$$

$$\text{s.t.}\quad \begin{cases}\sum_{i=1}^{n}y_i a_i=0\\ a>0\end{cases}$$

其中，$\sum_{i=1}^{n} y_i a_i = 0$ 为 $L(\omega,b,a)$ 对 b 的偏导为 0 的结果，作为约束。

这是一个不等式约束下的二次函数极值问题，存在唯一解。根据 KKT 条件，解中将只有一部分不为 0，这些不为 0 的解所对应的样本就是支持向量。

假设 a^* 是凸二次规划问题的最优解，则 $a^* \neq 0$。假设 $a^* > 0$，按下面方式计算出的解为原问题的唯一最优解：

$$\omega^* = \sum_{i=1}^{n} a_i^* y_i \boldsymbol{x}_i$$

$$b^* = y_i - \sum_{i=1}^{n} a_i^* y_i \boldsymbol{x}_i^{\mathrm{T}} \boldsymbol{x}_i$$

9.2.4　软间隔

在支持向量机中，除了硬间隔还有软间隔，下面对与软间隔相关的内容进行介绍。

1. 松弛变量

线性不可分指部分训练样本不能满足 $y_i(\boldsymbol{\omega}^{\mathrm{T}} x_i + b) \geqslant 1$ 的条件。由于原本的优化问题的表达式要考虑所有的样本点，在此基础上寻找正负类之间的最大几何间隔，而几何间隔本身代表的是距离，是非负的，像这样有噪声的情况会使整个问题无解。

解决办法比较简单，即利用松弛变量允许一些点到分类平面的距离不满足原先的要求。具体约束条件中增加一个松弛项参数 $\varepsilon_i \geqslant 0$，变成

$$y_i(\boldsymbol{\omega}^{\mathrm{T}} \boldsymbol{x}_i + b) \geqslant 1 - \varepsilon_i, \quad i = 1,2,\cdots,n$$

显然，当 $\varepsilon_i(\varepsilon_i \geqslant 0)$ 足够大时，训练点就可以满足以上条件。虽然得到的分类间隔越大越好，但需要避免 ε_i 取太大的值。所以在目标函数中加入惩罚参数 C，得到下面的优化问题：

$$\min \frac{1}{2}\|\boldsymbol{\omega}\|^2 + C\sum_{i=1}^{n} \varepsilon_i$$

$$\text{s.t.} \quad \begin{cases} y_i(\boldsymbol{\omega}^{\mathrm{T}} \boldsymbol{x}_i + b) \geqslant 1 - \varepsilon_i, & i = 1,2,\cdots,n \\ \varepsilon_i \geqslant 0, & i = 1,2,\cdots,n \end{cases}$$

其中，$\varepsilon_i \in R^n$。目标函数意味着既要最小化 $\|\boldsymbol{\omega}\|^2$（即最大间隔化），又要最小化 $\sum_{i=1}^{n} \varepsilon_i$ [即约束条件的 $y_i(\boldsymbol{\omega}^{\mathrm{T}} \boldsymbol{x}_i + b) \geqslant 1$ 的破坏程度]，参数 C 体现了两者总体的一个权衡。

2. 优化问题

求解这一优化问题的方法与求解线性问题最优分类超平面时所用的方法几乎相同，都是转换为一个二次函数极值问题，只是在凸二次规划中条件变为 $0 \leqslant a_i \leqslant C,\ i = 1,2,\cdots,n$。

定义拉格朗日函数

$$L(\boldsymbol{\omega},b,a,\varepsilon,\beta) = \frac{1}{2}\|\boldsymbol{\omega}\|^2 + C\sum_{i=1}^{n} \varepsilon_i + \sum_{i=1}^{n} a_i[1 - \varepsilon_i - y_i(\boldsymbol{\omega}^{\mathrm{T}} x_{i1} + b)] - \sum_{i=1}^{n} \beta_i \varepsilon_i$$

其中，$a_i \geqslant 0$，$\beta_i \geqslant 0$ 为拉格朗日乘子。

令 $L(\boldsymbol{\omega},b,a,\varepsilon,\beta)$ 对 $\boldsymbol{\omega},b,\varepsilon$ 求偏导为 0，可得

$$\frac{\partial L}{\partial \boldsymbol{\omega}}=0 \rightarrow \boldsymbol{\omega}=\sum_{i=1}^{n} a_i y_i \boldsymbol{x}_i$$

$$\frac{\partial L}{\partial b}=0 \rightarrow \sum_{i=1}^{n} a_i y_i=0$$

$$\frac{\partial L}{\partial \varepsilon}=0 \rightarrow C=a_i+\beta_i$$

代入拉格朗日函数，可以消除 $\boldsymbol{\omega}, b$，再消去 β_i 得到对偶问题：

$$\begin{aligned}
L(\boldsymbol{\omega}, b, a, \varepsilon, \beta) &= \frac{1}{2}\|\boldsymbol{\omega}\|^2+C\sum_{i=1}^{n}\varepsilon_i+\sum_{i=1}^{n}a_i[1-\varepsilon_i-y_i(\boldsymbol{\omega}^{\mathrm{T}}\boldsymbol{x}+b)]-\sum_{i=1}^{n}\beta_i\varepsilon_i \\
&= \frac{1}{2}\|\boldsymbol{\omega}\|^2+\sum_{i=1}^{n}a_i[1-y_i(\boldsymbol{\omega}^{\mathrm{T}}\boldsymbol{x}+b)]+C\sum_{i=1}^{n}\varepsilon_i-\sum_{i=1}^{n}a_i\varepsilon_i-\sum_{i=1}^{n}\beta_i\varepsilon_i \\
&= \frac{1}{2}\boldsymbol{\omega}^{\mathrm{T}}\boldsymbol{\omega}+\sum_{i=1}^{n}a_i-\sum_{i=1}^{n}a_i y_i\boldsymbol{\omega}^{\mathrm{T}}\boldsymbol{x}_i-\sum_{i=1}^{n}a_i y_i b+C\sum_{i=1}^{n}\varepsilon_i-\sum_{i=1}^{n}a_i\varepsilon_i-\sum_{i=1}^{n}\beta_i\varepsilon_i \\
&= \frac{1}{2}\boldsymbol{\omega}^{\mathrm{T}}\sum_{i=1}^{n}a_i y_i\boldsymbol{x}_i-\boldsymbol{\omega}^{\mathrm{T}}\sum_{i=1}^{n}a_i y_i\boldsymbol{x}_i+\sum_{i=1}^{n}a_i-b\sum_{i=1}^{n}a_i y_i+C\sum_{i=1}^{n}\varepsilon_i-\sum_{i=1}^{n}a_i\varepsilon_i-\sum_{i=1}^{n}\beta_i\varepsilon_i \\
&= -\frac{1}{2}\sum_{i=1}^{n}a_i y_i\boldsymbol{x}_i^{\mathrm{T}}\sum_{i=1}^{n}a_i y_i\boldsymbol{x}_i+\sum_{i=1}^{n}a_i-b\sum_{i=1}^{n}a_i y_i+C\sum_{i=1}^{n}\varepsilon_i-\sum_{i=1}^{n}a_i\varepsilon_i-\sum_{i=1}^{n}\beta_i\varepsilon_i \\
&= -\frac{1}{2}\sum_{i=1}^{n}a_i y_i\boldsymbol{x}_i^{\mathrm{T}}\sum_{i=1}^{n}a_i y_i\boldsymbol{x}_i+\sum_{i=1}^{n}a_i+C\sum_{i=1}^{n}\varepsilon_i-\sum_{i=1}^{n}a_i\varepsilon_i-\sum_{i=1}^{n}\beta_i\varepsilon_i \\
&= -\frac{1}{2}\sum_{i=1}^{n}a_i y_i\boldsymbol{x}_i^{\mathrm{T}}\sum_{i=1}^{n}a_i y_i\boldsymbol{x}_i+\sum_{i=1}^{n}a_i+(C-a_i-\beta_i)\sum_{i=1}^{n}\varepsilon_i \\
&= \sum_{i=1}^{n}a_i-\frac{1}{2}\sum_{i=1}^{n}\sum_{j=1}^{n}a_i a_j y_i y_j\boldsymbol{x}_i^{\mathrm{T}}\boldsymbol{x}_j
\end{aligned}$$

对偶问题为

$$\max_{a}\sum_{i=1}^{n}a_i-\frac{1}{2}\sum_{i=1}^{n}\sum_{j=1}^{n}a_i a_j y_i y_j\boldsymbol{x}_i^{\mathrm{T}}\boldsymbol{x}_j$$

$$\text{s.t.}\begin{cases}\sum\limits_{i=1}^{n}a_i y_i=0\\ 0<a<C,\quad i=1,2,\cdots,n\end{cases}$$

假设 a^* 是凸二次规划问题的最优解，则 $a^*\neq 0$。假设 $a^*>0$，按下面方式计算出的解为原问题的唯一最优解：

$$\boldsymbol{\omega}^*=\sum_{i=1}^{n}a_i^* y_i\boldsymbol{x}_i$$

在KKT条件下希望代入一个支持向量的值来求出 b^*，可利用自由支持向量来求出 b^* 的值。

- ❑ $0<a^*<C$ 时，可以通过式 $b^*=y_i-\sum_{i=1}^{n}a^* y_i\boldsymbol{x}_i^{\mathrm{T}}x_i$ 计算。
- ❑ $a^*=0$ 时，无法计算。
- ❑ $a^*=C$ 时，会产生死锁。

9.2.5　核（Kernel）函数

支持向量机算法分类和回归方法中都支持线性和非线性的数据类型。非线性的数据类型通常是二维平面不可分，为了使数据可分，需要通过一个函数将原始数据映射到高维空间，从而使得数据在高维空间很容易区分，这样就达到数据分类或回归的目的，而实现这一目标的函数称为核函数。

1. 核函数的工作原理

当低维空间内的数据线性不可分时，可以通过高位空间实现线性可分。但如果在高维空间内直接进行分类或回归时，则存在确定非线性映射函数的形式和参数问题，而最大的障碍就是高维空间的运算困难且结果不理想。通过核函数可以将高维空间内的点积运算，巧妙转换为低维输入空间内核函数的运算，从而有效解决这一问题。

在支持向量机中，用核函数来替换原来的内积（如图 9-6 所示），使其更高效。

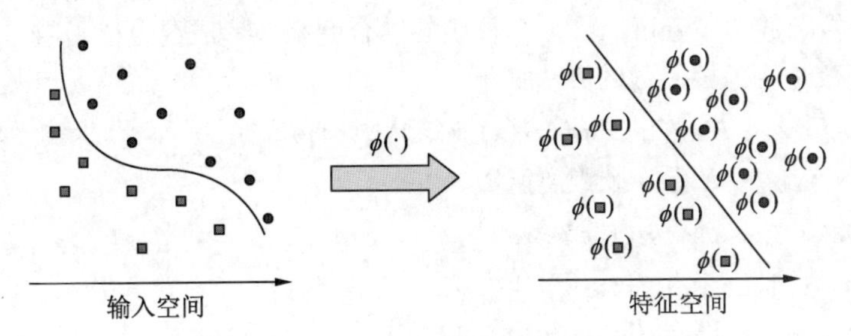

图 9-6　核函数替换内积

替换原理即通过一个非线性转换后的两个样本间的内积。具体地，$K(x,z)$ 是一个核函数，意味着存在一个从输入空间到特征空间的映射，对于任意空间输入的 x,z 有

$$K(x,z)=\phi(x)\cdot\phi(z)$$

线性支持向量机与核支持向量机的区别在于：输入假设集不同。核函数的充分必要条件是核函数为对称半正定矩阵。

2. 常见的核函数

在大多数情况下，并不知道所处理的数据的具体分布，因此很难构造出完全符合输入空间的核函数，常用如下 4 种常用的核函数替换构造核函数。

（1）线性核函数。

线性核，主要用于线性可分的情况，可以看到特征空间到输入空间的维度是一样的，其参数小速度快，对于线性可分数据，其分类效果很理想，因此通常首先尝试用线性核函数来做分类。线性核函数公式为

$$K(x_i,x_j)=x_i^{\mathrm{T}}x_j$$

（2）多项式核函数。

多项式核函数可以实现将低维的输入空间映射到高维的特征空间，但是多项式核函数的参数多，当多项式的阶数比较高时，核矩阵的元素值将趋于无穷大或者无穷小，计算复杂度会大到无法计算。其公式为

$$K(x_i,x_j)=(x_i^{\mathrm{T}}x_j)^d$$

（3）高斯径向基核函数。

高斯径向基核函数是一种局部性强的核函数，其可以将一个样本映射到一个更高维的空间内，该核函数应用较广，无论大样本还是小样本都有比较好的性能，而且其相对于多项式核函数，参数要少，因此在不知道用什么核函数时，优先使用高斯径向基核函数。其公式为

$$K(x_i,x_j)=\exp\left(\frac{\|x_i-x_j\|}{2\sigma^2}\right)$$

（4）Sigmoid 核函数。

采用 Sigmoid 核函数，支持向量机实现的就是一种多层神经网络。其公式为

$$K(x_i,x_j)=\tanh(\beta x_i^{\mathrm{T}}x_j+\theta)$$

在选用核函数时，如果数据有一定的先验知识，就利用先验知识来选择符合数据分布的核函数；如果不知道数据的情况，通常使用交叉验证的方法来试用不同的核函数，误差最小的为效果最好的核函数，或者可以将多个核函数结合起来，形成混合核函数。

判断一个函数是否为核函数的方法如下。

① 对任意ψ ：$\chi\to F$，$K(x,x')=\langle\psi(x),\psi(x')\rangle$ 都为核函数。

② 如果d ：$\chi\times\chi\to R$ 是一个距离函数，即

- 对所有 $x,x'\in\chi$ ，都有 $d(x,x')\geqslant 0$ ；
- 只有当 $x=x'$ 时，才有 $d(x,x')=0$ ；
- 对所有 $x,x'\in\chi$ ，都有 $d(x,x')=d(x',x)$ ；
- 对所有 $x,x',x''\in\chi$ ，有 $d(x,x')\leqslant d(x,x'')+d(x'',x')$ 。

则对任意 $\rho>0$ ，$K(x,x')=\exp(-\rho d(x,x'))$ 为核函数。

③ 如果 K 是核函数且 $a>0$ ，则 $K>a$ 和 aK 都是核函数。

④ 如果 K_1 和 K_2 是核函数，则 K_1+K_2 和 $K_1\cdot K_2$ 也是核函数。

9.2.6 模型评估和超参数调优

1. 模型评估

在支持向量机中，模型评估有以下几种常用的方法。

1）Holdout 验证

Holdout 验证是最简单也是最直接的验证方法，它将原始的样本集合随机划分成训练集和验证集两部分。例如，对于一个二分类问题，将样本按照 7 ∶ 3 的比例分成两部分，70% 的样本用于模型训练，30% 的样本用于模型验证，包括绘制 ROC 曲线、计算精确率和召回率等指标来评估模型性能。

Holdout 验证的缺点很明显，即在验证集上计算出来的最终评估指标与原始分组有很大关系。

2）交叉验证

交叉验证有 k-fold 交叉验证、留一验证、留 p 验证等。

（1）k-fold 交叉验证。

首先将全部样本划分成 k 个大小相等的样本子集；依次遍历这 k 个子集，每次把当前子集作为验证集，其余所有子集作为训练集，进行模型的训练和评估；最后把 k 次评估指标的

平均值作为最终评估指标，k 通常取 10。k-fold 交叉验证过程如图 9-7 所示。

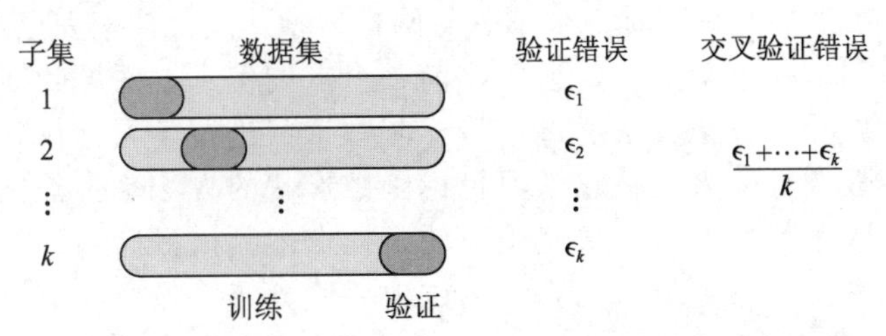

1.使用训练集训练出k个模型
2.用k个模型分别对交叉验证集计算得出交叉验证误差（代价函数的值）
3.选取代价函数值最小的模型
4.用步骤3中选出的模型对测试集计算得出推广误差（代价函数的值）

图 9-7　k-fold 交叉验证过程

（2）留一验证。

每次留下 1 个样本作为验证集，其余所有样本作为测试集。样本总数为 n，依次对 n 个样本进行遍历，进行 n 次验证，再计算评估指标的平均值得到最终的评估指标。在样本总数较多的情况下，留一验证的时间开销极大。

（3）留 p 验证。

每次留下 p 个样本作为验证集，而从 n 个元素中选择 p 个元素有种可能，因此留 p 验证的时间开销远远高于留一验证，故很少在实际中应用。

3）自助法

不管是Holdout验证还是交叉验证，都是基于划分训练集和测试集的方法进行模型评估的。然而，当样本规模比较小时，将样本集进行划分会进一步减少训练集，这可能会影响模型训练效果。

自助法基于自助采样法。对于总数为 n 的样本集合，进行 n 次有放回的随机采样，得到大小为 n 的训练集。n 次采样过程中，有的样本会被重复抽取，有的样本没有被抽取，将这些没有被抽取的样本作为验证集，进行模型验证，这就是自助法的验证过程。

2. 超参数搜索

超参数搜索算法一般包括目标函数（算法需要最大化 / 最小化的目标）、搜索范围（通过上限和下限来确定）、算法的其他参数（搜索步长），主要有以下 3 种算法。

1）网格搜索

网格搜索是较简单、应用较广泛的超参数搜索算法，它通过查找搜索范围内的所有点来确定最优值。如果采用较广的搜索范围及较小的步长，网格搜索有很大概率找到全局最优值。然而，这种搜索方案十分消耗计算资源和时间，特别是需要调优的超参数比较多时。因此，在实际应用中，网格搜索算法一般会先使用较广的搜索范围和较大的步长，来寻找更精确的最优值。这种方案可以降低所需的时间和计算量，但由于目标函数一般是非凸的，所以很可能会错过全局最优值。

2）随机搜索

随机搜索的思想与网格搜索相似，只是不再测试上界和下界之间的所有值，而是在搜索范围中随机选取样本点。它的理论依据是：如果样本点集足够大，那么通过随机采样也能大概找到全局最优值或其近似值。随机搜索一般会比网格搜索要快一些，但是与网格搜索一样，结果无法保证。

3）贝叶斯优化算法

贝叶斯优化算法在寻找最优参数时，采用了与网格搜索、随机搜索完全不同的方法。网格搜索和随机搜索在测试一个新点时，会忽略前一个点的信息；而贝叶斯优化算法则充分利用之前的信息。贝叶斯优化算法通过对目标函数形状进行学习，找到使目标函数向全局最优值提升的参数。具体来说，它学习目标函数形状的方法是：首先，根据先验分布，假设一个搜索函数；其次，每一次使用新的采样点来测试目标函数时，利用这个信息来更新目标函数的先验分布；最后，算法测试由后验分布给出全局最值最可能出现的位置的点。

对于贝叶斯优化算法，有一个需要注意的地方，一旦找到了一个局部最优值，它会在该区域不断采样，所以很容易陷入局部最优值。为了弥补这个缺陷，贝叶斯优化算法会在探索和利用之间找到一个平衡点，探索就是在未采样的区域获取采样点；而利用则是根据后验分布在最可能出现的全局最优值的区域进行采样。

9.3 支持向量机的相关函数

在 MATLAB 中，提供了相关函数实现支持向量机的回归与分类，下面分别对这两方面的函数进行介绍。

9.3.1 支持向量机回归函数

支持向量机回归函数有 SVM 回归、线性回归、核回归等，介绍如下。

1）fitrsvm 函数

fitrsvm 函数在低维到中维预测数据集上训练或交叉验证支持向量机回归模型。fitrsvm 支持使用核函数映射预测数据，并通过调整参数来优化分类器的性能，还可以使用交叉验证来选择最佳的参数组合。要在高维数据集（包含许多预测变量的数据集）上训练线性 SVM 回归模型，需改用 fitrlinear。fitrsvm 函数的语法格式如下。

Mdl = fitrsvm(Tbl,ResponseVarName)：返回使用表 Tbl 中的自变量值和表中对应变量名 Tbl.ResponseVarName 中的因变量值训练得到回归模型 Mdl。

Mdl = fitrsvm(Tbl,formula)：返回使用表 Tbl 中的预测值训练的完整 SVM 回归模型。函数 formula 是相应的解释模型，也是 Tbl 中预测变量的子集，用于拟合 Mdl。

Mdl = fitrsvm(Tbl,Y)：返回经过训练的 SVM 回归模型，该模型使用表 Tbl 中的自变量值和向量 Y 中的因变量值进行训练。

Mdl = fitrsvm(X,Y)：返回一个完整的，经过训练的 SVM 回归模型，该模型使用矩阵 X 中的预测值和向量 Y 中的响应值进行训练。

Mdl = fitrsvm(___,Name,Value)：返回带有一个或多个 Name-Value（名称 - 值）对参数指定的其他选项的 SVM 回归模型。

【例 9-1】训练线性支持向量机回归模型。

```
>> % 使用存储在矩阵中的样本数据训练支持向量机回归模型
clear all
% 加载数据
load carsmall
```

```
rng 'default'                                                      % 重复性
% 功率和重量作为自变量，里程（MPG）作为因变量
X = [Horsepower,Weight];
Y = MPG;
% 返回一个默认的回归支持向量模型
Mdl = fitrsvm(X,Y)
Mdl =
  RegressionSVM
             ResponseName: 'Y'
    CategoricalPredictors: []
        ResponseTransform: 'none'
                    Alpha: [75×1 double]
                     Bias: 57.3958
         KernelParameters: [1×1 struct]
          NumObservations: 94
           BoxConstraints: [94×1 double]
          ConvergenceInfo: [1×1 struct]
          IsSupportVector: [94×1 logical]
                   Solver: 'SMO'
  Properties, Methods
```

Mdl 是一个经过训练的回归支持向量机模型。

```
% 检查模型是否收敛
>> Mdl.ConvergenceInfo.Converged
ans =
  logical
   0
```

结果为 0，表示模型没有收敛。

```
% 使用标准化数据重新训练模型
>> MdlStd = fitrsvm(X,Y,'Standardize',true)
MdlStd =
  RegressionSVM
             ResponseName: 'Y'
    CategoricalPredictors: []
        ResponseTransform: 'none'
                    Alpha: [77×1 double]
                     Bias: 22.9131
         KernelParameters: [1×1 struct]
                       Mu: [109.3441 2.9625e+03]
                    Sigma: [45.3545 805.9668]
          NumObservations: 94
           BoxConstraints: [94×1 double]
          ConvergenceInfo: [1×1 struct]
          IsSupportVector: [94×1 logical]
                   Solver: 'SMO'
  Properties, Methods

% 检查模型是否收敛
>> MdlStd.ConvergenceInfo.Converged
```

```
ans =
  logical
   1
```

结果为 1，表明该模型确实收敛。

```
%计算新模型的重置（样本内）均方误差
>> lStd = resubLoss(MdlStd)
lStd =
   16.8551
```

【例 9-2】使用 UCI（University of California Irvine）机器学习库中的鲍鱼数据训练支持向量机回归模型。

```
%下载数据并将其保存在当前文件夹中，文件名为"abalone.csv"
>> url = 'https://archive.ics.uci.edu/ml/machine-learning-databases/
abalone/abalone.data';
websave('abalone.csv',url);
>>%将数据读入表中，指定变量名
 varnames = {'Sex'; 'Length'; 'Diameter'; 'Height'; 'Whole_weight';...
    'Shucked_weight'; 'Viscera_weight'; 'Shell_weight'; 'Rings'};
Tbl = readtable('abalone.csv','Filetype','text','ReadVariableNames',false);
Tbl.Properties.VariableNames = varnames;
```

样本数据包含 4177 个观测值。所有的预测变量都是连续的，除了 Sex，它是一个分类变量,可能的值是“M”（雄性）、“F”（雌性）和“I”（未成年）。目标是预测鲍鱼的年轮数量（存储在年轮中），并通过物理测量确定其年龄。

```
%训练一个支持向量机回归模型，使用高斯核函数和自动核尺度标准化数据
>> rng default                                          % 循环性
Mdl = fitrsvm(Tbl,'Rings','KernelFunction','gaussian','KernelScale',
'auto',...
    'Standardize',true)
Mdl =
  RegressionSVM
           PredictorNames: {'Sex'  'Length'  'Diameter'  'Height'
'Whole_weight'  'Shucked_weight'  'Viscera_weight'  'Shell_weight'}
             ResponseName: 'Rings'
    CategoricalPredictors: 1
        ResponseTransform: 'none'
                    Alpha: [3635×1 double]
                     Bias: 10.8144
         KernelParameters: [1×1 struct]
                       Mu: [0 0 0 0.5240 0.4079 0.1395 0.8287 0.3594 0.1806
0.2388]
                    Sigma: [1 1 1 0.1201 0.0992 0.0418 0.4904 0.2220 0.1096
0.1392]
          NumObservations: 4177
           BoxConstraints: [4177×1 double]
          ConvergenceInfo: [1×1 struct]
          IsSupportVector: [4177×1 logical]
                   Solver: 'SMO'
```

```
  Properties, Methods
% 使用点符号显示 Mdl 的属性。例如，检查确认模型是否收敛及它完成了多少次迭代
>> conv = Mdl.ConvergenceInfo.Converged
conv =
  logical
   1
>> iter = Mdl.NumIterations
iter =
        2759
```

返回的结果表明，该模型在 2759 次迭代之后收敛。

2）fitrlinear 函数

为了减少在高维数据集上的计算时间，可以使用 fitrlinear 函数高效地训练线性回归模型，如线性 SVM 模型。fitrlinear 函数的语法格式如下。

Mdl = fitrlinear(X,Y)：返回一个经过训练的回归模型对象 Mdl，其中包含将一个支持向量机回归模型拟合到预测因子 X 和响应 Y 的结果。

Mdl = fitrlinear(Tbl,ResponseVarName)：使用表 Tbl 中的预测变量和 Tbl 中的响应值，返回一个线性回归模型。

Mdl = fitrlinear(Tbl,formula)：返回一个使用表 Tbl 中的样本数据的线性回归模型。输入参数 formula 是相应的解释模型和用于拟合 Mdl 的 Tbl 预测变量子集。

Mdl = fitrlinear(Tbl,Y)：使用表 Tbl 中的预测变量和向量 Y 中的响应值，返回一个线性回归模型。

Mdl = fitrlinear(X,Y,Name,Value)：指定使用一个或多个名称 - 值对参数的选项，以及前面语法中的任何输入参数组合。例如，可以指定交叉验证、实现最小二乘回归或指定正则化类型。

[Mdl,FitInfo] = fitrlinear(___)：同时返回优化详细信息，但不能请求 FitInfo 提供交叉验证模型。

[Mdl,FitInfo,HyperparameterOptimizationResults] = fitrlinear(___)：当传递 OptimizeHyperParameter 名称 - 值对时，也返回超参数优化的详细信息 HyperparameterOptimizationResults。

【例 9-3】使用交叉验证寻找好的套索（Lasso）惩罚。

为了确定使用最小二乘法的线性回归模型的良好套索惩罚强度，需使用 5 折交叉验证。从以下模型模拟 10 000 个观测值。

$$y = x_{100} + 2x_{200} + e$$

$\boldsymbol{x} = \{x_1, x_2, \cdots, x_{1000}\}$ 是一个 10000 × 1000 的稀疏矩阵，其中 10% 为非零标准正态元素；e 为随机正态误差，平均值为 0，标准偏差为 0.3。

```
>> rng(1)                                          % 重复性
n = 1e4;
d = 1e3;
nz = 0.1;
X = sprandn(n,d,nz);
Y = X(:,100) + 2*X(:,200) + 0.3*randn(n,1);
```

从 $10^{-5} \sim 10^{-1}$ 创建一组 15 个对数间隔的正则化强度。

```
>> Lambda = logspace(-5,-1,15);
```

交叉验证模型。如果要提高执行速度，需转换预测变量数据并指定观察值位于列中。使用 sparsa 优化目标函数。

```
>> X = X';
CVMdl = fitrlinear(X,Y,'ObservationsIn','columns','KFold',5,'Lambda',
Lambda,...
    'Learner','leastsquares','Solver','sparsa','Regularization','lasso');
numCLModels = numel(CVMdl.Trained)
numCLModels =
     5
```

CVMdl 是一个回归分割线性模型。因为 fitrline 实现了 5 折交叉验证，所以 CVmdl 包含了 5 个线性回归模型。

```
% 显示第一个训练有素的线性回归模型
>> Mdl1 = CVMdl.Trained{1}
Mdl1 =
  RegressionLinear
         ResponseName: 'Y'
    ResponseTransform: 'none'
                 Beta: [1000×15 double]
                 Bias: [-0.0049 -0.0049 -0.0049 -0.0049 -0.0049 -0.0048
-0.0044 -0.0037 -0.0030 -0.0031 -0.0033 ... ] (1×15 double)
               Lambda: [1.0000e-05 1.9307e-05 3.7276e-05 7.1969e-05
1.3895e-04 2.6827e-04 5.1795e-04 1.0000e-03 ... ] (1×15 double)
              Learner: 'leastsquares'
  Properties, Methods
```

Mdl1 是一个线性回归模型对象。通过前 4 次折叠训练构建了线性回归模型 Mdl1。因为 Lambda 是正则化强度的序列，所以可以将 Mdl 看作 15 个模型，每个正则化强度对应一个 Lambda。

```
% 估计交叉验证的 MSE
>> mse = kfoldLoss(CVMdl);
```

Lambda 值越高，预测变量越稀疏，这是线性回归模型的优势。对于每个正则化强度，使用整个数据集和与交叉验证模型相同的选项来训练线性回归模型，并确定每个模型的非零系数数量。

```
>> Mdl = fitrlinear(X,Y,'ObservationsIn','columns','Lambda',Lambda,...
    'Learner','leastsquares','Solver','sparsa','Regularization','lasso');
numNZCoeff = sum(Mdl.Beta~=0);
```

在同一图中（图 9-8），绘制每个正则化强度的交叉验证均方误差（Mean Square Error，MSE）和非零系数频率。在对数刻度上绘制所有变量。

```
>> figure
[h,hL1,hL2] = plotyy(log10(Lambda),log10(mse),...
    log10(Lambda),log10(numNZCoeff));
hL1.Marker = 'o';
hL2.Marker = 'o';
```

```
ylabel(h(1),'log_{10} MSE')
ylabel(h(2),'log_{10} 非零系数频率')
xlabel('log_{10} Lambda')
hold off
```

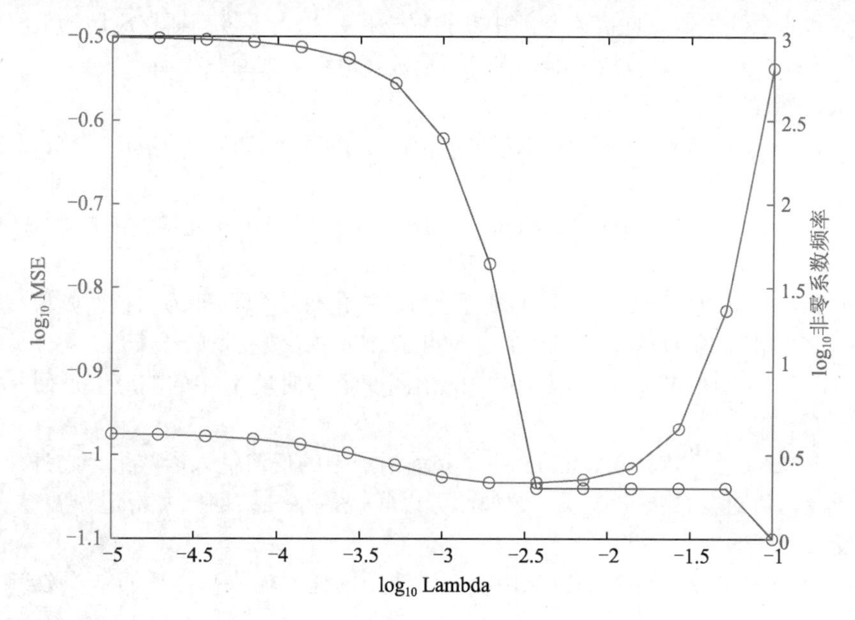

图 9-8　交叉验证与非零系数频率图

选择正则化强度的指数，以平衡预测变量稀疏性和低 MSE[例如，Lambda（10）]。

```
>> idxFinal = 10;
% 提取与最小 MSE 相对应的模型
>> MdlFinal = selectModels(Mdl,idxFinal)
MdlFinal =
  RegressionLinear
         ResponseName: 'Y'
    ResponseTransform: 'none'
                 Beta: [1000×1 double]
                 Bias: -0.0050
               Lambda: 0.0037
              Learner: 'leastsquares'
  Properties, Methods
>> idxNZCoeff = find(MdlFinal.Beta~=0)
idxNZCoeff =
   100
   200
>> EstCoeff = Mdl.Beta(idxNZCoeff)
EstCoeff =
    1.0051
    1.9965
```

由结果可得出：MdlFinal 是一个具有正则化强度的线性回归模型。非零系数 EstCoeff 接近于模拟数据的系数。

3）fitrkernel 函数

fitkernel 函数可用于训练或交叉验证非线性回归的高斯核回归模型。值得注意的是，fitkernel 函数更适用于具有大型训练集的大数据应用程序，也可以应用于内存较小的数据集。

fitkernel 函数将低维空间中的数据映射到高维空间中，然后通过最小化正则化目标函数来拟合高维空间的线性模型。在高维空间中获得线性模型相当于将高斯核应用于低维空间中的模型。可用的线性回归模型包括正则化支持向量机和最小二乘回归模型。

fitkernel 函数的语法格式如下。

Mdl = fitrkernel(X,Y)：返回使用 X 中的预测器数据和 Y 中的相应响应训练的高斯核回归模型。

Mdl = fitrkernel(Tbl,ResponseVarName)：返回使用表 Tbl 中包含的预测变量和 Tbl.ResponseVarName 中的响应值训练的核回归模型 Mdl。

Mdl = fitrkernel(Tbl,formula)：返回使用表 Tbl 中的样本数据训练的核回归模型。输入自变量 formula 是相应的解释模型和用于拟合 Mdl 的 Tbl 中预测变量的子集。

Mdl = fitrkernel(Tbl,Y)：使用表 Tbl 中的预测变量和向量 Y 中的响应值返回一个核回归模型。

Mdl = fitrkernel(___,Name,Value)：除了先前语法中的任何输入参数组合之外，还使用一个或多个名称 - 值对参数指定选项。例如，可以实现最小二乘回归，指定扩展空间的维数，或者指定交叉验证选项。

[Mdl,FitInfo] = fitrkernel(___)：使用前面语法中的任何输入参数返回结构数组 FitInfo 中的拟合信息。

[Mdl,FitInfo,HyperparameterOptimizationResults] = fitrkernel(___)：当使用 OptimizeHyperparameters 名称 - 值对参数优化超参数时，还会返回超参数优化结果 HyperparameterOptimizationResults。

【例 9-4】交叉验证核回归模型。

```
>>% 加载 carbig 数据集
load carbig
% 指定预测变量 (X) 和响应变量 (Y)
X = [Acceleration,Cylinders,Displacement,Horsepower,Weight];
Y = MPG;
% 删除 X 和 Y 中任一数组具有 NaN 值的行。在将数据传递给 fitrkernel 之前删除具有 NaN 值的行，可
% 以加快训练速度并减少内存使用量
R = rmmissing([X Y]);                                    % 删除缺失条目的数据
X = R(:,1:5);
Y = R(:,end);
% 使用 5 折交叉验证交内核回归模型，标准化预测变量
Mdl = fitrkernel(X,Y,'Kfold',5,'Standardize',true)
Mdl =
  RegressionPartitionedKernel
    CrossValidatedModel: 'Kernel'
           ResponseName: 'Y'
        NumObservations: 392
                  KFold: 5
              Partition: [1×1 cvpartition]
      ResponseTransform: 'none'
```

```
  Properties, Methods
>> numel(Mdl.Trained)
ans =
     5
```

Mdl 是一个 RegressionPartitionedKernel 模型。由于 fitkernel 实现了 5 折交叉验证，因此 Mdl 包含 5 个回归内核模型。

```
>> % 检查每次折叠的交叉验证损失（均方差）
kfoldLoss(Mdl,'mode','individual')
ans =
   11.2097
   25.0715
   18.8437
   28.6803
   17.6401
```

9.3.2　支持向量机分类函数

为了提高在中低维数据集上的准确度并增加核函数选择，可以使用分类器训练二类 SVM 模型或由 SVM 模型组成的多类纠错输出码（ECOC）模型。为了获得更高的灵活性，可以在命令行界面中使用 fitcsvm 训练二类 SVM 模型，或者使用 fitcecoc 训练由 SVM 模型器组成的多类 ECOC 模型。

为了减少在高维数据集上的计算时间，可以使用 fitclinear 高效地训练二类线性分类模型（如线性 SVM 模型），或者使用 fitcecoc 训练由 SVM 模型组成的多类 ECOC 模型。

对于大数据的非线性分类，可以使用 fitckernel 训练二类高斯核分类模型。

1）fitcsvm 函数

fitcsvm 函数基于低维或中维预测变量数据集训练或交叉验证一类和二类（二元）分类的 SVM 模型。fitcsvm 函数支持使用核函数映射预测变量数据，并支持序列最小优化（Sequential Minimal Optimization，SMO）算法、迭代单点数据算法（Iterative Single Point Data Algorithm，ISDA）或 L1 软边距最小化（二次规划目标函数最小化）算法。fitcsvm 函数的语法格式如下。

Mdl = fitcsvm(Tbl,ResponseVarName)：返回训练的支持向量机分类器 Mdl。该分类器使用表 Tbl 中包含的样本数据进行训练。ResponseVarName 是 Tbl 中变量的名称，该变量包含一类或二类分类的类标签。

如果类标签变量只包含一个类（如由 1 组成的向量），fitcsvm 会训练一类分类模型。否则，该函数将训练二类分类模型。

Mdl = fitcsvm(Tbl,formula)：返回训练的 SVM 分类器。该分类器使用表 Tbl 中包含的样本数据进行训练。formula 是用于拟合 Mdl 的解释模型，该模型由 Tbl 中的响应和一部分预测变量构成。

Mdl = fitcsvm(Tbl,Y)：返回训练的 SVM 分类器，该分类器使用表 Tbl 中的预测变量和向量 Y 中的类标签进行训练。

Mdl = fitcsvm(X,Y)：返回训练的 SVM 分类器，该分类器使用矩阵 X 中的预测变量和向量 Y 中的一类或二类分类的类标签进行训练。

Mdl = fitcsvm(___,Name,Value)：可在前面语法中的输入参量外使用一个或多个名称-值对组参量指定选项。例如，可以指定交叉验证的类型、误分类的代价及分数变换函数的类型。

【例 9-5】绘制具有两个预测变量的二类（二元）SVM 分类器的决策边界和边距线。

```
% 加载 Fisher 鸢尾花数据集。排除所有杂色鸢尾花物种（仅留下山鸢尾花和海滨鸢尾花物种），仅保
% 留萼片长度和宽度测量值
>> load fisheriris;
inds = ~strcmp(species,'versicolor');
X = meas(inds,1:2);
s = species(inds);
% 训练线性核 SVM 分类器
SVMModel = fitcsvm(X,s);
%SVMModel 是经过训练的 ClassificationSVM 分类器，其属性包括支持向量、线性预测变量系数和
% 偏置项
sv = SVMModel.SupportVectors;                           % 支持向量机
beta = SVMModel.Beta; % Linear predictor coefficients
b = SVMModel.Bias; % Bias term
% 绘制数据的散点图并圈出支持向量。支持向量是发生在其估计的类边界之上或之外的观测值
hold on
gscatter(X(:,1),X(:,2),s)
plot(sv(:,1),sv(:,2),'ko','MarkerSize',10)
%SVMModel 分类器的最佳分离超平面是由 β1X1+β2X2+b=0 指定的直线，将两个物种之间的决策边界绘
% 制为一条实线
>> X1 = linspace(min(X(:,1)),max(X(:,1)),100);
X2 = -(beta(1)/beta(2)*X1)-b/beta(2);
plot(X1,X2,'-')
% 线性预测变量系数 β 定义与决定边界正交的向量，最大边距宽度为 2||β||^-1。将最大边距边界绘制为
% 虚线，标记坐标区并添加图例，效果如图 9-9 所示
>> m = 1/sqrt(beta(1)^2 + beta(2)^2);                % 边距半宽
X1margin_low = X1+beta(1)*m^2;
X2margin_low = X2+beta(2)*m^2;
X1margin_high = X1-beta(1)*m^2;
X2margin_high = X2-beta(2)*m^2;
plot(X1margin_high,X2margin_high,'b--')
plot(X1margin_low,X2margin_low,'r--')
xlabel('X_1 (萼片长度 (cm)')
ylabel('X_2 (萼片宽度 (cm)')
legend('setosa 萼片','virginica 萼片','支持向量','边界线','上边距','下边距')
hold off
```

2）crossval 函数

crossval 函数用于交叉验证机器学习模型。函数的语法格式如下。

CVMdl = crossval(Mdl)：从训练模型（Mdl）返回交叉验证（分区）的机器学习模型（CVMdl）。默认情况下，crossval 对训练数据使用 10 折交叉验证。

CVMdl = crossval(Mdl,Name,Value)：设置一个附加的交叉验证选项，只能指定一个名称-值对参数。例如，可以指定折叠数或保持采样比例。

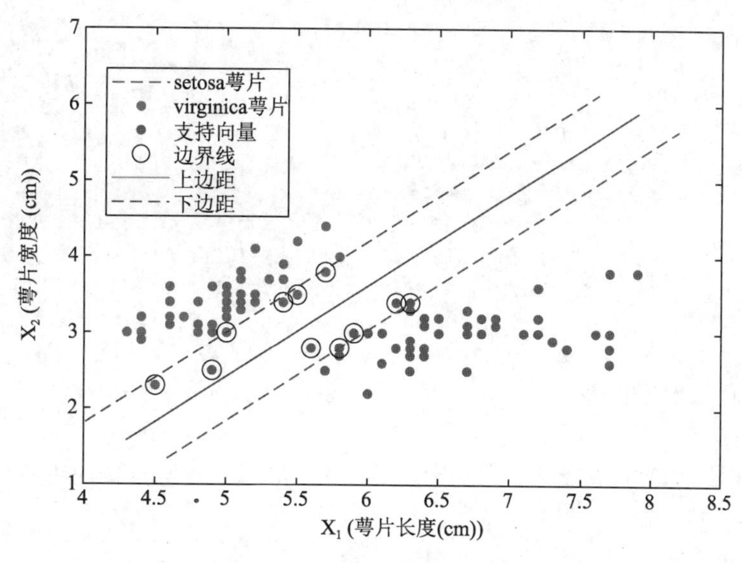

图 9-9 二类 SVM 分类效果

【例 9-6】交叉验证 SVM 分类器。

加载电离层数据集（ionosphere）。该数据集有 34 个预测因子和 351 个二元响应，用于雷达回波，负类用“b”表示，正类用“g”表示。

```
>> load ionosphere
rng(1);                                              % 重复性
% 训练支持向量机分类器，标准化预测数据并指定类别的顺序
```

SVMModel = fitcsvm(X,Y,'Standardize',true,'ClassNames',{'b','g'}); %SVMModel 是经过训练的 ClassificationSVM 分类器。“b”是负类，“g”是正类。

```
% 使用 10 折交叉验证对分类器进行交叉验证
>> CVSVMModel = crossval(SVMModel)
CVSVMModel =
  ClassificationPartitionedModel
    CrossValidatedModel: 'SVM'
         PredictorNames: {1×34 cell}
           ResponseName: 'Y'
        NumObservations: 351
                  KFold: 10
              Partition: [1×1 cvpartition]
             ClassNames: {'b'  'g'}
         ScoreTransform: 'none'
  Properties, Methods
```

```
>> % 显示 CVSVMModel.Trained 中的第一个模型
FirstModel = CVSVMModel.Trained{1}
FirstModel =
  CompactClassificationSVM
           ResponseName: 'Y'
```

```
    CategoricalPredictors: []
               ClassNames: {'b'  'g'}
           ScoreTransform: 'none'
                    Alpha: [78×1 double]
                     Bias: -0.2209
         KernelParameters: [1×1 struct]
                       Mu: [0.8888 0 0.6320 0.0406 0.5931 0.1205 0.5361
0.1286 0.5083 0.1879 0.4779 0.1567 0.3924 ... ] (1×34 double)
                    Sigma: [0.3149 0 0.5033 0.4441 0.5255 0.4663 0.4987
0.5205 0.5040 0.4780 0.5649 0.4896 0.6293 ... ] (1×34 double)
           SupportVectors: [78×34 double]
      SupportVectorLabels: [78×1 double]
  Properties, Methods
```

FirstModel 是 10 个训练好的分类器中的第一个，它是一个 CompactClassificationSVM 分类器。

3）fitclinear 函数

fitclinear 使用高维的预测数据来训练用于两类（二进制）学习的线性分类模型。可用的线性分类模型包括正则化支持向量机和逻辑回归模型。Fitclinear 通过减少计算时间（例如随机梯度下降）来最小化目标函数。fitclinear 函数的语法格式如下。

Mdl = fitclinear(X,Y)：返回经过训练的线性分类模型对象 Mdl，其中包含将二元支持向量机拟合到预测变量 X 和类标签 Y 的结果。

Mdl = fitclinear(Tbl,ResponseVarName)：使用表 Tbl 中的预测变量和 Tbl.ResponseVarName 中的类标签返回线性分类模型。

Mdl = fitclinear(Tbl,formula)：使用表 Tbl 中的样本数据返回线性分类模型。输入参数 formula 是用于拟合 Mdl 的响应和 Tbl 中预测变量子集的解释模型。

Mdl = fitclinear(Tbl,Y)：使用表 Tbl 中的预测变量和向量 Y 中的类标签返回线性分类模型。

Mdl = fitclinear(X,Y,Name,Value)：使用一个或多个名称 - 值对参数及前面语法中的任何输入参数组合指定选项。例如，可以指定预测矩阵的列对应于观测值、实现逻辑回归或指定交叉验证。

[Mdl,FitInfo] = fitclinear(___)：使用任何之前的语法返回优化详细信息 FitInfo。

[Mdl,FitInfo,HyperparameterOptimizationResults] = fitclinear(___)：当传递 OptimizeHyperparameters 名称 - 值对时，还会返回超参数优化详细信息 HyperparameterOptimizationResults。

【例 9-7】使用支持向量机、对偶 SGD 和岭正则化来训练二元线性分类模型。

```
>> clear all;
>> % 加载 NLP 数据集
load nlpdata
%X 是预测变量数据的稀疏矩阵，Y 是类别标签的分类向量，数据中有两个以上的类别
>> % 识别与统计和机器学习工具箱文档网页相对应的标签
>> Ystats = Y == 'stats';
```

训练一个二进制线性分类模型，该模型可以识别文档网页中的字数是否来自统计和机器学习工具箱文档。使用整个数据集训练模型，通过提取拟合摘要来确定优化算法将模型与数据拟合的程度。

```
>> rng(1);                                                          % 设可重复性
[Mdl,FitInfo] = fitclinear(X,Ystats)
Mdl =
  ClassificationLinear
      ResponseName: 'Y'
        ClassNames: [0 1]
    ScoreTransform: 'none'
              Beta: [34023×1 double]
              Bias: -1.0059
            Lambda: 3.1674e-05
           Learner: 'svm'
  Properties, Methods
FitInfo =
包含以下字段的 struct:
                    Lambda: 3.1674e-05
                 Objective: 5.3783e-04
                 PassLimit: 10
                 NumPasses: 10
                BatchLimit: []
             NumIterations: 238561
              GradientNorm: NaN
         GradientTolerance: 0
      RelativeChangeInBeta: 0.0562
             BetaTolerance: 1.0000e-04
             DeltaGradient: 1.4582
    DeltaGradientTolerance: 1
           TerminationCode: 0
         TerminationStatus: {'超出迭代限制。'}
                     Alpha: [31572×1 double]
                   History: []
                   FitTime: 0.2006
                    Solver: {'dual'}
```

Mdl 是一个分类线性模型。可以将 Mdl 的结果和新数据传递给 loss，以检查样本内分类错误。或者，可以将 Mdl 和新预测值数据传递给 predict 以预测新观察值的分类标签。

FitInfo 是一个结构数组，其中包含终止状态（termination status）和求解器将模型拟合到数据所需的时间（FitTime）。使用 FitInfo 来确定优化终止度量是否令人满意是一个很好的实践。因为训练时间少，所以可以尝试重新训练模型，但是要增加通过数据的次数。可以改进像 DeltaGradient 这样的测量。

4）fitckernel 函数

fitckernel 函数训练或交叉验证用于非线性分类的二元高斯核分类模型，fitckernel 适用于具有大型训练集的大数据应用程序，也可以应用于适合内存较小的数据集。

fitckernel 将低维空间中的数据映射到高维空间中，然后通过最小化正则化目标函数来拟合高维空间的线性模型。在高维空间中获得线性模型相当于将高斯核应用于低维空间中的模型。可用的线性分类模型包括正则化支持向量机和逻辑回归模型。fitckernel 函数的语法格式如下。

Mdl = fitckernel(X,Y)：返回使用 X 中的预测变量数据和 Y 中对应的类标签训练的二元高斯核分类模型。fitckernel 函数将低维空间中的预测因子映射到高维空间中，然后将二元 SVM 模型拟合到转换的预测因子和类标签。该线性模型等效于低维空间中的高斯核分类模型。

Mdl = fitckernel(Tbl,ResponseVarName)：返回使用表 Tbl 中包含的预测变量和 Tbl.ResponseVarName 中的类标签训练的核分类模型 Mdl。

Mdl = fitckernel(Tbl,formula)：返回使用表 Tbl 中的样本数据训练的内核分类模型。输入自变量 formula 是用于拟合 Mdl 的响应和 Tbl 中预测变量子集的解释模型。

Mdl = fitckernel(Tbl,Y)：返回使用表 Tbl 中的预测变量和向量 Y 中的类标签的核分类模型。

Mdl = fitckernel(___,Name,Value)：除了前面语法中的任何输入参数组合之外，还使用一个或多个名称 - 值对参数指定选项。例如，可以实现逻辑回归，指定扩展空间的维数，指定交叉验证。

[Mdl,FitInfo] = fitckernel(___)：使用前面语法中的任何输入参数返回结构数组 FitInfo 中的拟合信息

[Mdl,FitInfo,HyperparameterOptimizationResults] = fitckernel(___)：当使用名称 - 值对参数优化超参数时，还会返回超参数优化结果 HyperparameterOptimizationResults。

【例 9-8】使用 SVM 训练二元核分类模型。

```
% 加载电离层数据集（ionosphere）。该数据集有 34 个预测因子和 351 个二元响应，用于雷达回波，
% 负类用 'b' 表示，正类用 'g' 表示
>> load ionosphere
[n,p] = size(X)
n =
   351
p =
    34
>> resp = unique(Y)
resp =
  2×1 cell 数组
    {'b'}
    {'g'}
```

训练一个二进制核分类模型，用于识别雷达回波是负类（'b'）还是正类（'g'）。提取一个合适值，以确定优化算法与模型、数据的适合程度。

```
>> rng('default')                                          % 设置重复性
[Mdl,FitInfo] = fitckernel(X,Y)
Mdl =
  ClassificationKernel
              ResponseName: 'Y'
                ClassNames: {'b'  'g'}
                   Learner: 'svm'
    NumExpansionDimensions: 2048
               KernelScale: 1
                    Lambda: 0.0028
             BoxConstraint: 1
  Properties, Methods

FitInfo =
包含以下字段的 struct:
```

```
                Solver: 'LBFGS-fast'
          LossFunction: 'hinge'
                Lambda: 0.0028
         BetaTolerance: 1.0000e-04
     GradientTolerance: 1.0000e-06
        ObjectiveValue: 0.2604
     GradientMagnitude: 0.0028
  RelativeChangeInBeta: 8.2512e-05
               FitTime: 0.6700
               History: []
```

5）fitcecoc 函数

fitcecoc 函数为支持向量机或其他分类器拟合多类模型，函数的语法格式如下。

Mdl = fitcecoc(Tbl,ResponseVarName)：使用表 Tbl 中的预测值和 Tbl.ResponseVarName 中的类标签返回完整的、经过训练的多类纠错输出码模型。fitcecoc 使用 K(K−1)/2 二进制 SVM 模型，该模型采用一对一编码设计，其中 K 是唯一类标签 (级别) 的数量。Mdl 是一个 ECOC 模型。

Mdl = fitcecoc(Tbl,formula)：使用表 Tbl 中的预测值和类别标签返回 ECOC 模型。参数 formula 是相应的解释模型，是 Tbl 中用于训练的预测变量的子集。

Mdl = fitcecoc(Tbl,Y)：使用表 Tbl 中的预测值和向量 Y 中的分类标签返回 ECOC 模型。

Mdl = fitcecoc(X,Y)：使用预测值 X 和类别标签 Y 返回一个经过训练的 ECOC 模型。

Mdl = fitcecoc(___,Name,Value)：使用任何前面的语法，返回具有由一个或多个名称 - 值对参数指定的附加选项的 ECOC 模型。例如，指定不同的二进制学习器、不同的编码设计或交叉验证。

[Mdl,HyperparameterOptimizationResults] = fitcecoc(___,Name,Value)：当指定 Optimize-Hyperparameters 名称 - 值对参数并使用线性或内核二进制学习器时，会返回超参数优化详细信息。

【例 9-9】使用 SVM 二进制学习器训练多类 ECOC 模型。

```
>> % 加载 Fisher 鸢尾花数据集，指定预测器数据 X 和响应数据 Y
>> load fisheriris
X = meas;
Y = species;
>> % 使用默认选项训练多类 ECOC 模型
>> Mdl = fitcecoc(X,Y)
Mdl =
  ClassificationECOC
           ResponseName: 'Y'
  CategoricalPredictors: []
             ClassNames: {'setosa'  'versicolor'  'virginica'}
         ScoreTransform: 'none'
         BinaryLearners: {3×1 cell}
             CodingName: 'onevsone'

  Properties, Methods
```

Mdl 是一个 ClassificationECOC 模型，默认情况下，fitcecoc 使用 SVM 二进制学习器和

一对一编码设计。可以使用点符号来访问 Mdl 属性。

```
>> % 显示类名和编码设计矩阵
>> Mdl.ClassNames
ans =
  3×1 cell 数组
    {'setosa'    }
    {'versicolor'}
    {'virginica' }
>> CodingMat = Mdl.CodingMatrix
CodingMat =
     1     1     0
    -1     0     1
     0    -1    -1
```

结果显示表明，3 个类的一对一编码设计产生 3 个二进制学习器。CodingMat 的列对应于学习器，行对应于类。类的顺序与 Mdl.ClassNames 中的顺序相同，如 CodingMat(:, 1) 是 [1;–1;0]，并且指示该学习器使用被分为"setosa"和"versicolor"的所有观察值来训练第一个 SVM 二元学习器。因为"setosa"对应 1，所以它是正类："versicolor"对应 –1，所以它是负类。

```
>> Mdl.BinaryLearners{1}                              % 第一个二进制学习器
ans =
  CompactClassificationSVM
             ResponseName: 'Y'
    CategoricalPredictors: []
               ClassNames: [-1 1]
           ScoreTransform: 'none'
                     Beta: [4×1 double]
                     Bias: 1.4492
         KernelParameters: [1×1 struct]

  Properties, Methods
% 计算替代分类误差
>> error = resubLoss(Mdl)
error =
    0.0067
```

训练数据上的分类误差很小，但分类器可能是一个过拟合模型。可以使用 crossval 对分类器进行交叉验证，并计算交叉验证分类错误。

9.4 用于二类分类的支持向量机

本节的实例主要演示利用不同的方法训练 SVM 分类器。

9.4.1 用高斯核训练 SVM 分类器

此实例说明如何使用高斯核函数生成非线性分类器。首先，在二维单位圆盘内生成一个由点组成的类，在半径为 1 ~ 2 的环形空间内生成另一个由点组成的类。然后，使用高斯径向基核函数基于数据生成一个分类器。默认的线性分类器显然不适合此问题，因为模型具有圆对称特性。将框约束参数设置为 Inf 以进行严格分类，这意味着没有误分类的训练点。其他核函数可能无法使用这一严格的框约束，因为它们可能无法提供严格的分类。即使 RBF 分类器可以将类分离，结果也可能会过度训练。实例的具体实现步骤如下。

（1）生成在单位圆盘上均匀分布的 100 个点。因此，可先计算均匀随机变量的平方根以得到半径。

```
>> rng(1);                                     %重复性
r = sqrt(rand(100,1));                         %半径
t = 2*pi*rand(100,1);                          %角
data1 = [r.*cos(t), r.*sin(t)];                %点
```

（2）生成在环形空间中均匀分布的 100 个点。半径同样与平方根成正比，这次采用 1 ~ 4 均匀分布值的平方根。

```
>> r2 = sqrt(3*rand(100,1)+1);                 %半径
t2 = 2*pi*rand(100,1);                         %角
data2 = [r2.*cos(t2), r2.*sin(t2)];            %点
```

（3）绘制各点，并绘制半径为 1 和 2 的圆，进行比较，效果如图 9-10 所示。

```
>> figure;
plot(data1(:,1),data1(:,2),'r.','MarkerSize',15)
hold on
plot(data2(:,1),data2(:,2),'b.','MarkerSize',15)
ezpolar(@(x)1);ezpolar(@(x)2);
axis equal
hold off
```

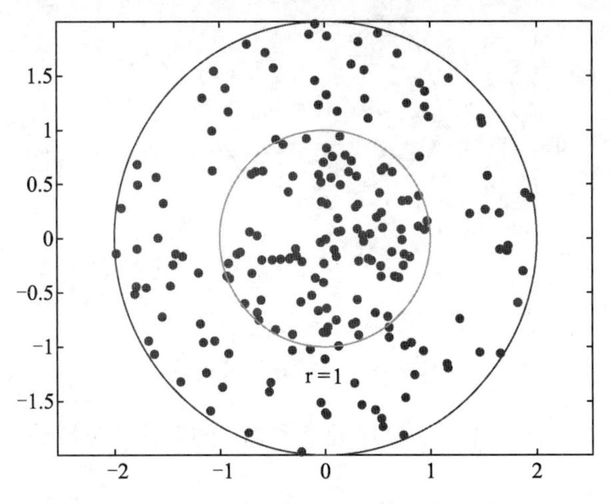

图 9-10　半径为 1 和 2 的圆进行比较

（4）将数据放在一个矩阵中，并建立一个分类向量。

```
>> data3 = [data1;data2];
theclass = ones(200,1);
theclass(1:100) = -1;
```

（5）将 KernelFunction 设置为 'rbf'，BoxConstraint 设置为 Inf，以训练 SVM 分类器。绘制决策边界并标记支持向量，效果如图 9-11 所示。

```
>> % 训练 SVM 分类器
cl = fitcsvm(data3,theclass,'KernelFunction','rbf',...
    'BoxConstraint',Inf,'ClassNames',[-1,1]);
% 预测网格上的分数
d = 0.02;
[x1Grid,x2Grid] = meshgrid(min(data3(:,1)):d:max(data3(:,1)),...
    min(data3(:,2)):d:max(data3(:,2)));
xGrid = [x1Grid(:),x2Grid(:)];
[~,scores] = predict(cl,xGrid);
% 绘制数据和决策边界
figure;
h(1:2) = gscatter(data3(:,1),data3(:,2),theclass,'rb','.');
hold on
ezpolar(@(x)1);
h(3) = plot(data3(cl.IsSupportVector,1),data3(cl.IsSupportVector,2),'ko');
contour(x1Grid,x2Grid,reshape(scores(:,2),size(x1Grid)),[0 0],'k');
legend(h,{'-1','+1',' 支持向量机 '});
axis equal
hold off
```

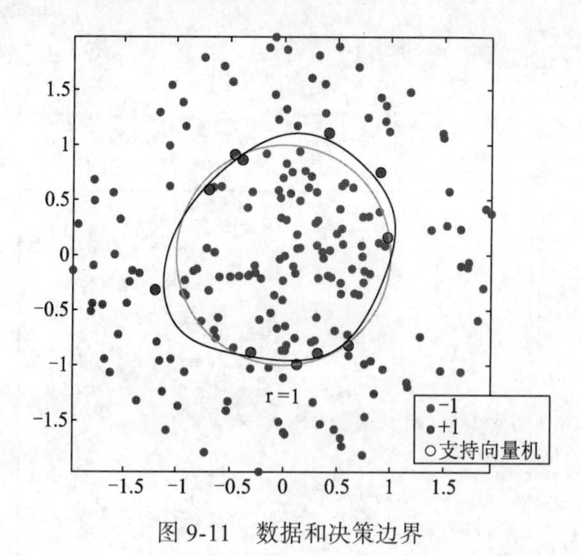

图 9-11 数据和决策边界

由图 9-11 可看出，fitcsvm 生成一个接近半径为 1 的圆的分类器，差异是随机训练数据造成的。

（6）使用默认参数进行训练会形成更接近圆形的分类边界，但会对一些训练数据进行误分类。此外，BoxConstraint 的默认值为 1，因此支持向量机更多。

```
>> cl2 = fitcsvm(data3,theclass,'KernelFunction','rbf');
[~,scores2] = predict(cl2,xGrid);
figure;
h(1:2) = gscatter(data3(:,1),data3(:,2),theclass,'rb','.');
hold on
```

```
ezpolar(@(x)1);
h(3) = plot(data3(cl2.IsSupportVector,1),data3(cl2.IsSupportVector,2),'ko');
contour(x1Grid,x2Grid,reshape(scores2(:,2),size(x1Grid)),[0 0],'k');
% 效果如图 9-12 所示
legend(h,{'-1','+1',' 支持向量机 '});
axis equal
hold off
```

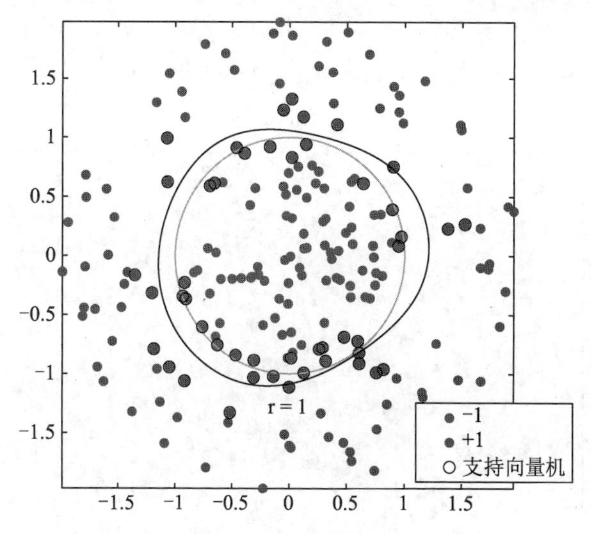

图 9-12 使用默认参数绘制数据和决策边界

9.4.2 使用自定义核函数训练 SVM 分类器

此实例说明如何使用自定义核函数（如 Sigmoid 核函数）训练 SVM 分类器，并调整自定义核函数参数。

（1）在单位圆内生成一组随机点。将第一象限和第三象限中的点标记为属于正类，将第二象限和第四象限中的点标记为属于负类。

```
>> rng(1);                                                    % 重复性
n = 100;                                                      % 每个象限的点数
r1 = sqrt(rand(2*n,1));                                       % 随机半径
t1 = [pi/2*rand(n,1); (pi/2*rand(n,1)+pi)];                   %Q1 和 Q3 的随机角度
X1 = [r1.*cos(t1) r1.*sin(t1)];                               %xoy 坐标到笛卡儿坐标的转换
r2 = sqrt(rand(2*n,1));
t2 = [pi/2*rand(n,1)+pi/2; (pi/2*rand(n,1)-pi/2)];            %Q2 和 Q4 的随机角度
X2 = [r2.*cos(t2) r2.*sin(t2)];
X = [X1; X2];                                                 % 预测值
Y = ones(4*n,1);
Y(2*n + 1:end) = -1;                                          % 标签
>> % 绘制数据图，效果如图 9-13 所示
figure;
gscatter(X(:,1),X(:,2),Y);
title(' 模拟数据散点图 ')
```

（2）编写一个函数，该函数接收特征空间中的两个矩阵作为输入，并使用 Sigmoid 核函数将它们转换为格拉姆矩阵（Gram matric）。

```
function G = mysigmoid(U,V)
%具有斜率 gamma 和截距 c 的 Sigmoid 核函数
gamma = 1;
c = -1;
G = tanh(gamma*U*V' + c);
end
```

将此代码保存为 MATLAB 路径上名为 mysigmoid 的文件。

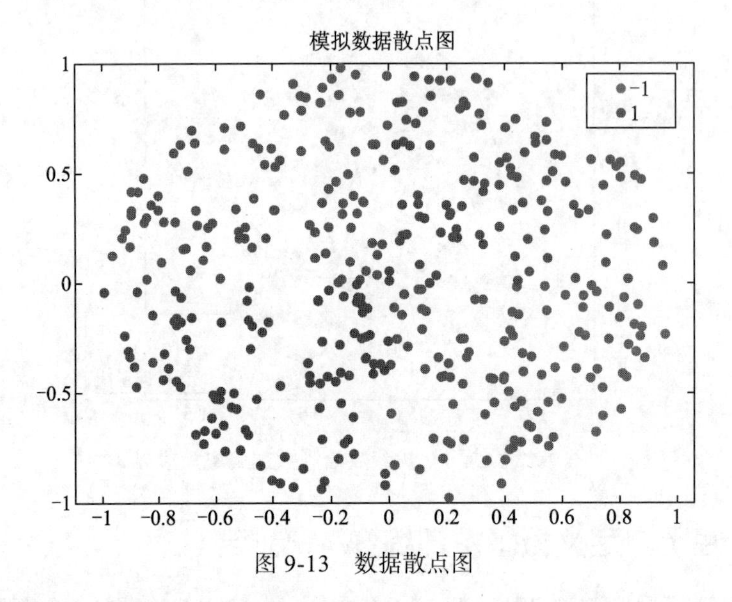

图 9-13　数据散点图

（3）使用 Sigmoid 核函数训练 SVM 分类器。

```
>> Mdl1 = fitcsvm(X,Y,'KernelFunction','mysigmoid','Standardize',true);
```

Mdl1 是 ClassificationSVM 分类器，其中包含估计的参数。

（4）绘制数据，并确定支持向量和决策边界，效果如图 9-14 所示。

```
>> %计算网格上的分数
d = 0.02;                                                              %网格的步长
[x1Grid,x2Grid] = meshgrid(min(X(:,1)):d:max(X(:,1)),...
    min(X(:,2)):d:max(X(:,2)));
xGrid = [x1Grid(:),x2Grid(:)];                                         %网格
[~,scores1] = predict(Mdl1,xGrid);                                     %分数

figure;
h(1:2) = gscatter(X(:,1),X(:,2),Y);
hold on
h(3) = plot(X(Mdl1.IsSupportVector,1),...
    X(Mdl1.IsSupportVector,2),'ko','MarkerSize',10);
    %支持向量机
contour(x1Grid,x2Grid,reshape(scores1(:,2),size(x1Grid)),[0 0],'k');
    %决策边界
```

```
title('带有决策边界的散点图')
legend({'-1','1','支持向量机'},'Location','Best');
hold off
```

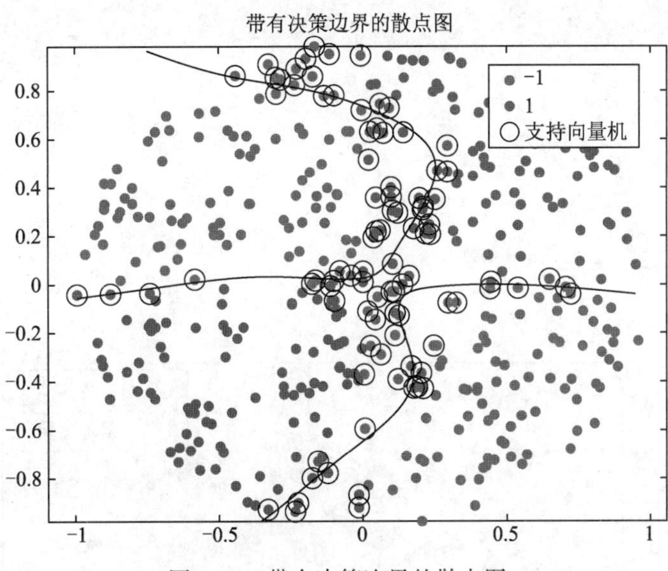

图 9-14　带有决策边界的散点图

可以调整核参数，尝试改进决策边界的形状，这可能降低样本内的误分类率，但应首先确定样本外的误分类率。

（5）使用 10 折交叉验证确定样本外的误分类率。

```
>> CVMdl1 = crossval(Mdl1);
misclass1 = kfoldLoss(CVMdl1);
misclass1
misclass1 =
    0.1350
```

由输出结果可看出，样本外的误分类率为 13.5%。

（6）编写另一个 Sigmoid 核函数，但设置 gamma = 0.5。

```
function G = mysigmoid2(U,V)
% 具有斜率 gamma 和截距 c 的 Sigmoid 核函数
gamma = 0.5;
c = -1;
G = tanh(gamma*U*V' + c);
end
```

将此代码保存为 MATLAB 路径上名为 mysigmoid2 的文件。

（7）使用调整后的 Sigmoid 核函数训练另一个 SVM 分类器。绘制数据和决策区域，并确定样本外的误分类率，效果如图 9-15 所示。

```
>> Mdl2 = fitcsvm(X,Y,'KernelFunction','mysigmoid2','Standardize',true);
[~,scores2] = predict(Mdl2,xGrid);

figure;
```

```
h(1:2) = gscatter(X(:,1),X(:,2),Y);
hold on
h(3) = plot(X(Mdl2.IsSupportVector,1),...
    X(Mdl2.IsSupportVector,2),'ko','MarkerSize',10);
title('带有决策边界的散点图')
contour(x1Grid,x2Grid,reshape(scores2(:,2),size(x1Grid)),[0 0],'k');
legend({'-1','1','支持向量机'},'Location','Best');
hold off
CVMdl2 = crossval(Mdl2);
misclass2 = kfoldLoss(CVMdl2);
misclass2
misclass2 =
    0.0450
```

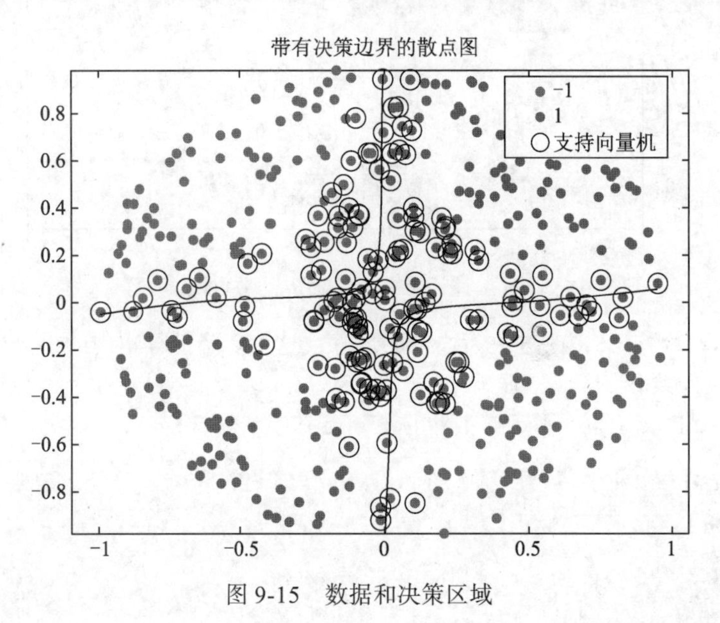

图 9-15　数据和决策区域

在调整 Sigmoid 斜率后，新决策边界似乎可以提供更好的样本内拟合，交叉验证率收缩到 66% 以上。

9.4.3　绘制 SVM 分类模型的后验概率区域

此实例说明如何预测 SVM 模型在观测网格上的后验概率，然后绘制该网格上的后验概率。绘制后验概率会显现出决策边界。

（1）加载 Fisher 鸢尾花数据集。使用花瓣长度和宽度训练分类器，并从数据中删除海滨锦葵物种。

```
>> load fisheriris
classKeep = ~strcmp(species,'virginica');
X = meas(classKeep,3:4);
y = species(classKeep);
```

（2）使用数据训练 SVM 分类器（指定类的顺序是很好的做法）。

```
>> SVMModel = fitcsvm(X,y,'ClassNames',{'setosa','versicolor'});
```

（3）估计最佳分数变换函数。

```
>> rng(1);                                              %重复性
[SVMModel,ScoreParameters] = fitPosterior(SVMModel);
ScoreParameters
警告：分类已完美区分。将分数变换为后验概率的最优方式为阶跃函数。
ScoreParameters =
包含以下字段的 struct:
                        Type: 'step'
                  LowerBound: -0.8431
                  UpperBound: 0.6897
    PositiveClassProbability: 0.5000
```

最佳分数变换函数是阶跃函数，因为类是可分离的。ScoreParameters 的字段 LowerBound 和 UpperBound 指示与类分离超平面（边距）内观测值对应的分数区间的下端点和上端点，没有训练观测值的落在边距内。如果区间中有一个新分数，则模型会为对应的观测值分配一个正类后验概率，即 ScoreParameters 的 PositiveClassProbability 字段中的值。

（4）在观测到的预测变量空间中定义一个数值网格，预测该网格中每个实例的后验概率。

```
>> xMax = max(X);
xMin = min(X);
d = 0.01;
[x1Grid,x2Grid] = meshgrid(xMin(1):d:xMax(1),xMin(2):d:xMax(2));
[~,PosteriorRegion] = predict(SVMModel,[x1Grid(:),x2Grid(:)]);
```

（5）绘制正类后验概率区域和训练数据，效果如图 9-16 所示。

```
>> figure;
contourf(x1Grid,x2Grid,...
        reshape(PosteriorRegion(:,2),size(x1Grid,1),size(x1Grid,2)));
h = colorbar;
h.Label.String = 'P(versicolor)';
h.YLabel.FontSize = 16;
colormap jet;

hold on
gscatter(X(:,1),X(:,2),y,'mc','.x',[15,10]);
sv = X(SVMModel.IsSupportVector,:);
plot(sv(:,1),sv(:,2),'yo','MarkerSize',15,'LineWidth',2);
axis tight
hold off
```

在二类学习中，如果类是可分离的，则有三个区域：一个是包含正类后验概率为 0 的观测值的区域，另一个是包含正类后验概率为 1 的观测值的区域，还有一个是包含具有正类先验概率的观测值的区域。

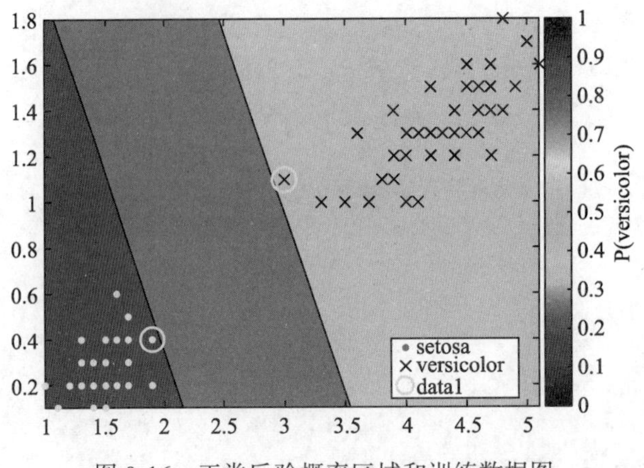

图 9-16　正类后验概率区域和训练数据图

9.4.4　使用线性支持向量机分析图像

此实例说明如何通过训练由线性 SVM 二类学习器组成的多类纠错输出码模型来确定形状占据图像的哪个象限。实例还说明存储支持向量、标签和估计的 α 系数的 ECOC 模型的磁盘空间消耗。

（1）创建数据集。

在一个 50 × 50 图像中随机放置一个半径为 5 的圆，生成 5000 幅图像。为每幅图像创建一个标签，指示圆占据的象限。象限 1 在右上角，象限 2 在左上角，象限 3 在左下角，象限 4 在右下角，并预测变量是每个像素的强度。

```
>> d = 50;                                              % 图像的高度和宽度（以像素为单位）
n = 5e4;                                                % 样本尺寸
X = zeros(n,d^2);                                       % 预测矩阵预分配
Y = zeros(n,1);                                         % 标签预分配
theta = 0:(1/d):(2*pi);
r = 5;                                                  % 圆半径
rng(1);                                                 % 重复性

for j = 1:n
    figmat = zeros(d);                                  % 空图像
    c = datasample((r + 1):(d - r - 1),2);              % 随机圆心
    x = r*cos(theta) + c(1);                            % 围成一圈
    y = r*sin(theta) + c(2);
    idx = sub2ind([d d],round(y),round(x));             % 转换为线性索引
    figmat(idx) = 1;                                    % 绘制圆
    X(j,:) = figmat(:);                                 % 存储数据
    Y(j) = (c(2) >= floor(d/2)) + 2*(c(2) < floor(d/2)) + ...
        (c(1) < floor(d/2)) + ...
        2*((c(1) >= floor(d/2)) & (c(2) < floor(d/2)));        % 确定象限
end
```

（2）绘制观测值，效果如图 9-17 所示。

```
>> figure
```

```
imagesc(figmat)
h = gca;
h.YDir = 'normal';
title(sprintf('象限 %d',Y(end)))
```

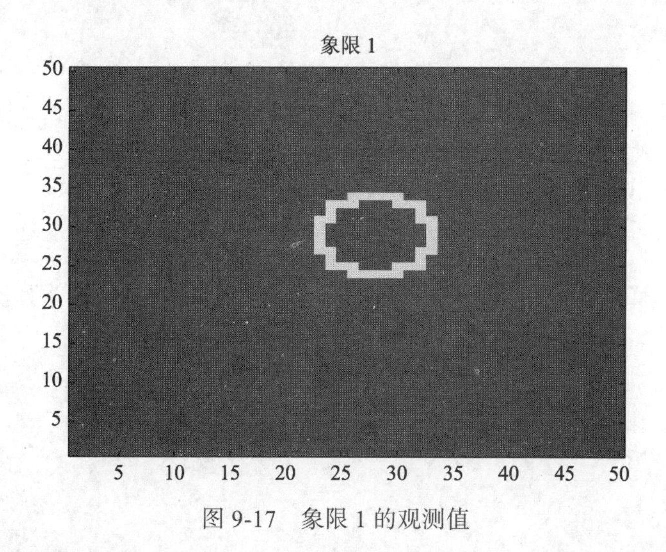

图 9-17　象限 1 的观测值

（3）训练 ECOC 模型。使用 25% 的留出样本，并指定训练样本和留出样本索引。

```
>> p = 0.25;
CVP = cvpartition(Y,'Holdout',p);                    % 交叉验证数据分区
isIdx = training(CVP);                               % 训练样本索引
oosIdx = test(CVP);                                  % 测试样本索引
```

（4）创建一个 SVM 模型，它指定存储二类分类器的支持向量。将它和训练数据传递给 fitcecoc 以训练模型，确定训练样本的分类误差。

```
>> t = templateSVM('SaveSupportVectors',true);
MdlSV = fitcecoc(X(isIdx,:),Y(isIdx),'Learners',t);
isLoss = resubLoss(MdlSV)
isLoss =
     0
```

MdlSV 是经过训练的 ClassificationECOC 模型，它存储每个二类分类器的训练数据和支持向量。对于大型数据集（如图像分析中的数据集），该模型会消耗大量内存。

（5）确定 ECOC 模型消耗的磁盘空间量。

```
>> infoMdlSV = whos('MdlSV');
mbMdlSV = infoMdlSV.bytes/1.049e6
mbMdlSV =
  763.6163
```

该模型消耗的磁盘空间量为 763.6 MB。

（6）提高模型效率，可以评估样本外的性能，还可以使用不包含支持向量，相关参数和训练数据的压缩模型来评估模型是否过拟合。可从经过训练的 ECOC 模型中丢弃支持向量和相关参数，并使用 compact 从生成的模型中丢弃训练数据。

```
>> Mdl = discardSupportVectors(MdlSV);
CMdl = compact(Mdl);
info = whos('Mdl','CMdl');
[bytesCMdl,bytesMdl] = info.bytes;
memReduction = 1 - [bytesMdl bytesCMdl]/infoMdlSV.bytes
memReduction =
    0.0626    0.9996
```

从输出结果中可知，丢弃支持向量可将内存消耗减少大约 6.26%，压缩和丢弃支持向量会将内存消耗减少大约 99.96%。

（7）从工作区中删除 Mdl 和 MdlSV。

```
>> clear Mdl MdlSV
```

（8）评估留出样本性能。计算留出样本的分类误差，绘制留出样本预测的样本，效果如图 9-18 所示。

```
>> oosLoss = loss(CMdl,X(oosIdx,:),Y(oosIdx))
oosLoss =
     0
>> figure;
for j = 1:9
    subplot(3,3,j)
    imagesc(reshape(X(oosIdx(j),:),[d d]))
    h = gca;
    h.YDir = 'normal';
    title(sprintf('象限 : %d',yHat(j)))
end
text(-1.33*d,4.5*d + 1,'Predictions','FontSize',17)
```

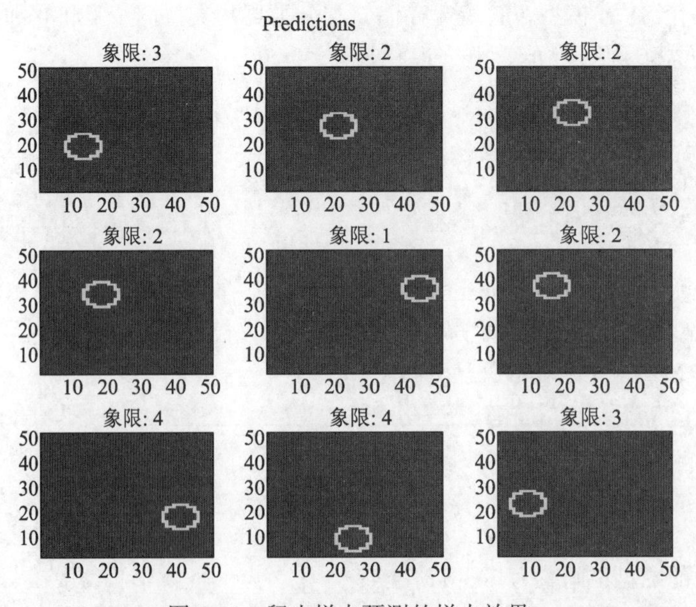

图 9-18　留出样本预测的样本效果

注意：该模型不会对任何留出样本的观测值进行误分类。

第 10 章 朴素贝叶斯算法分析

CHAPTER 10

朴素贝叶斯模型假设在给定类成员关系的情况下，观测值具有某种多元分布，但构成观测值的预测变量或特征是彼此独立的，此模型可以容纳完整的特征集，这样一个观测值为一个多项计数集。

朴素贝叶斯算法是一种经典的概率分类算法，它基于贝叶斯定理和特征独立性假设。该算法常被用于文本分类、垃圾邮件过滤、情感分析等领域。

在朴素贝叶斯算法中，为了简化计算，特征之间被假设为相互独立。尽管这个假设在现实问题中并不总成立，但朴素贝叶斯算法仍然表现出良好的分类效果。

10.1 贝叶斯公式

贝叶斯公式又称为贝叶斯规则，是概率统计中的应用所观察到的现象对有关概率分布的主观判断（先验概率）进行修正的标准方法。贝叶斯公式中涉及先验概率、后验概率、条件概率等。

（1）先验概率：基于统计的概率，是基于以往历史经验和分析得到的结果，不需要依赖当前发生的条件。

（2）后验概率：以先验概率为基础，由因推果，是基于当下发生事件之后计算的概率，依赖当前发生的条件。

（3）似然函数：一种关于统计模型参数的函数，表示模型参数中的似然性。

（4）条件概率：记事件 A 发生的概率为 $P(A)$，事件 B 发生的概率为 $P(B)$，则在事件 B 发生的前提下，事件 A 发生的概率即条件概率，记为 $P(A|B)$，读作“在 B 条件下 A 的概率”。

（5）联合概率：两个事件同时发生的概率。A 与 B 的联合概率表示为 $P(AB)$，或者 $P(A,B)$，或者 $P(A \cap B)$。

（6）贝叶斯公式：基于条件概率 $P(B|A)$ 求得联合概率，再求得 $P(A|B)$。

$$P(A|B)=\frac{P(AB)}{P(B)}=\frac{P(B|A)\cdot P(A)}{P(B)}$$

将 A 看成“类别”，B 看成“属性”，则贝叶斯公式被看成：

$$P(\text{类别}|\text{属性})=\frac{P(\text{属性}|\text{类别})\cdot P(\text{类别})}{P(\text{属性})}$$

图 10-1 显示 theta 的似然函数、先验概率和后验概率。

```
>> rng(0,'twister');
n = 20;
sigma = 50;
x = normrnd(10,sigma,n,1);
mu = 30;
tau = 20;
theta = linspace(-40, 100, 500);
y1 = normpdf(mean(x),theta,sigma/sqrt(n));
y2 = normpdf(theta,mu,tau);
postMean = tau^2*mean(x)/(tau^2+sigma^2/n) + sigma^2*mu/n/(tau^2+sigma^2/n);
postSD = sqrt(tau^2*sigma^2/n/(tau^2+sigma^2/n));
y3 = normpdf(theta, postMean,postSD);
plot(theta,y1,'-', theta,y2,'--', theta,y3,'-.')
legend('似然函数','先验概率','后验概率')
xlabel('\theta')
```

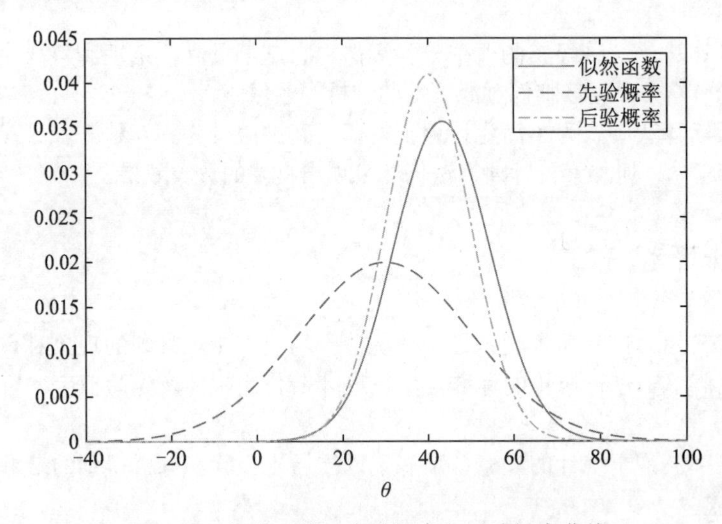

图 10-1　似然函数、先验概率和后验概率曲线

10.2　朴素贝叶斯算法的原理

假设每个特征之间没有联系，给定训练数据集，其中，每个样本 x 都包含 n 维特征，即 $\boldsymbol{x}=(x_1,x_2,\cdots,x_n)$，类标记集合 $\boldsymbol{y}$ 含有 k 个类别，即 $\boldsymbol{y}=(y_1,y_2,\cdots,y_k)$。

对于给定的新样本 $\boldsymbol{x}$，判断其属于哪个标记的类别，根据贝叶斯定理，可以得到 $\boldsymbol{x}$ 属于 y_k 类别的概率：

$$P(y_k \mid \boldsymbol{x})=\frac{P(\boldsymbol{x} \mid y_k)\cdot P(y_k)}{\sum_k P(\boldsymbol{x} \mid y_k)\cdot P(y_k)} \tag{10-1}$$

后验概率最大的类别记为预测类别，即

$$\underset{y_k}{\arg\max}\, P(y_k \mid \boldsymbol{x})$$

朴素贝叶斯算法对条件概率分布作出了独立性的假设，通俗地讲就是假设各个维度的特

征 $x_1, x_2, \cdots, x_n$ 相互独立，在这个假设的前提下，条件概率可以转换为

$$P(\boldsymbol{x} \mid y_k) = P(x_1, x_2, \cdots, x_n \mid y_k) = \prod_{i=1}^{n} P(x_i \mid y_k)$$

代入式（10-1），得到

$$P(y_k \mid \boldsymbol{x}) = \frac{P(y_k) \cdot \prod_{i=1}^{n} P(x_i \mid y_k)}{\sum_k P(y_k) \cdot \prod_{i=1}^{n} P(x_i \mid y_k)}$$

于是，朴素贝叶斯分类器可表示为

$$f(\boldsymbol{x}) = \arg\max_{y_k} P(y_k \mid \boldsymbol{x}) = \arg\max_{y_k} \frac{P(y_k) \cdot \prod_{i=1}^{n} P(x_i \mid y_k)}{\sum_k P(y_k) \cdot \prod_{i=1}^{n} P(x_i \mid y_k)}$$

因为对所有的 y_k，上式中的分母值都是一样的，所以可以忽略分母部分，朴素贝叶斯分类器最终表示为

$$f(\boldsymbol{x}) = \arg\max_{y_k} P(y_k) \cdot \prod_{i=1}^{n} P(x_i \mid y_k)$$

10.3　朴素贝叶斯常用模型

介绍完朴素贝叶斯的概率模型后，目前主要的问题就集中在如何估计模型 $K\sum_{i=1}^{n} S_j$ 个参数：$P(Y = c_k)$，$P(X^{(j)} = x^{(j)} \mid Y = c_k)$，估算出参数就可以对输入向量 $\boldsymbol{x}$ 进行预测。针对这些参数的求解方法不同，存在不同的朴素贝叶斯类型，具体介绍 3 种：伯努利朴素贝叶斯、多项式朴素贝叶斯和高斯朴素贝叶斯。不同类型的朴素贝叶斯对参数的求解方法不同，而根源在于对条件概率 $P(X = \boldsymbol{x} \mid Y = c_k)$ 的假设分布不同，即在给定类别的情况下，对 X 假设的分布不同：伯努利假设是伯努利分布，多项式假设是多项式分布，而高斯假设也就是高斯分布。

10.3.1　伯努利朴素贝叶斯模型

假设 $P(X = \boldsymbol{x} \mid Y = c_k)$ 是多元伯努利分布。在了解多元伯努利分布前，先介绍什么是（单元）伯努利分布。

1. 伯努利分布

伯努利分布又叫作两点分布或 0-1 分布，是一个离散型概率分布。如果随机变量 X 服从伯努利分布，参数为 $p(0 \leqslant p \leqslant 1)$，它分别以概率 p 和 $1-p$ 取 1 和 0 为值。

最简单的例子就是抛硬币，硬币结果为正或反：

$$P(X = x) = p^x (1-p)^{(1-x)} = px + (1-p)(1-x)$$

幂次运算变成乘法运算，更简单。当 x=1 时，概率是 $P(X = 1) = p$；当 x=0 时，概率 $P(X = 0) = 1 - p$，这样就可以将两种情况结合在一起。

2. 多元伯努利分布

多元伯努利分布，就是同时进行多个不同的伯努利实验，$P(X=\boldsymbol{x})=\boldsymbol{\theta}$，其中，$\boldsymbol{x}$ 是一个向量，$\boldsymbol{\theta}$ 也是一个向量，表示不同伯努利实验的参数。

假设文档的生成模型 $P(X=\boldsymbol{x}\mid Y=c_k)$ 假设服从多元伯努利分布，即 $\boldsymbol{x}=(x^{(1)},x^{(2)},\cdots,x^{(n)})$ 是一个向量形式，而其中 $x^{(j)}\in\{0,1\}$，也就是说，$\boldsymbol{x}$ 是独热形式的向量（每个维度值是 1 或 0），表示这个维度的特征是否出现。特征集 $\boldsymbol{F}=\{f_1,f_2,\cdots,f_n\}$ 有 n 个特征，特征集的维度决定了输入空间 X 的维度，而且特征集的维度可以对应到输入空间的各个维度上，对应公式为

$$
\begin{aligned}
&P(X=\boldsymbol{x}\mid Y=c_k)=P(X^{(1)}=x^{(1)},X^{(2)}=x^{(2)},\cdots,X^{(n)}=x^{(n)}\mid Y=c_k)\\
&=\prod_{i=1}^{n}p(t_i\mid Y=c_k)x^i+(1-p(t_i\mid Y=c_k))(1-x^i)
\end{aligned}
$$

因为特征之间的独立性，所以多元伯努利分布变成各个伯努利分布的连乘积，需要注意的是因为是伯努利分布，特征出现有一个概率 p，特征不出现也有一个概率 $1-p$，最终模型的参数估计完成之后，对新样本进行预测时，如果某个特征不出现，需要乘以这个特征不出现的概率，不能只计算特征出现的概率。两个向量直接相乘，并不能得到最终的结果。

对应的伯努利朴素贝叶斯模型为

$$
\begin{aligned}
P(X=\boldsymbol{x}\mid Y=c_k)&=\frac{P(Y=c_k)P(X=\boldsymbol{x}\mid Y=c_k)}{\sum_k P(X=\boldsymbol{x}\mid Y=c_k)P(Y=c_k)}\\
&=\frac{P(Y=c_k)\prod_{j=1}^{n}p(t_j\mid Y=c_k)x^j+(1-p(t_j\mid Y=c_k))(1-x^j)}{\sum_k P(Y=c_k)\prod_{j=1}^{n}P(X^{(j)}=x^{(j)}\mid Y=c_k)}
\end{aligned}
$$

为了简化运算，可以将分母忽略，虽然对应的结果不是真正的概率，但是相同样本的各个后验概率之间的大小关系保持不变，同时如果两边同时做对数运算，后验概率之间的大小关系同样保持不变。因此，

$$
\begin{aligned}
y&=\arg\max_{c_k}P(Y=c_k)\prod_{j=1}^{n}P(X^{(j)}=x^{(j)}\mid Y=c_k)\\
&=\arg\max_{c_k}\log P(Y=c_k)+\sum_{j=1}^{n}\log P(X^{(j)}=x^{(j)}\mid Y=c_k)
\end{aligned}
$$

了解多元伯努利分布之后，接下来的工作就是对参数进行估计，计算 $P(x^i\mid Y=c_k)P(Y=c_k)$。

3. 参数估计

参数估计的过程是朴素贝叶斯分类器学习的过程，而参数估计可以使用极大似然估计。先验概率 $P(Y=c_k)$ 的极大似然估计为

$$
P(Y=c_k)=\frac{\sum_{i=1}^{N}I(y_i=c_k)}{N},k=1,2,\cdots,K
$$

其中，$I(\boldsymbol{x})$ 是一个指示函数，如果 $\boldsymbol{x}$ 为真，$I(\boldsymbol{x})=1$；如果 $\boldsymbol{x}$ 为假，$I(\boldsymbol{x})=0$。用语言描述，概率 $P(Y=c_k)$ 等于在 N 个样本的数据集中，类别为 c_k 的样本所占的比例。

条件概率 $P(X^{(i)}=x^{(i)}\mid Y=c_k)$ 的极大似然估计为

$$P(X^{(i)}=x^{(i)} \mid Y=c_k)=\frac{\sum_{i=1}^{N} I(X^{(i)}=x^{(i)}, y_i=c_k)}{\sum_{i=1}^{N} I(y_i=c_k)}$$

用语言描述,条件概率 $P(X^{(i)}=x^{(i)} \mid Y=c_k)$ 等于在类别 c_k 的样本集合（数据集的子集）中，第 i 个特征等于 x^i 的概率，x^i 是 0 或 1，而且 $P(X^{(i)}=x^{(i)} \mid Y=c_k)$ 服从伯努利分布，所以只需计算一个，如 $P(X^{(i)}=1 \mid Y=c_k)$。$P(X^{(i)}=0 \mid Y=c_k)=1-P(X^{(i)}=1 \mid Y=c_k)$，因为两个概率和为 1（这是同一个变量）。

10.3.2　多项式朴素贝叶斯

多项式朴素贝叶斯，假设 $P(X=\boldsymbol{x} \mid Y=c_k)$ 是多项式分布。在了解多项式朴素贝叶斯之前，先介绍什么是多项式分布。

1. 多项式分布

将伯努利分布的单变量扩展到 d 维向量 $\boldsymbol{x}$，其中 $x_i \in (0,1)$，且 $\sum_{i=1}^{d} x_i=1$，假设 $x_i=1$ 的概率是 $\mu \in (0,1)$，并且 $\sum_{i=1}^{d} \boldsymbol{\mu}_i=1$，则将得到离散分布：

$$P(\boldsymbol{x} \mid \mu)=\prod_{i=1}^{d} \boldsymbol{\mu}_i^{x_i}$$

其中，$\boldsymbol{\mu}_i^{x_i}$ 是 d 维向量形式。在此基础上扩展二项分布到多项分布，该分布描述的是在 n 次独立实验中，有 m_i 次 $x_i=1$ 的概率，其密度函数可表达为

$$p(m_1,m_2,\cdots,m_d \mid n,\mu)=\frac{n!}{m_1!m_2!\cdots m_d!}\prod_{i=1}^{d} \mu_i^{m_i}$$

多项式分布的期望与方差如下：

$$E(x)=n\mu_i$$
$$\operatorname{var}(x)=n\mu_i(1-\mu_i)$$

2. 多项式朴素贝叶斯分布模型

多项式分布应用到朴素贝叶斯上,对于文档分类问题来说,假设在给定文档类型的基础上，文档生成模型 $P(X=\boldsymbol{x} \mid Y=c_k)$ 是一个多项式分布。需要注意的是，应用在文本分类的多项式朴素贝叶斯模型前，一般多项式条件概率为

$$\begin{aligned} P(X=\boldsymbol{x} \mid Y=c_k) &= P(X^1=x^1, X^2=x^2, \cdots, X^d=x^d \mid Y=c_k) \\ &= P(|\boldsymbol{x}|)\frac{n!}{x^1!x^2!\cdots x^d!}\prod_{i=1}^{d} P(w_i \mid Y=c_k)x^i \end{aligned}$$

多项式朴素贝叶斯概率模型为

$$P(X=\boldsymbol{x} \mid Y=c_k)=\frac{P(Y=c_k)\frac{n!}{x^1!x^2!\cdots x^d!}\prod_{i=1}^{d} P(w_i \mid Y=c_k)x^i}{P(X=\boldsymbol{x})}$$

为了方便，假设文章长度和文章的类别之间没有相关性，即 $P(|x|)$ 的分布与文章所属类别无关。另外，由于最终所属类别是后验概率最大对应的类别，所以，可以将文章长度 $P(|\boldsymbol{x}|)$ 建模的概率忽略，即

$$
\begin{aligned}
P(X=\boldsymbol{x}\mid Y=c_k) &= P(X^1=x^1, X^2=x^2, \cdots, X^d=x^d \mid Y=c_k)\\
&= \frac{n!}{x^1!x^2!\cdots x^d!}\prod_{i=1}^{d}P(w_i\mid Y=c_k)x^i
\end{aligned}
$$

为了更加方便，通常对两边取对数（log）运算，将幂次运算转换为线性运算。

$$
\begin{aligned}
\log P(X=\boldsymbol{x}\mid Y=c_k) &= \log P(X^1=x^1, X^2=x^2, \cdots, X^d=x^d \mid Y=c_k)\\
&= \frac{n!}{x^1!x^2!\cdots x^d!}\prod_{i=1}^{d}P(w_i\mid Y=c_k)x^i
\end{aligned}
$$

也可以将文章长度阶乘省略，变成

$$
\begin{aligned}
y &= \arg\max_{c_k} P(Y=c_k)P(X=\boldsymbol{x}\mid Y=c_k)\\
&= \arg\max_{c_k} \log P(Y=c_k)+\sum_{j=1}^{d}x^{(j)}\log P(w_j\mid Y=c_k)
\end{aligned}
$$

这样就变成线性运算，与线性回归一样，运算高效且简单。

3. 参数估计

参数估计的过程是朴素贝叶斯分类器学习的过程，而参数估计可以使用极大似然估计。先验概率 $P(Y=c_k)$ 等于在 N 个样本的数据集中，类别为 c_k 的样本所占的比例。

条件概率 $P(w_t\mid Y=c_k)$ 的极大似然估计是

$$
P(w_t\mid Y=c_k)=\frac{\sum_{i=1}^{N}I(w_t=1, y_i=c_k)x_i^{(t)}}{\sum_{i=1}^{N}\sum_{s=1}^{d}I(w_s=1, y_i=c_k)x_i^{(s)}}
$$

条件概率 $P(w_t\mid Y=c_k)$ 等于在类别为 c_k 的样本集合中，第 t 个特征出现的总次数占 c_k 类样本的总次数的比例。

为了方便理解，将 $N_{t,k}$ 表示为第 k 类样本集合中第 t 个特征出现的总次数，N_k 表示为在所有样本中第 k 类样本的总次数，简写为

$$
P(w_t\mid Y=c_k)=\frac{N_{t,k}}{N_k}
$$

10.3.3 高斯朴素贝叶斯

高斯朴素贝叶斯，假设 $P(X=x\mid Y=c_k)$ 是多元高斯分布。在了解高斯朴素贝叶斯前，先介绍高斯分布及多元高斯分布。

1. 高斯分布

高斯分布又称为正态分布，在实际应用中最为广泛。对于单变量 $x\in(-\infty,+\infty)$，高斯分布的参数有两个，分别是均值 $\mu\in(-\infty,+\infty)$ 和方差 $\sigma^2>0$，其概率密度函数为

$$
N(x\mid\mu,\sigma^2)=\frac{1}{\sqrt{2\pi}\sigma}\exp\left\{\frac{(x-\mu)^2}{2\sigma^2}\right\}
$$

2. 高斯朴素贝叶斯模型

高斯朴素贝叶斯模型假设条件概率 $P(X=\boldsymbol{x}\mid Y=c_k)$ 是多元高斯分布，可以通过对每个特征的条件概率建模，每个特征的条件概率 $N(\mu_t,\sigma_t^2)$ 服从高斯分布。

在样本类别 c 中第 i 个特征对应的高斯分布为

$$g(x_i;\mu_{i,c},\sigma_{i,c})=\frac{1}{\sigma_{i,c}\sqrt{2\pi}}\exp\left\{\frac{(x_i-\mu_{i,c})}{2\sigma_{i,c}^2}\right\}$$

其中，$\mu_{i,c}$，$\sigma_{i,c}^2$ 表示样本类别 c 中第 i 个特征的均值和方差。由于特征之间的独立性假设，可以得到条件概率：

$$P(X=\boldsymbol{x}\mid Y=c)=\prod_{i=1}^{d}g(x_i;\mu_{i,c},\sigma_{i,c})$$

一共有 d 个特征。高斯朴素贝叶斯变成

$$P(Y=c_k\mid X=\boldsymbol{x})=\frac{P(Y=c_k)P(X=\boldsymbol{x}\mid Y=c_k)}{\sum_k P(X=\boldsymbol{x}\mid Y=c_k)P(Y=c_k)}\propto P(Y=c_k)PP(X=\boldsymbol{x}\mid Y=c_k)$$

$$y=\arg\max_{c_k} P(Y=c_k)P(X=\boldsymbol{x}\mid Y=c_k)$$

接着对参数进行估计，计算 $\mu_{i,c}$ 和 $\sigma_{i,c}^2$。

3. 参数估计

先验概率与之前的估算方法相同,不再描述。下面主要是对高斯分布的均值和方差的估计，采用的方法仍然是极大似然估计。

均值的估计 $\mu_{i,c}$ 是在样本类别 c 中所有 X_i 的平均值；方差的估计 $\sigma_{i,c}^2$ 为样本类别 c 中所有 X_i 的方差。对于一个连续的样本值，代入高斯分布，就可以求出它的概率分布。

所有参数估计完成后，就可以计算给定样本的条件概率 $P(X=\boldsymbol{x}\mid Y=c_k)$，进而可以计算 $P(Y=c_k)P(X=\boldsymbol{x}\mid Y=c_k)$，之后就可以确定样本类别，完成模型预测。

10.4 拉普拉斯平滑

为了解决零概率的问题，法国数学家拉普拉斯最早提出用加 1 的方法估计没有出现过的现象的概率，所以加法平滑也叫作拉普拉斯平滑。假定训练样本很大时，每个分量 x 的计数加 1 造成的估计概率变化可以忽略不计，但可以方便有效地避免零概率问题。

$P(y_k)\times\prod_{i=1}^{n}P(x_i\mid y_k)$ 是一个多项式乘法公式，其中有一项数值为 0，则整个公式就为 0，显然不合理，避免每一项为 0 的做法就是在分子、分母上各加一个数值：

$$P(y)=\frac{|D_y|+1}{|D_y|+N}$$

其中，$|D_y|$ 表示类别为 y 的样本数，$|D|$ 为样本总数，N 为分类总数。

$$P(x_i\mid D_y)=\frac{|D_y,x_i|+1}{|D_y|+N_i}$$

其中，$|D_y, x_i|$ 表示类别为 y 的属性为 i 的样本数，$|D_y|$ 表示类别为 y 的样本数，N_i 表示属性 i 的可能取值。

在实际使用中，经常使用加 $\lambda(0\leqslant\lambda\leqslant1)$ 来代替简单加 1。如果对 N 个计数都加上 λ，这时分母需要加上 $N\lambda$。

10.5 朴素贝叶斯算法的优缺点

与其他算法一样，朴素贝叶斯算法也存在优点与缺点。

1. 优点

朴素贝叶斯算法的优点主要表现在以下 3 方面。

（1）朴素贝叶斯模型有稳定的分类效率。

（2）对小规模的数据表现很好，能处理多分类任务，适合增量式训练，尤其是数据量超出内存时，可以一批批地去增量训练。

（3）对缺失数据不太敏感，算法比较简单，常用于文本分类。

2. 缺点

同样地，算法存在相应缺点，主要表现在以下两方面。

（1）需要知道先验概率，且先验概率很多时候取决于假设，假设的模型可以有很多种，因此在某些时候会由于假设的先验模型，预测效果不佳。

（2）对输入数据的表达形式很敏感（离散或连续，极大值或极小值）。

10.6 朴素贝叶斯算法的创建函数

在 MATLAB 中，fitcnb 函数用于创建训练多类朴素贝叶斯模型。函数的语法格式如下。

Mdl = fitcnb(Tbl,ResponseVarName)：返回一个多类朴素贝叶斯模型（Mdl），该模型由表 Tbl 中的预测值和变量 Tbl.ResponseVarName 中的类标签进行训练。

Mdl = fitcnb(Tbl,formula)：返回由表 Tbl 中的预测变量训练的多类朴素贝叶斯模型（Mdl）。参数 formula 是相应的解释模型，是 Tbl 中用于拟合 Mdl 的预测变量的子集。

Mdl = fitcnb(Tbl,Y)：返回由表 Tbl 中的预测变量和数组 Y 中的类标签训练的多类朴素贝叶斯模型（Mdl）。

Mdl = fitcnb(X,Y)：返回由预测变量 X 和类标签 Y 训练的多类朴素贝叶斯模型（Mdl）。

【例 10-1】实现鸢尾花数据集分类。

```
clear
load fisheriris
X = meas(:,1:2);
Y = species;
labels = unique(Y);
figure;                                        % 原始数据散点，如图 10-2 所示
gscatter(X(:,1), X(:,2), species,'rgb','osd');
xlabel('萼片的长 /cm');
ylabel('萼片的宽 /cm');
mdl = fitcnb(X,Y);
```

```
[xx1, xx2] = meshgrid(4:.01:8,2:.01:4.5);
XGrid = [xx1(:) xx2(:)];
[predictedspecies,Posterior,~] = predict(mdl,XGrid);

sz = size(xx1);
s = max(Posterior,[],2);
figure                                          % 效果如图 10-3 所示
hold on
surf(xx1,xx2,reshape(Posterior(:,1),sz),'EdgeColor','none')
surf(xx1,xx2,reshape(Posterior(:,2),sz),'EdgeColor','none')
surf(xx1,xx2,reshape(Posterior(:,3),sz),'EdgeColor','none')
xlabel('萼片的长 /cm');
ylabel('萼片的宽 /cm');
colorbar
view(2)
hold off
```

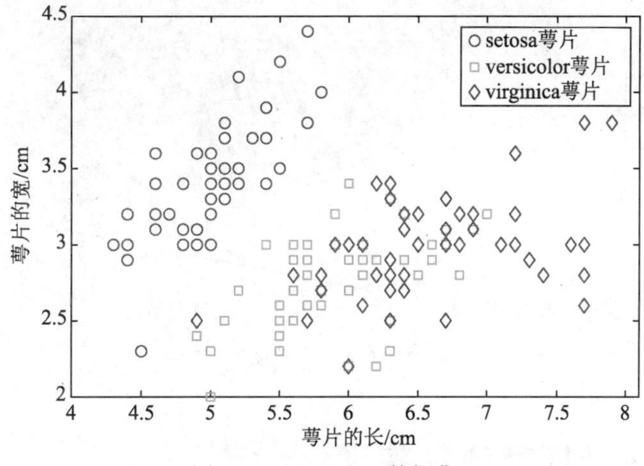

图 10-2　fisheriris 数据集

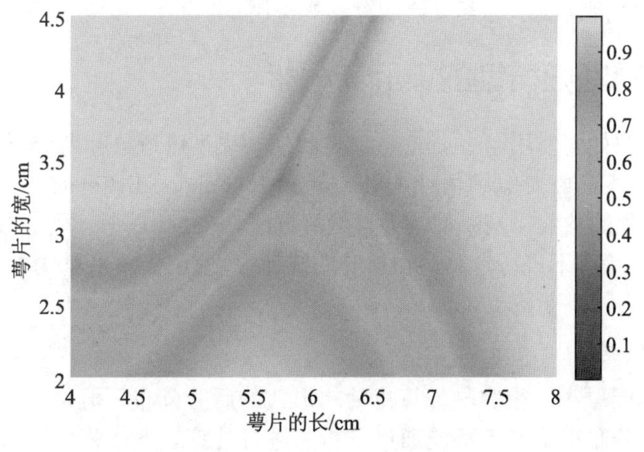

图 10-3　朴素贝叶斯模型

```
figure('Units','Normalized','Position',[0.25,0.55,0.4,0.35]);% 效果如图 10-4 所示
hold on
surf(xx1,xx2,reshape(Posterior(:,1),sz),'FaceColor','red','EdgeColor','none')
surf(xx1,xx2,reshape(Posterior(:,2),sz),'FaceColor','blue','EdgeColor','none')
surf(xx1,xx2,reshape(Posterior(:,3),sz),'FaceColor','green','EdgeColor','none')
xlabel('萼片的长 /cm');
ylabel('萼片的宽 /cm');
zlabel('概率');
legend(labels)
title('分类概率')
alpha(0.2)
view(3)
hold off
```

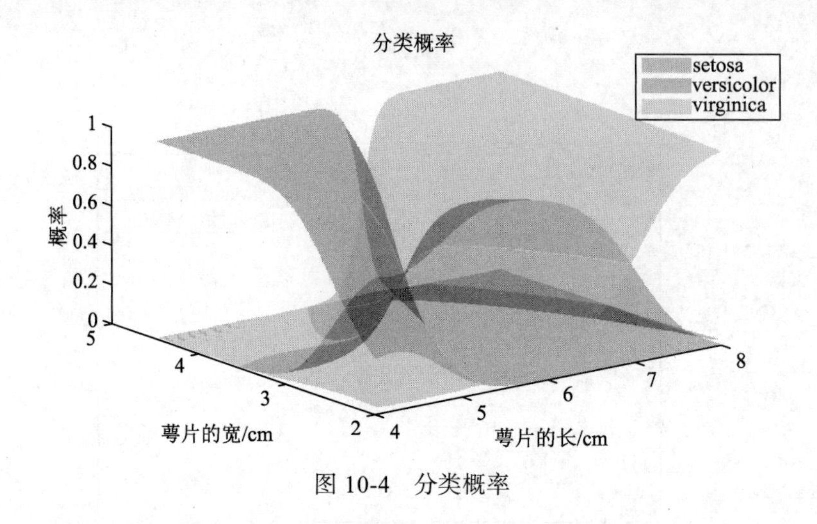

图 10-4　分类概率

10.7　朴素贝叶斯算法的实现

本节通过几个实例来演示朴素贝叶斯算法的应用。

10.7.1　逻辑回归模型的贝叶斯分析

本节的实例说明如何使用 slicesample 对逻辑回归模型进行贝叶斯分析。

统计推断通常基于最大似然估计（Maximum Likelihood Estimate，MLE）。MLE 选择能够使数据似然最大化的参数，是一种较为自然的方法。在 MLE 中，假定参数是未知但固定的数值，并在一定的置信度下进行计算。在贝叶斯统计中，使用概率来量化未知参数的不确定性，因而未知参数被视为随机变量。

1. 汽车试验数据

在一些简单的问题中，很容易计算出封闭形式的后验分布。但是，在涉及非共轭先验的一般问题中，后验分布很难或不可能通过分析来进行计算。下面将以逻辑回归作为实例。此实例包含一个试验，以帮助建模不同重量的汽车在里程测试中的未通过比例。数据包括被测汽车重量、汽车数量及失败次数等观测值。采用一组经过变换的重量，以减少回归参数估值

的相关性。

```
>> %设置汽车重量
weight = [2100 2300 2500 2700 2900 3100 3300 3500 3700 3900 4100 4300]';
weight = (weight-2800)/1000;       % recenter and rescale
%在每个重量下测试的汽车数量
total = [48 42 31 34 31 21 23 23 21 16 17 21]';
%在每个重量下油耗表现较差的汽车数量
poor = [1 2 0 3 8 8 14 17 19 15 17 21]';
```

2. 逻辑回归模型

逻辑回归（广义线性模型的一种特例）适合本试验的数据，因为响应变量为二项分布。逻辑回归模型可以写为

$$P(\text{failure}) = \frac{\mathrm{e}^{\boldsymbol{X}\boldsymbol{b}}}{1+\mathrm{e}^{\boldsymbol{X}\boldsymbol{b}}}$$

其中，$\boldsymbol{X}$ 为设计矩阵，$\boldsymbol{b}$ 为包含模型参数的向量。在 MATLAB 可定义此方程为

```
>> logitp = @(b,x) exp(b(1)+b(2).*x)./(1+exp(b(1)+b(2).*x));
```

在实例中，使用正态先验概率值表示截距 b1 和斜率 b2，即

```
>> prior1 = @(b1) normpdf(b1,0,20);                          %截距先验概率
prior2 = @(b2) normpdf(b2,0,20);                             %斜率先验概率
```

根据贝叶斯定理，模型参数的联合后验概率与似然函数和先验概率的乘积成正比。

```
>> post = @(b) prod(binopdf(poor,total,logitp(b,weight))) ...     %似然函数
        * prior1(b(1)) * prior2(b(2));                            %先验概率
```

注意，此模型中后验概率的归一化常数很难进行分析。但是，即使不知道归一化常数，如果知道模型参数的大致范围，也可以可视化后验概率，效果如图 10-5 所示。

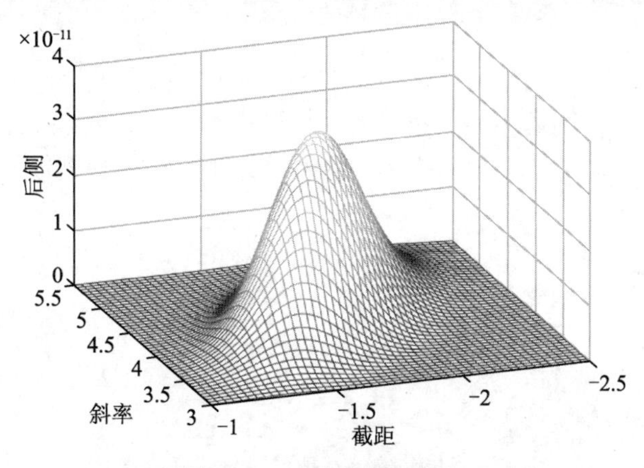

图 10-5　后验分布可视化

```
>> b1 = linspace(-2.5, -1, 50);
b2 = linspace(3, 5.5, 50);
simpost = zeros(50,50);
```

```
for i = 1:length(b1)
    for j = 1:length(b2)
        simpost(i,j) = post([b1(i), b2(j)]);
    end;
end;
mesh(b2,b1,simpost)
xlabel('斜率')
ylabel('截距')
zlabel('后侧')
view(-110,30)
```

此后验概率沿参数空间的对角线伸长，表明认为参数是相关的，但在收集任何数据之前，假设它们是独立的，原因在于其相关性来自先验分布与似然函数的组合。

3. 切片采样

蒙特卡洛方法常用于在贝叶斯数据分析中汇总后验概率，其思想是即使不能通过分析的方式计算后验概率，也可以从概率中生成随机样本，并使用这些随机值来估计后验概率或推断的统计量，如后验均值、中位数、标准差等。切片采样是一种算法，用于从具有任意密度函数的分布中进行采样，已知项最多只有一个比例常数，而这正是从归一化常数未知的复杂后验分布中采样所需要的。此算法不生成独立样本，而是生成马尔可夫序列，其平稳分布就是目标分布。因此，切片采样器是一种马尔可夫链蒙特卡洛（MCMC）算法。但是，它与其他众所周知的 MCMC 算法不同，因为只需要指定缩放的后验概率，不需要建议分布或边缘分布。

此实例说明如何使用切片采样器作为里程测试逻辑回归模型的贝叶斯分析的一部分，包括从模型参数的后验分布生成随机样本、分析采样器的输出，以及对模型参数进行推断。生成随机样本的代码如下。

```
>> initial = [1 1];
nsamples = 1000;
trace = slicesample(initial,nsamples,'pdf',post,'width',[20 2]);
```

4. 采样器输出分析

从切片采样器获取随机样本后，很重要的一点是，研究如收敛和混合之类的问题，以确定将样本视为来自目标后验分布的一组随机数是否合理。观察边缘轨迹图是检查输出的最简单方法，如图 10-6 所示。

```
>> subplot(2,1,1)
plot(trace(:,1))
ylabel('截距');
subplot(2,1,2)
plot(trace(:,2))
ylabel('斜率');
xlabel('样本数据');
```

从图 10-6 可以明显看出，在处理过程趋于平稳之前，参数起始值的影响会维持一段时间（大约 50 个样本）才会消失。

检查收敛以使用移动窗口计算统计量（如样本的均值、中位数或标准差）。这样可以产生比原始样本轨迹更平滑的图，并且更容易识别和理解任何非平稳性，如图 10-7 所示。

```
>> movavg = filter( (1/50)*ones(50,1), 1, trace);
subplot(2,1,1)
plot(movavg(:,1))
xlabel('样本数据')
ylabel('截距均值');
subplot(2,1,2)
plot(movavg(:,2))
xlabel('样本数据')
ylabel('斜率均值');
```

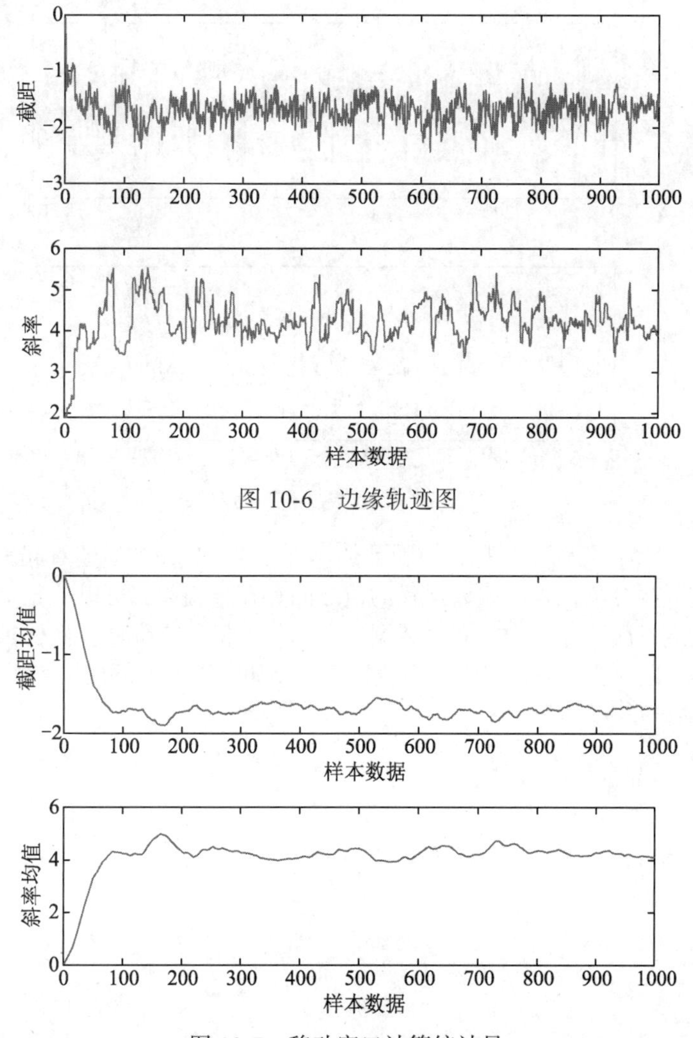

图 10-6　边缘轨迹图

图 10-7　移动窗口计算统计量

图 10-7 是基于包含 50 次迭代的窗口计算的移动平均值，可观察到，前 50 个值无法与图中的其他值进行比较。然而，每个图的其他值似乎证实参数后验概率均值在 100 次左右迭代后收敛至平稳分布。同样显而易见的是，这两个参数彼此相关，与之前的后验密度图一致。

由于磨合期代表目标分布中不能合理视为随机数的样本，因此不建议使用切片采样器一开始输出的前 50 个左右的值。可以简单地删除这些输出行，但也可以指定一个“预热”期。在已知合适的预热长度时，这种方式很简便，如图 10-8 所示。

```
>> trace = slicesample(initial,nsamples,'pdf',post, ...
                                          'width',[20 2],'burnin',50);
subplot(2,1,1)
plot(trace(:,1))
ylabel('截距');
subplot(2,1,2)
plot(trace(:,2))
ylabel('斜率');
```

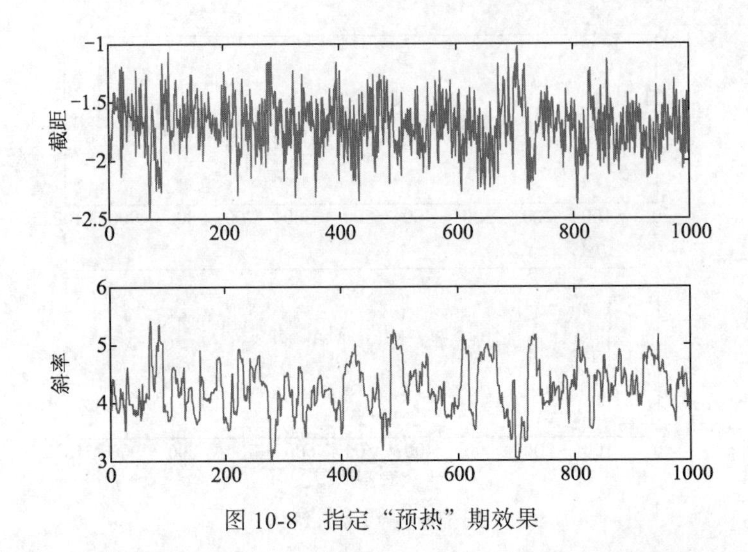

图 10-8　指定“预热”期效果

图 10-8 没有显示出任何不平稳，表明预热期已完成。截距的轨迹看起来像高频噪声，但斜率的轨迹具有低频分量，表明相邻迭代的值之间存在自相关。可以从这个自相关样本计算均值，但通常会通过删除样本中的冗余数据这一简便的操作来降低存储要求。如果它同时消除了自相关，还可以将这些数据视为独立值样本。例如，可以通过只保留第 10 个、第 20 个、第 30 个等值来稀释样本。

```
>> trace = slicesample(initial,nsamples,'pdf',post,'width',[20 2], ...
                                              'burnin',50,'thin',10);
```

要检查这种稀释的效果，可以根据轨迹估计样本自相关函数，并使用它们来检查样本是否快速混合，效果如图 10-9 所示。

```
>> F = fft(detrend(trace,'constant'));
F  =  F .* conj(F);
ACF  =  ifft(F);
ACF  =  ACF(1:21,:);                                  % 保留滞后高达 20
ACF  =  real([ACF(1:21,1) ./ ACF(1,1) ...
             ACF(1:21,2) ./ ACF(1,2)]);                % 归一化
bounds = sqrt(1/nsamples) * [2 ; -2];                  % 95% CI 的 iid 正态分布

labs = {'样本 ACF 截距','样本 ACF 斜率' };
```

```
for i = 1:2
    subplot(2,1,i)
    lineHandles  =  stem(0:20, ACF(:,i) , 'filled' , 'r-o');
    lineHandles.MarkerSize = 4;
    grid('on')
    xlabel('Lag')
    ylabel(labs{i})
    hold on
    plot([0.5 0.5 ; 20 20] , [bounds([1 1]) bounds([2 2])] , '-b');
    plot([0 20] , [0 0] , '-k');
    hold off
    a  =  axis;
    axis([a(1:3) 1]);
end
```

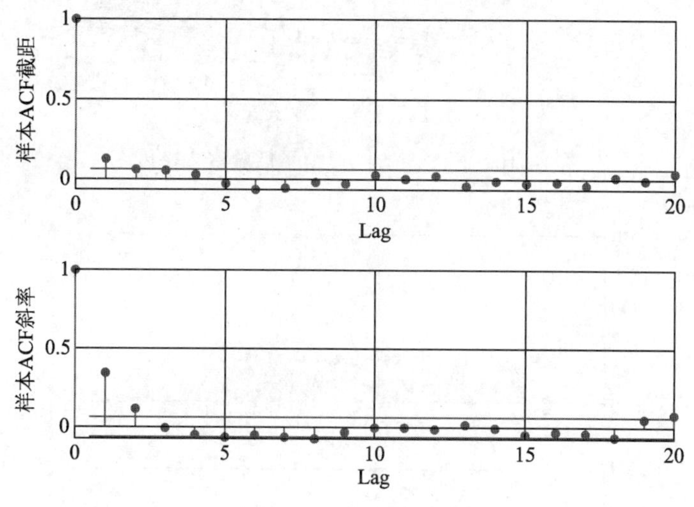

图 10-9　样本自相关

第一个滞后的自相关值对于截距参数很明显，对于斜率参数更是如此。可以使用更大的稀释参数重复采样，以进一步降低相关性。但为了完成本实例，将继续使用当前样本。

5. 推断模型参数

从图 10-9 可以看出，与预期相符，样本直方图模拟了后验概率密度图，如图 10-10 所示。

```
>> subplot(1,1,1)
hist3(trace,[25,25]);
xlabel(' 截距 ')
ylabel(' 斜率 ')
zlabel(' 后验概率密度 ')
view(-110,30)
```

可以使用直方图或核平滑密度估计值来总结后验概率样本的边缘分布属性，如图 10-11 所示。

```
>> subplot(2,1,1)
hist(trace(:,1))
```

```
xlabel('截距');
subplot(2,1,2)
ksdensity(trace(:,2))
xlabel('斜率');
```

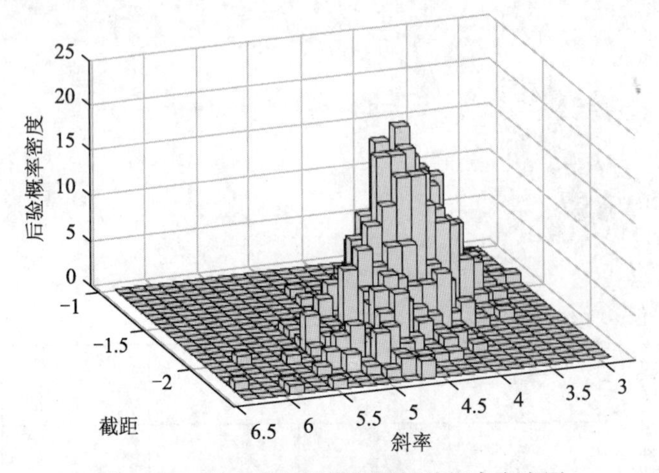

图 10-10 样本直方图模拟了后验概率密度图

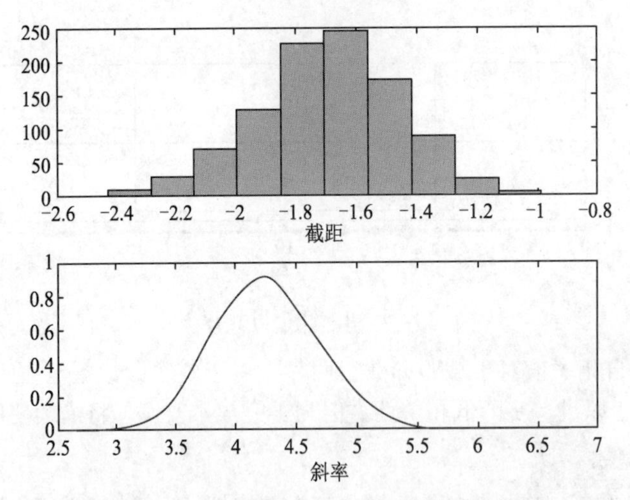

图 10-11 后验概率样本的边缘分布属性

还可以计算描述性统计量，例如，随机样本的后验概率均值或百分位数。为了确定样本大小是否足以实现所需的精度，可将所需的轨迹统计量作为样本数的函数来进行监测，如图 10-12 所示。

```
>> csum = cumsum(trace);
subplot(2,1,1)
plot(csum(:,1)'./(1:nsamples))
xlabel('样本数据')
ylabel('截距的均值');
subplot(2,1,2)
plot(csum(:,2)'./(1:nsamples))
```

```
xlabel('样本数据')
ylabel('斜率的均值');
```

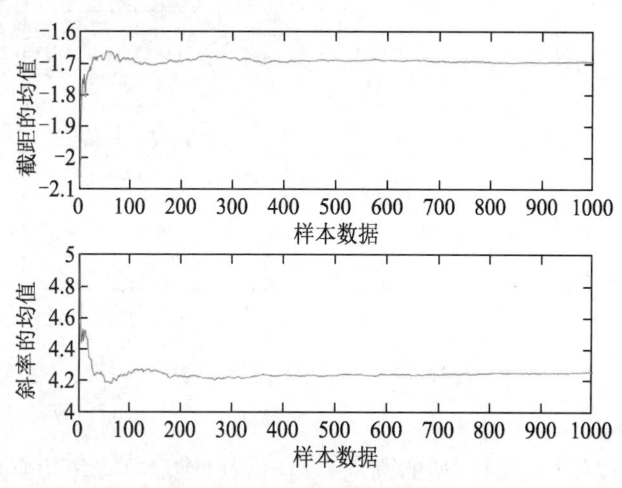

图 10-12　统计量监测效果

在这种情况下，大小为 1000 的样本足以为后验均值估计值提供良好的精度。

```
>> bHat = mean(trace)
bHat =
   -1.6931    4.2569
```

10.7.2　判别分析、朴素贝叶斯分类器和决策树进行分类

此实例说明如何使用判别分析、朴素贝叶斯分类器和决策树进行分类。假设有一个数据集，其中包含由不同变量（称为预测变量）的测量值组成的观测值，以及这些观测值的已知类标签。如果得到新观测值的预测变量值，能判断这些观测值可能属于哪些类吗？这就是分类问题。具体实现步骤如下：

（1）加载 Fisher 鸢尾花数据。

Fisher 鸢尾花数据包括 150 个鸢尾花标本的萼片长度、萼片宽度、花瓣长度和花瓣宽度的测量值，共有 3 个品种，分别为 setosa 鸢尾花、versicolor 鸢尾花和 virginica 鸢尾花，各有 50 个标本。加载数据，查看萼片测量值在不同品种间的差异。可以使用包含萼片测量值的两列。

```
>> load fisheriris
f = figure;
gscatter(meas(:,1), meas(:,2), species,'rgb','osd');     %效果如图 10-13 所示
xlabel('萼片的长');
ylabel('萼片的宽');
legend('setosa 鸢尾花','versicolor 鸢尾花','virginica 鸢尾花')
>> N = size(meas,1);
```

假设测量了一朵鸢尾花的萼片和花瓣，并且需要根据这些测量值确定它所属的品种。解决此问题的方法称为判别分析。

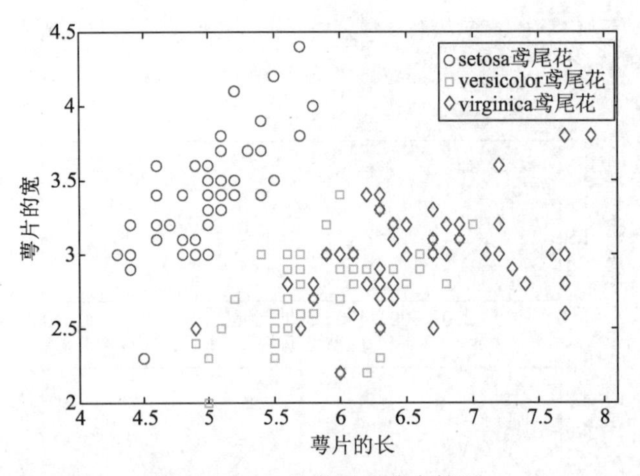

图 10-13　3 种鸢尾花分布情况

（2）线性判别分析和二次判别分析。

fitcdiscr 函数可以使用不同类型的判别分析进行分类。首先使用默认的线性判别分析（Linear Discriminant Analysis，LDA）对数据进行分类。

```
>> lda = fitcdiscr(meas(:,1:2),species);
ldaClass = resubPredict(lda);
```

带有已知类标签的观测值通常称为训练数据，现在计算再代入针对训练集的误分类误差（误分类的观测值所占的比例）。

```
>> ldaResubErr = resubLoss(lda)
ldaResubErr =
    0.2000
```

还可以计算基于训练集的混淆矩阵。混淆矩阵包含有关已知类标签和预测类标签的信息。通常来说，混淆矩阵中的元素 (i,j) 是已知类标签为 i、预测类标签为 j 的样本的数量。对角元素表示正确分类的观测值。

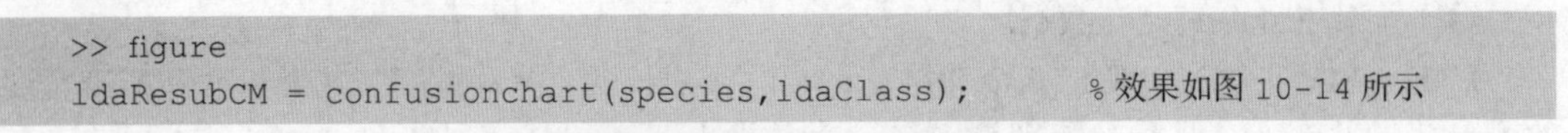

```
>> figure
ldaResubCM = confusionchart(species,ldaClass);          % 效果如图 10-14 所示
```

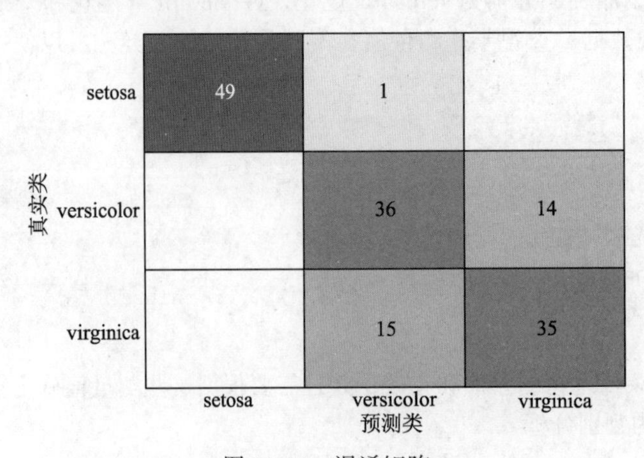

图 10-14　混淆矩阵

在 150 个训练观测值中，有 20% 的（即 30 个）观测值被线性判别函数错误分类。可以将错误分类的点画上 × 来查看是哪些观测值。

```
>> figure(f)                                        % 效果如图 10-15 所示
bad = ~strcmp(ldaClass,species);
hold on;
plot(meas(bad,1), meas(bad,2), 'kx');
hold off;
```

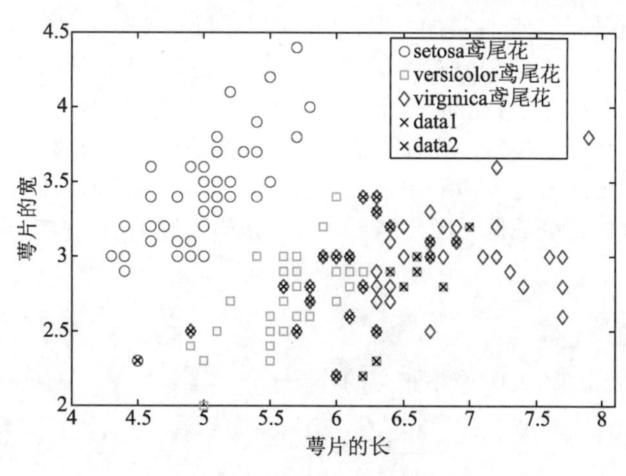

图 10-15　显示错误的观测值

~strcmp 函数将平面分成几个由直线分隔的区域，并为不同的品种分配不同的区域。要可视化这些区域，可以创建 (x,y) 值网格，并将分类函数应用于该网格。

```
>> [x,y] = meshgrid(4:.1:8,2:.1:4.5);
x = x(:);
y = y(:);
j = classify([x y],meas(:,1:2),species);
gscatter(x,y,j,'grb','sod')                          % 效果如图 10-16 所示
```

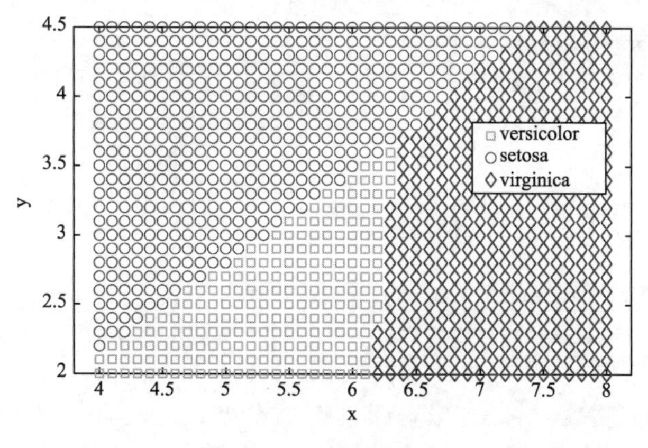

图 10-16　用网格分类

对于某些数据集，直线不能很好地分隔各个类的区域。这种情况下，不适合使用线性判别分析，可以尝试对数据进行二次判别分析（Quadratic Discriminant Analysis，QDA）。

计算二次判别分析的再代入误差的代码如下。

```
>> qda = fitcdiscr(meas(:,1:2),species,'DiscrimType','quadratic');
qdaResubErr = resubLoss(qda)
qdaResubErr =
    0.2000
```

通常人们更关注测试误差（也称为泛化误差），即针对独立集合预计得出的预测误差。事实上，再代入误差可能会低估测试误差。

在实例中，并没有另一个带标签的数据集，但可以通过交叉验证来模拟一个这样的数据集。10 折分层交叉验证是估计分类算法的测试误差的常用选择，它将训练集随机分为 10 个不相交的子集。每个子集的大小大致相同，类比例也与训练集中的类比例大致相同。取出 1 个子集，使用其他 9 个子集训练分类模型，然后使用训练过的模型对刚才取出的子集进行分类。可以轮流取出 10 个子集中的每个子集并重复此操作。

由于交叉验证随机划分数据，因此结果取决于初始随机种子。重现与实例完全相同的结果的代码如下：

```
>> rng(0,'twister');
```

首先使用 cvpartition 生成 10 个不相交的分层子集。

```
>> cp = cvpartition(species,'KFold',10)
cp =
K 折交叉验证数据分区
   NumObservations: 150
       NumTestSets: 10
         TrainSize: 135  135  135  135  135  135  135  135  135  135
          TestSize: 15   15   15   15   15   15   15   15   15   15
          IsCustom: 0
```

crossval 和 kfoldLoss 函数可以使用给定的数据分区 CP 来估计 LDA 和 QDA 的误分类误差。

使用 10 折分层交叉验证估计 LDA 的真实测试误差。

```
>> cvlda = crossval(lda,'CVPartition',cp);
ldaCVErr = kfoldLoss(cvlda)
ldaCVErr =
    0.2000
```

LDA 交叉验证误差的值与 LDA 再代入误差相同。使用 10 折分层交叉验证估计 QDA 的真实测试误差。

```
>> cvqda = crossval(qda,'CVPartition',cp);
qdaCVErr = kfoldLoss(cvqda)
qdaCVErr =
    0.2200
```

QDA 的交叉验证误差略大于 LDA，它表明简单模型的性能可能不逊于甚至超过复杂模型。

（3）朴素贝叶斯分类器。

fitcdiscr 函数还有另外两种类型，即 'DiagLinear' 和 'DiagQuadratic'。它们类似于 'linear'

和 'quadratic'，但具有对角协方差矩阵估计值。这些对角协方差矩阵是朴素贝叶斯分类器的具体例子，虽然假定变量之间类条件独立通常并不正确，但已经在实践中发现朴素贝叶斯分类器可以很好地处理许多数据集。

fitcnb 函数可用于创建更通用类型的朴素贝叶斯分类器，使用高斯分布对每个类中的每个变量进行建模，可以计算再代入误差和交叉验证误差。

```
>> nbGau = fitcnb(meas(:,1:2), species);
nbGauResubErr = resubLoss(nbGau)
nbGauResubErr =
    0.2200
>> nbGauCV = crossval(nbGau, 'CVPartition',cp);
nbGauCVErr = kfoldLoss(nbGauCV)
nbGauCVErr =
    0.2200
>> labels = predict(nbGau, [x y]);
gscatter(x,y,labels,'grb','sod')                                    %效果如图 10-17 所示
```

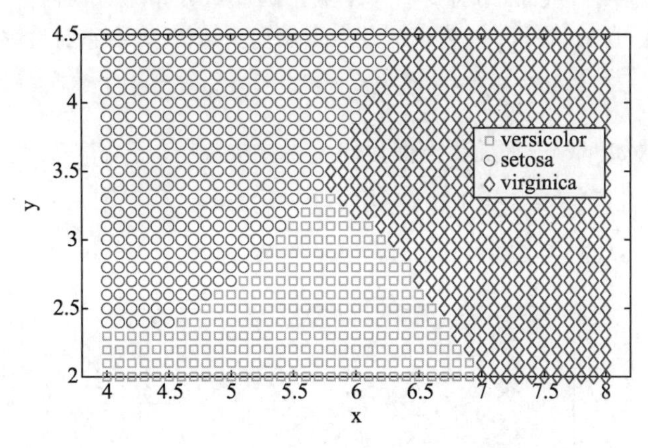

图 10-17　再次用网格分类效果

至此，假设每个类的变量都具有多元正态分布。现在尝试使用核密度估计对每个类中的每个变量进行建模，这是一种更灵活的非参数化方法，此处将核设置为 box。

```
>> nbKD = fitcnb(meas(:,1:2), species, 'DistributionNames','kernel',
'Kernel','box');
nbKDResubErr = resubLoss(nbKD)
nbKDResubErr =
    0.2067
>> nbKDCV = crossval(nbKD, 'CVPartition',cp);
nbKDCVErr = kfoldLoss(nbKDCV)
nbKDCVErr =
    0.2133
>> labels = predict(nbKD, [x y]);
gscatter(x,y,labels,'rgb','osd')                                    %效果如图 10-18 所示
```

对于鸢尾花数据集，相比使用高斯分布的朴素贝叶斯分类器，使用核密度估计的朴素贝叶斯分类器得到的再代入误差和交叉验证误差较小。

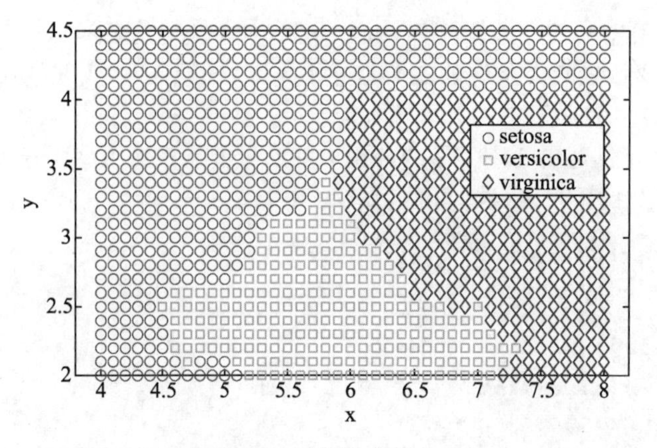

图 10-18　核函数估计分类

（4）决策树。

决策树是一组简单的规则，例如，“如果萼片长度小于 5.45cm，则将样本分类为山鸢尾”。决策树是非参数化的，因为它们不需要对每个类中的变量分布进行任何假设。

使用 fitctree 函数可创建决策树。为鸢尾花数据创建决策树，查看它对鸢尾花品种的分类效果。

```
>> t = fitctree(meas(:,1:2), species,'PredictorNames',{'SL' 'SW' });
```

观察决策树方法如何划分平面，下面代码可视化决策树每个品种的类分配图。

```
>> [grpname,node] = predict(t,[x y]);
gscatter(x,y,grpname,'grb','sod')                    % 效果如图 10-19 所示
```

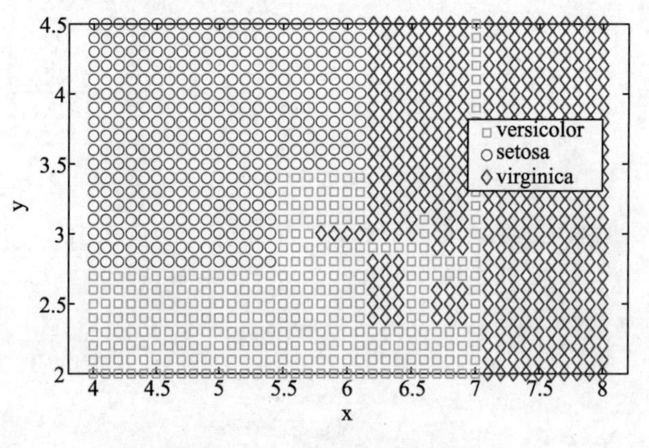

图 10-19　决策树划分平面

可视化决策树的另一种方法是绘制决策规则和类分配图，如图 10-20 所示。

图 10-20 所示的有些杂乱的树使用一系列形如“SL < 5.45”的规则将每个样本划分到 19 个终端节点之一。要确定观测值的品种分配，需从顶部节点开始应用规则。如果该点满足上述规则，则沿左侧路线前进；如果不满足，则沿右侧路线前进。最后将到达一个终端节点，将观测值分配给 3 个品种之一。

计算决策树的再代入误差和交叉验证误差。

```
>> dtResubErr = resubLoss(t)
dtResubErr =
```

```
    0.1333
>> cvt = crossval(t,'CVPartition',cp);
dtCVErr = kfoldLoss(cvt)
dtCVErr =
    0.3000
```

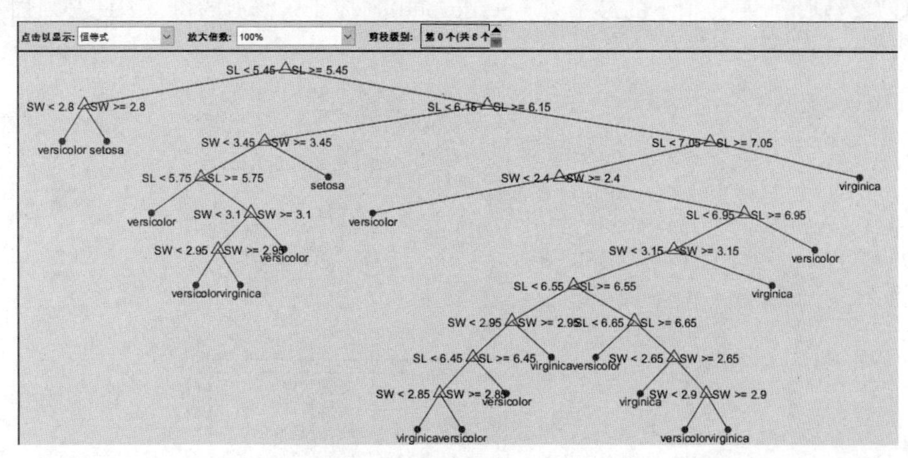

图 10-20　决策规则和类分配图

对于决策树算法，交叉验证误差估计明显大于再代入误差，这表明生成的树对训练集过拟合，也就是说，此树可以很好地对原始训练集进行分类，但树的结构仅对这个特定的训练集敏感，因此对新数据的分类效果可能会变差。通常可以找到一个更为简单的树，它在处理新数据时要比复杂的树效果好。

尝试对树进行剪枝。首先计算原始树的各种子集的再代入误差，然后计算这些子树的交叉验证误差。如图 10-21 所示，再代入误差随着树的增大而不断降低，但在某一点之后，随着树的增大，交叉验证误差率随之增加。

```
>> resubcost = resubLoss(t,'Subtrees','all');
[cost,secost,ntermnodes,bestlevel] = cvloss(t,'Subtrees','all');
plot(ntermnodes,cost,'b-', ntermnodes,resubcost,'r--')
figure(gcf);
xlabel('终端节点数');
ylabel('成本(误分类错误)')
legend('交叉验证','重新替代')
```

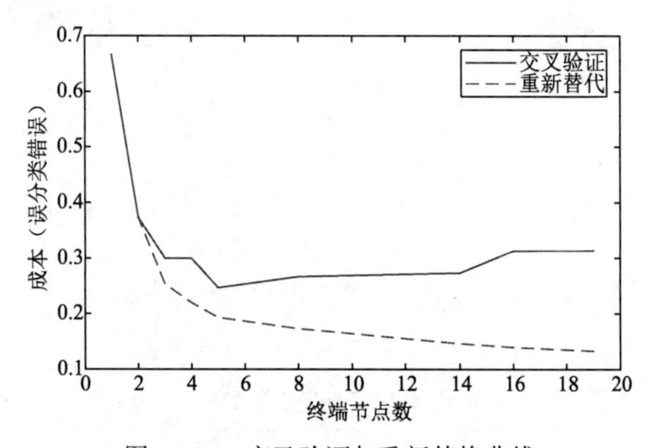

图 10-21　交叉验证与重新替换曲线

应该选择哪棵树？一个简单的原则就是选择交叉验证误差最小的树。如果简单的树和复杂的树都能提供大致满意的结果，可能更愿意使用简单的树。对于实例，选择与最小值的距离在一个标准误差范围内的最简单的树,这是 ClassificationTree 的 cvloss 方法采用的默认规则。

图 10-22 显示了截止值 bestlevel（等于最小成本加上一个标准误差）。由 cvloss 方法计算的“最佳”级别是此截止值下的最小树。bestlevel=0 对应于未修剪的树，因此必须加上 1 才能将其用作 cvloss 的向量输出的索引。

```
>> [mincost,minloc] = min(cost);
cutoff = mincost + secost(minloc);
hold on
plot([0 20], [cutoff cutoff], 'k:')
plot(ntermnodes(bestlevel+1), cost(bestlevel+1), 'mo')
legend('交叉验证','重新替代','最小+1标准误差','最佳选择')
hold off
```

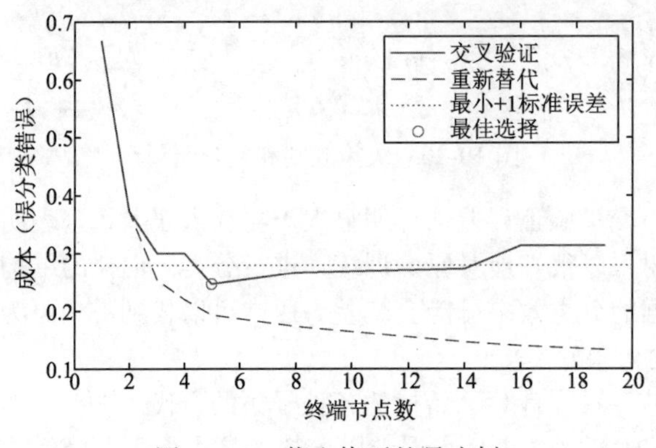

图 10-22　截止值下的最小树

可以查看修剪后的树并计算估计的误分类误差，效果如图 10-23 所示。

```
>> pt = prune(t,'Level',bestlevel);
view(pt,'Mode','graph')
>> cost(bestlevel+1)
ans =
    0.2467
```

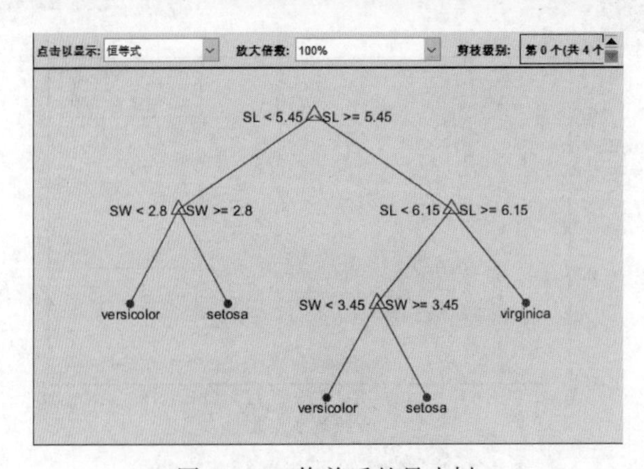

图 10-23　修剪后的最小树

第 11 章

CHAPTER 11

随机森林算法分析

第 7 章介绍了决策树算法，本章将介绍一种基于决策树的集成学习法——随机森林算法（Random Forest Algorithm）。

11.1 集成学习

有一个成语叫集思广益，指的是集中群众的智慧，广泛吸收有益的意见。在机器学习算法中也有类似的思想，被称为集成学习。集成学习通过训练学习多个估计器，当需要预测时通过结合器将多个估计器的结果整合起来当作最后的结果输出。图 11-1 展示了集成学习的基本流程。

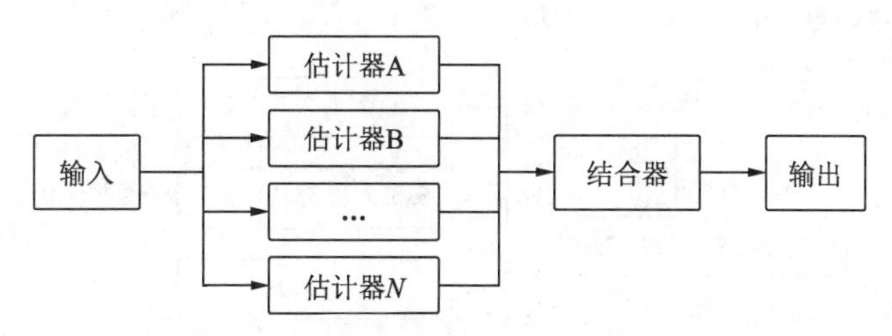

图 11-1 集成学习的基本流程

集成学习的优势是提升了单个估计器的通用性和鲁棒性，比单个估计器拥有更好的预测性能。集成学习的另一个优点是能方便地进行并行化操作。

与集成学习相关的主要概念如下。

（1）基本模型（弱学习器）：集成学习通常由多个基本模型组成，这些基本模型可以是不同类型的机器学习算法，如决策树、支持向量机、神经网络等。这些基本模型通常被称为弱学习器，它们不一定表现得非常强大，但它们应该略有不同。

（2）组合策略：集成学习算法使用一种组合策略来将多个基本模型的预测结果结合起来，以生成最终集成模型的预测。常见的组合策略包括投票法、平均法、加权平均法等。组合策略的选择取决于任务的性质和问题的需求。

（3）Bagging 和 Boosting：Bagging（Bootstrap Aggregating）和 Boosting 是两种常见的集成学习方法。Bagging 通过随机采样，多次训练数据，生成多个基本模型，并对它们的预测结果进行平均。Boosting 则通过迭代训练多个基本模型，每个模型都关注先前模型预测错误的样本，以便提高这些样本的分类准确度。

集成学习算法的主要特点如下。

（1）多样性：集成学习的有效性依赖于基本模型之间的多样性。多样性意味着基本模型在不同方面或不同数据子集上产生不同的预测。多样性有助于减少模型的偏差，并提高整体性能。

（2）随机性：随机性是集成学习中常用的技巧之一。通过引入随机性，如随机抽样、随机特征选择等，可以增加模型的多样性，从而提高集成模型的性能。

（3）特征重要性：集成学习算法通常可以提供特征重要性的估计，帮助识别哪些特征对问题的解决起到了关键性作用。

常见的集成学习算法包括随机森林、AdaBoost、Gradient Boosting、XGBoost、LightGBM 等。集成学习算法是现代机器学习中的重要技术之一，广泛应用于各个领域。

11.2 集成学习的常见算法

Bagging（装袋法）、Boosting（提升法）和 Stacking（堆叠法）是 3 种常见的集成学习算法，它们都通过结合多个基本模型来提高整体模型的性能。

11.2.1 Bagging 算法

Bagging 是一种基于自助采样的集成学习算法。它通过有放回地随机采样，生成多个独立的子训练集，然后在每个子训练集上训练一个基本模型。最终的预测结果通过对各个基本模型的预测结果进行投票或平均得到。Bagging 算法由 Bootstrap 与 Aggregating 两部分组成，图 11-2 展示了 Bagging 算法使用自助采样生成多个子数据的实例。

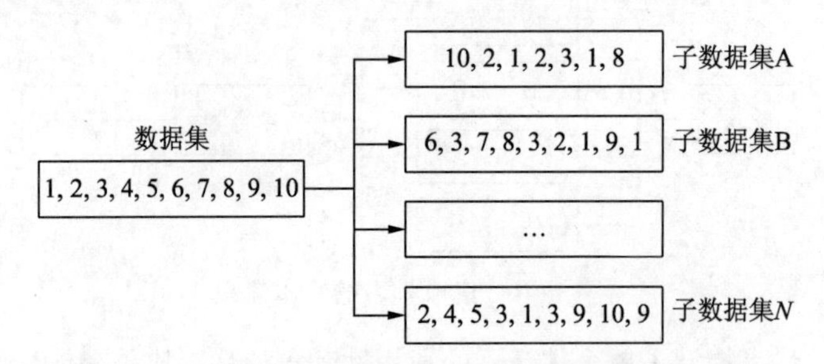

图 11-2 Bagging 算法自助采样过程

Bagging 算法的步骤为：假设有一个大小为 N 的训练数据集，每次从该数据集中有放回地选取出大小为 M 的子数据集，一共选 K 次，根据这 K 个子数据集，训练学习出 K 个模型。当要预测时，使用这 K 个模型进行预测，再通过取平均值或者多数分类的方式，得到最后的预测结果。

Bagging 的一个典型应用是随机森林算法，其中每棵决策树都是基于不同的随机样本和随机特征子集构建的。

11.2.2 Boosting 算法

Boosting 算法是一种通过训练弱学习模型的“肌肉”将其提升为强学习模型的算法。要想在机器学习竞争中追求卓越，Boosting 是一种必需的存在。

Boosting 的基本思路是逐步优化模型。这与 Bagging 不同，Bagging 是独立地生成很多不同的模型并对预测结果进行集成。Boosting 则是持续地通过新模型来优化同一个基模型，每个新的弱模型加入进来时，就在原有模型的基础上整合新模型，从而形成新的基模型。而对新的基模型的训练，将一直聚集于之前模型的误差点，也就是原模型预测出错的样本（而不是像 Bagging 那样随机选择样本），目的是不断减小模型的预测误差。

梯度下降是机器得以自我优化的本源。机器学习的模型内部参数在梯度下降的过程中逐渐自我更新，直到达到最优解。而 Boosting 模型逐渐优化，自我更新的过程更类似于梯度下降，它是把梯度下降的思路从更新模型内部参数扩展到更新模型本身。因此，可以说 Boosting 就是模型通过梯度下降自我优化的过程。

Bagging 算法非常精准地拟合每一个数据点（如很深的决策树），并逐渐找到更粗放的算法（如随机森林）以削弱对数据的过拟合，目的是减小方差。而 Boosting 算法则是把一个拟合很差的模型逐渐提升得比较好，目的是减小偏差。

Boosting 是如何实现自我优化的呢？有以下两个关键步骤。

（1）数据集的拆分过程：Boosting 和 Bagging 的思路不同。Bagging 是随机抽取，而 Boosting 是在每一轮中有针对性地改变训练数据。具体方法包括：增大在前一轮被弱分类器分错的样本的权重或被选取的概率，或者减小前一轮被弱分类器分对的样本的权重或被选取的概率，通过这样的方法确保被误分类的样本在后续训练中受到更多的关注。

（2）集成弱模型的方法的选择。可通过加法模型将弱分类器进行线性组合，如 AdaBoost 的加权多数表决，即增大错误率较小的分类器的权重，同时减小错误率较大的分类器的权重。梯度提升决策树不是直接组合弱模型，而是通过类似梯度下降的方式逐步减小损失，将每一步生成的模型叠加得到最终模型。

11.2.3　Stacking 算法

Stacking 是近年来模型融合领域较为热门的算法，它不仅是竞赛冠军队常采用的融合算法之一，也是工业中实际落地人工智能时会考虑的方案之一。作为强学习器的融合方法，Stacking 集模型效果好、可解释性强、适用复杂数据三大优点于一身，属于融合领域较实用的先驱方法。

Stacking 算法的核心思想是：如图 11-3 所示，Stacking 结构中有两层算法串联，第一层叫作 level 0，第二层叫作 level 1。level 0 里面可能包含一个或多个强学习器，而 level 1 只能包含一个学习器；在训练过程中，数据会先被输入 level 0 进行训练，训练完毕后，level 0 中的每个算法会输出相应的预测结果；将这些预测结果拼凑成新特征矩阵，再输入 level 1 的算法进行训练。融合模型最终输出的预测结果就是 level 1 学习器的输出结果。

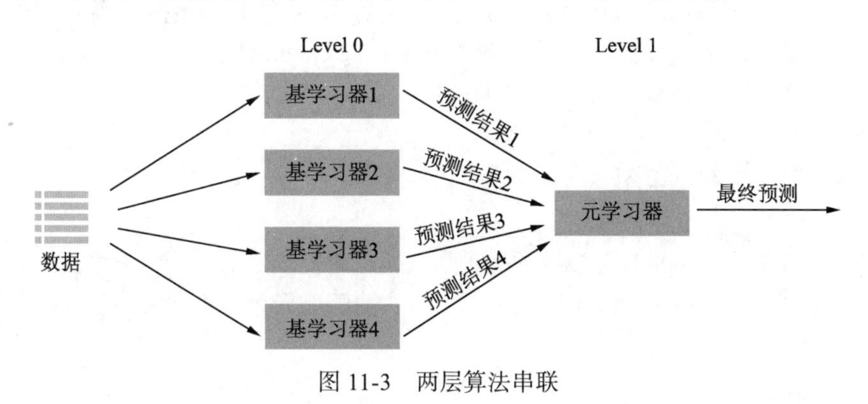

图 11-3　两层算法串联

	学习器1	学习器2	…	学习器*n*
样本1	×××	×××	…	×××
样本2	×××	×××	…	×××
样本3	×××	×××	…	×××
…	…	…	…	…
样本*m*	×××	×××	…	×××

图 11-4 level 0 输出的预测结果

在这个过程中，level 0 输出的预测结果一般如图 11-4 所示。

图 11-4 中的第一列是学习器 1 在全部样本上输出的结果，第二列是学习器 2 在全部样本上输出的结果，以此类推。

level 0 上训练的多个强学习器被称为基学习器，也叫作个体学习器。在 level 1 上训练的学习器叫元学习器。因此，level 0 上的是复杂度高、学习能力强的学习器，如集成算法、支持向量机，而 level 1 上的是可解释性强、较为简单的学习器，如决策树、线性回归、逻辑回归等。Stacking 算法的本质找出融合规则，事实上 Stacking 的流程与 Voting（投票法）、Averaging（均值法）完全一致，如图 11-5 所示。

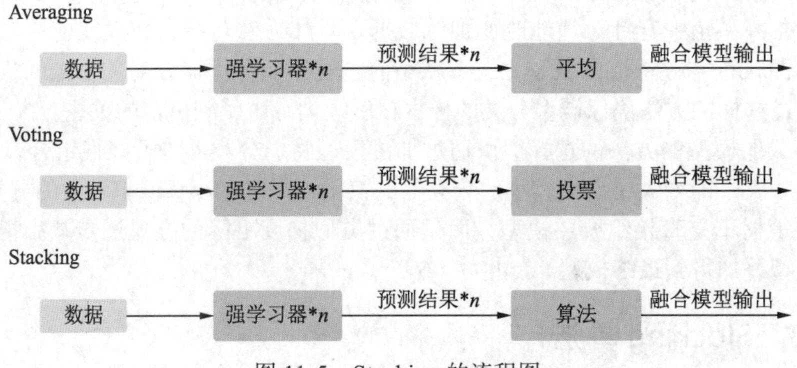

图 11-5 Stacking 的流程图

在投票法中，用投票方式融合强学习器的结果；在均值法中，用求均值方式融合强学习器的结果；在堆叠法中，用算法融合强学习器的结果。当 level 1 上的算法是线性回归时，其实就是在求解所有强学习器结果的加权求和，而训练线性回归的过程就是寻找加权求和的过程。同样地，当 level 1 上的算法是逻辑回归时，实质就是在求解所有强学习器结果的加权和，再在求和的基础上套上 Sigmoid 函数。其他任意简单的算法同理。

虽然对大多数算法来说，难以找出类似“加权求和”这样一目了然的名称来概括算法找出的融合规则，但本质上，level 1 的算法只是在学习如何将 level 0 上输出的结果更好地结合起来，所以 Stacking 是通过训练学习器来融合学习器结果的算法。这一算法的根本优势在于，可以让 level 1 上的元学习器向着损失函数最小化的方向训练，而其他融合算法只能保证融合后的结果有一定的提升。因此 Stacking 是较 Voting 和 Averaging 更有效的算法。在实际应用时，Stacking 常常表现出胜过投票法或均值法的结果。

11.3 随机森林算法

随机森林算法是近年来发展较快的一种强大且适用范围广的机器学习算法。它在随机选择特征和多个决策树的构建上做了优化，可以有效地解决分类器不确定性过大的问题，其结构如图 11-6 所示。

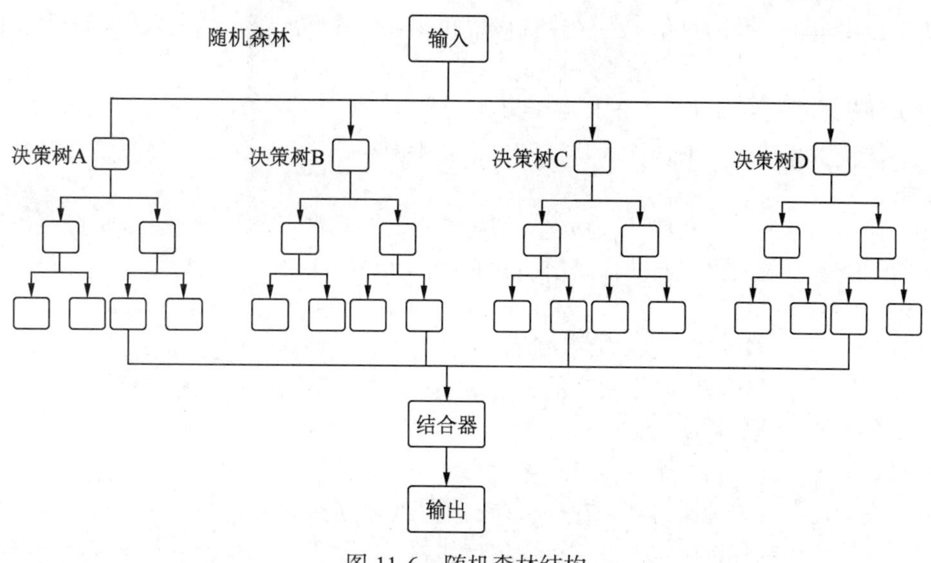

图 11-6　随机森林结构

11.3.1　随机森林算法简介

随机森林算法可以用于分类和回归分析。在分类问题中，每棵决策树的输出结果为一个类别标签，通过投票来确定样本所属的类别。在回归问题中，每棵决策树的输出结果为一个连续值，取所有决策树输出结果的平均值作为最终结果。随机森林算法有很多优点，具体如下：

（1）处理高维度数据；

（2）处理不平衡的数据集；

（3）处理缺失值；

（4）评估特征的重要性；

（5）在大型数据集上高效地进行训练和预测。

因此，随机森林算法被广泛应用于金融、医学、天文学等领域。

11.3.2　随机森林算法原理

随机森林算法的核心思想是"集成学习"，即将固定数量和不同特征的决策树集成起来，使其具有较高的预测性能和鲁棒性。随机森林算法的优点在于它对数据集的扰动具有强大的适应性，在许多方式中对不良事实具有较高的鲁棒性。此外，它也是一种可以处理高维特征的算法，因为随机森林算法可以自适应地减少对不重要特征的依赖。

随机森林算法设计的原则是"随机定制性"，即数据子集和决策变量子集的随机性。数据子集的随机性可以通过使用有放回采样方式从原始数据集中选择数据集样本来实现。样本具有重复性，因为每个样本都有可能在随机选择的过程中被多次选择，从而更有可能被包含在不同的子集中。

决策变量子集的随机性是通过随机选择决策变量来实现的，这通常称为随机子空间方法。随机森林算法的训练过程是通过构建决策树完成的，直到达到指定的最大树深度或达到停止标准为止。停止标准包括树的大小（即叶节点的数量）、节点最小样本数、分裂阈值和分类误差率等。

为了使决策树充分随机化，一种挑选样本和变量的方法被引入随机森林算法中，其具体步骤如下。

（1）随机选择包含 n 个样本的样本子集。

（2）随机选择包含 k 个特征的特征子集，其中 $k < m_k < m$，其中 m 是原始数据中所有特征的数量。

（3）使用选定的样本和特征来构建一棵决策树，并且在每个节点处，都选择一个最好的特征进行分裂，以最大化它们的信息增益。通常，这种方法会一直进行下去，直到每个叶节点都只包含一个样本。

这种基于样本和特征随机选取的决策树被称为随机决策树，而通过在随机森林中集成多棵随机决策树，可以获得准确率更高的分类结果。最终，随机森林的分类结果是基于所有决策树的投票结果而计算出的。

假设有 N 个样本，M 个特征可以进行分类任务，每个样本都拥有相应的标记 y_i。然后，建立 T 棵决策树，其中每棵树都是在一个样本子集上随机挑选的，并且在构建每棵决策树的过程中，只考虑了所有特征的一部分。每个特征被称为一个自变量，所有自变量可以表示为 $\{X_1, X_2, \cdots, X_m\}$。

对于每一棵决策树，随机森林算法定义了以下步骤。

（1）从样本集中通过有放回采样方式选取训练集样本。

（2）从所有自变量中通过无放回采样方式随机选取 k 个自变量，其中 $k \ll m$。选取的自变量集合可以表示为 $\{f_1, f_2, \cdots, f_k\}$。

（3）基于训练样本和生成的自变量子集构建一棵决策树，使用某种标准衡量特征的重要性，以确定在树中选择第一个分裂节点的特征。

（4）重复步骤（1）~步骤（3）操作 T 次，生成 T 棵决策树。

在随机森林算法中，通过调整决策树的数量和资源分配，可以进一步提高分类和回归任务的准确性和效率。

11.3.3 随机森林算法优缺点

与其他算法一样，随机森林算法也存在相应的优点和缺点。

1. 随机森林算法优点

（1）高准确性。随机森林算法通过组合多棵决策树的预测结果，可以得到较高的准确性。由于每棵决策树都是基于不同的随机样本和随机特征子集构建的，随机森林可以减少过拟合的风险，提高模型的泛化能力。

（2）可处理大规模数据集。随机森林算法能够有效处理包含大量样本和特征的数据集，而且在处理高维数据时具有较好的表现。

（3）无须特征归一化和处理缺失值。随机森林算法对原始数据的处理要求相对较低，可以直接处理，不需要进行特征归一化和处理缺失值。

（4）能够评估特征的重要性。随机森林算法可以通过测量特征在决策树中的贡献度来评估特征的重要性，这有助于特征选择和数据理解。

2. 随机森林算法缺点

（1）训练时间较长。相比于单棵决策树，随机森林的训练时间通常较长，特别是当包含大量决策树和复杂特征时。因为每棵树都是独立构建的，需要进行并行计算。

（2）占用更多内存。随机森林由多棵决策树组成，需要存储每棵树的信息，因此相对于单棵决策树，它需要更多的内存空间。

（3）预测过程较慢。当需要对新样本进行预测时，随机森林需要将样本在每棵树上进行遍历，并将各棵决策树的结果进行综合，因此相对于单棵决策树，预测过程稍慢。

随机森林是一种强大的机器学习算法，适用于各种预测和分类任务。它的准确性高，能够处理大规模数据集，不需要对数据进行过多的预处理，同时能够评估特征的重要性。然而，由于其训练时间较长，占用较多内存，并且在预测过程中稍慢，因此在某些场景下可能需要权衡其优缺点来选择合适的算法。

11.3.4　随机森林算法功能

随机森林算法具有以下 4 个重要的实践功能。

（1）可以处理大规模、高维特征的数据。随机森林算法可以处理包含数百万样本和数千个特征的大型数据集。此外，由于样本和特征随机选择的组合，随机森林算法的泛化能力相对于其他基于决策树的分类器更加出色。

（2）可以为特征重要性排序。随机森林算法可以为每个特征确定相对的重要性。可以根据准确率和信息增益等标准将特征重要性值归一化，以便比较不同特征的相对重要性。

（3）可以捕捉非线性关系。随机森林算法可以处理包含非线性关系的数据集。随机森林算法是一种非参数模型，它不对数据集存在任何先验关系进行假设。

（4）可以处理缺失数据。随机森林算法可以在给定数据集不完整的情况下进行分类或回归。随机森林算法可以适应具有不完整数据的应用场景。

11.3.5　随机森林算法实现函数

回归树集成是由多棵回归树的加权组合构成的预测模型。通常情况下，组合多棵回归树可以提高预测性能。要使用 LSBoost 提升回归树，可以使用 fitrensemble 函数。要使用装袋法组合回归树或生成随机森林，可以使用 fitrensemble 函数或 TreeBagger 函数。要使用装袋回归树实现分位数回归，可以使用 TreeBagger 函数。

（1）TreeBagger 函数。

TreeBagger 函数使用输入数据的引导样本来创建 TreeBagger 集成模型中的每棵树。未包含在样本中的观察结果被视为该树的“袋外”观测值。该函数通过使用随机森林算法为每个决策分割选择一个随机的预测因子子集。函数的语法格式如下。

Mdl = TreeBagger(NumTrees,Tbl,ResponseVarName)：返回由表 Tbl 中的预测变量和变量 Tbl.ResponseVarName 中的类标签训练的 NumTrees 袋装分类树的集合对象（Mdl）。

Mdl = TreeBagger(NumTrees,Tbl,formula)：返回由表 Tbl 中的预测变量训练的 Mdl。输入参数 formula 是响应的解释模型和用于拟合 Mdl 的 Tbl 中的预测变量子集。

Mdl = TreeBagger(NumTrees,Tbl,Y)：返回由表 Tbl 中的预测变量数据和数组 Y 中的类标签训练的 Mdl。

Mdl = TreeBagger(NumTrees,X,Y)：返回由矩阵 X 中的预测变量数据和数组 Y 中的类标签训练的 Mdl。

Mdl = TreeBagger(___,Name=Value)：使用任何以前的输入参数组合，返回带有由一个或多个名称 - 值对参数指定的附加选项的 Mdl。例如，通过使用名称 - 值参数 PredictorSelection，可以指定用于在分类预测器上查找最佳拆分的算法。

【例 11-1】为 Fisher 鸢尾花数据集创建一个袋装分类树集合。然后，查看第一棵生长的树，绘制出袋外分类误差，并预测袋外观察的标签。

加载 fisheriris 数据集。将 X 创建为一个数字矩阵，其中包含 150 个鸢尾花的 4 个花瓣尺寸。将 Y 创建为包含相应鸢尾花种类的字符向量的单元数组。

```
>> load fisheriris
X = meas;
Y = species;
```

将随机数生成器设置为默认值以实现可重复性。

```
>> rng("default")
```

使用整个数据集训练一组袋装分类树，指定 50 个弱学习器。存储每棵树的袋外观测值。默认情况下，TreeBagger 生长的是深树。

```
>> Mdl = TreeBagger(50,X,Y,...
    Method="classification",...
    OOBPrediction="on")
Mdl =
  TreeBagger
集成了 50 棵装袋决策树：
                    Training X:             [150x4]
                    Training Y:             [150x1]
                        Method:       classification
                 NumPredictors:                   4
         NumPredictorsToSample:                   2
                   MinLeafSize:                   1
                 InBagFraction:                   1
         SampleWithReplacement:                   1
          ComputeOOBPrediction:                   1
 ComputeOOBPredictorImportance:                   0
                     Proximity:                  []
                    ClassNames:        'setosa'     'versicolor'
'virginica'
  Properties, Methods
```

Mdl 是一个用于分类树的 TreeBagger 集成。

Mdl.Trees 是一个 50 × 1 的单元向量，其中包含集合的已训练分类树。每棵树都是一个 CompactClassificationTree 对象。查看第一棵已训练分类树的图形。

```
>> view(Mdl.Trees{1},Mode="graph")                     % 效果如图 11-7 所示
```

根据生长的分类树的数量绘制出袋外分类误差，效果如图 11-8 所示。

```
>> plot(oobError(Mdl))
xlabel("生长树的数量")
ylabel("袋外分类误差")
```

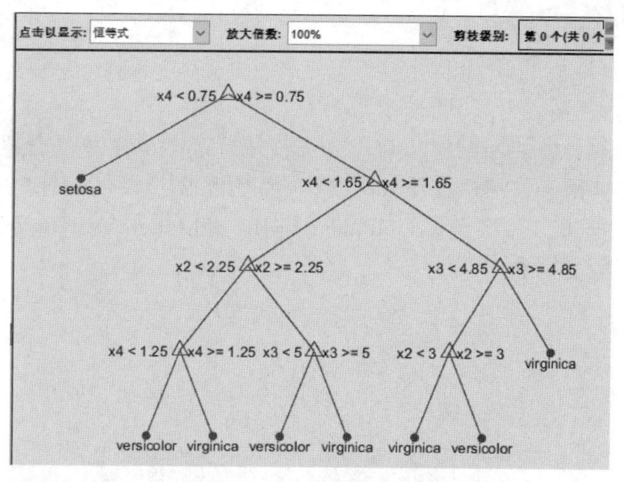

图 11-7　第一棵已训练分类树的图形

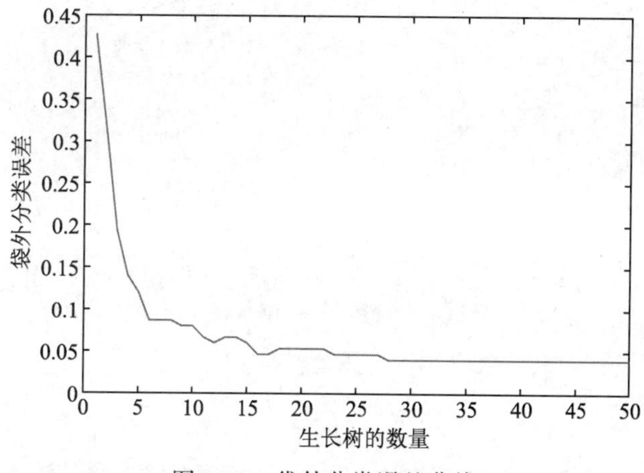

图 11-8　袋外分类误差曲线

由图 11-8 可知，袋外分类误差随着生长树木数量的增加而减小。下面代码预测袋外观测值的标签，并显示一组随机的 10 个观测值的结果。

```
>> oobLabels = oobPredict(Mdl);
ind = randsample(length(oobLabels),10);
table(Y(ind),oobLabels(ind),...
    VariableNames=["TrueLabel" "PredictedLabel"])
ans =
  10×2 table
      TrueLabel          PredictedLabel
    _______________    _______________
    {'setosa'     }    {'setosa'     }
    {'virginica'  }    {'virginica'  }
    {'setosa'     }    {'setosa'     }
    {'virginica'  }    {'virginica'  }
    {'setosa'     }    {'setosa'     }
    {'virginica'  }    {'virginica'  }
    {'setosa'     }    {'setosa'     }
```

```
    {'versicolor'}    {'versicolor'}
    {'versicolor'}    {'virginica' }
    {'virginica' }    {'virginica' }
```

【例 11-2】创建两个袋装回归树集合，一个使用标准 CART 算法分割预测因子，另一个使用曲率测试分割预测因子；然后，比较两个集合的预测器重要性估计。

加载 carsmall 数据集，并将变量 Cylinders、Mfg 和 Model_Year 转换为分类变量。然后，显示分类变量中表示的类别数。

```
>> load carsmall
Cylinders = categorical(Cylinders);
Mfg = categorical(cellstr(Mfg));
Model_Year = categorical(Model_Year);
numel(categories(Cylinders))
ans =
     3
>> numel(categories(Mfg))
ans =
    28
>> numel(categories(Model_Year))
ans =
     3
```

创建一个包含 8 个汽车指标的表。

```
>> Tbl = table(Acceleration,Cylinders,Displacement,...
    Horsepower,Mfg,Model_Year,Weight,MPG);
```

将随机数生成器设置为默认值以实现可重复性。

```
>> rng("default")
```

使用整个数据集训练 200 个袋装回归树集合。由于数据有缺失值，所以需要指定使用代理分割。存储袋外信息以估计预测因子的重要性。

默认情况下，TreeBagger 使用标准 CART，这是一种分割预测值的算法。因为变量 Cylinders 和 Model_Year 每个都只包含 3 个类别，因此标准 CART 倾向于分割连续预测因子而不是这两个变量。

```
>> MdlCART = TreeBagger(200,Tbl,"MPG",...
    Method="regression",Surrogate="on",...
    OOBPredictorImportance="on");
```

TreeTag 将预测因子重要性估计存储在属性 OOBPermutedPPredictorDeltaError 中。

```
>> impCART = MdlCART.OOBPermutedPredictorDeltaError;
```

使用整个数据集训练一个由 200 棵回归树组成的随机森林。如果要生成无偏树，需通过使用曲率的测试来拆分预测因子。

```
>> MdlUnbiased = TreeBagger(200,Tbl,"MPG",...
    Method="regression",Surrogate="on",...
    PredictorSelection="curvature",...
```

```
    OOBPredictorImportance="on");
impUnbiased = MdlUnbiased.OOBPermutedPredictorDeltaError;
```

创建条形图来比较两个集合的预测变量重要性估计 impCART 和 impUnbiased，效果如图 11-9 所示。

```
>> tiledlayout(1,2,Padding="compact");
nexttile
bar(impCART)
title("标准 CART")
ylabel("预测变量重要性估计")
xlabel("预测变量")
h = gca;
h.XTickLabel = MdlCART.PredictorNames;
h.XTickLabelRotation = 45;
h.TickLabelInterpreter = "none";

nexttile
bar(impUnbiased);
title("曲率测试")
ylabel("预测变量重要性估计")
xlabel("预测变量")
h = gca;
h.XTickLabel = MdlUnbiased.PredictorNames;
h.XTickLabelRotation = 45;
h.TickLabelInterpreter = "none";
```

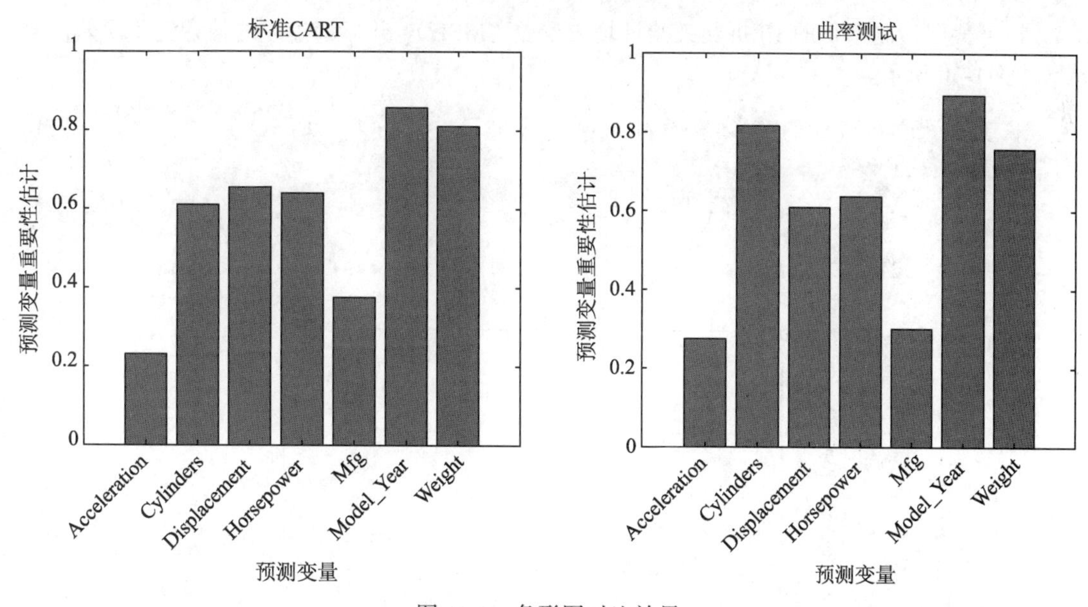

图 11-9　条形图对比效果

（2）fitrensemble 函数。

fitrensemble 函数用于回归拟合学习变量集合。函数的语法格式如下。

Mdl = fitrensemble(Tbl,ResponseVarName)：返回经过训练的回归集成模型对象（Mdl），

该对象包含使用 LSBoost 提升 100 棵回归树的结果及表 Tbl 中的预测变量和响应数据，ResponseVarName 是 Tbl 中响应变量的名称。

Mdl = fitrensemble(Tbl,formula)：应用参数 formula 将模型拟合到表 Tbl 中的预测变量和响应数据。formula 是用于拟合 Mdl 响应的解释模型和 Tbl 中的预测变量子集。例如，'Y~X1+X2+X3' 将响应变量 Tbl.Y 作为预测变量 Tbl.X1、Tbl.X2 和 Tbl.X3 的函数进行拟合。

Mdl = fitrensemble(Tbl,Y)：将表 Tbl 中的所有变量视为预测变量。Y 是不在 Tbl 中的响应向量。

Mdl = fitrensemble(X,Y)：使用矩阵 X 中的预测数据和向量 Y 中的响应数据。

Mdl = fitrensemble(___,Name,Value)：使用由一个或多个名称 - 值对参数和前面语法中的任何输入参数指定的附加选项。例如，可以指定学习周期数、集成聚合方法，或实施 10 折交叉验证。

【例 11-3】估计提升回归树集合的泛化误差。

加载 carsmall 数据集。选择汽缸数量、汽缸排量、功率和重量作为燃油经济性的预测因素。

```
>> load carsmall
X = [Cylinders Displacement Horsepower Weight];
```

使用 10 折交叉验证对一组回归树进行交叉验证。使用决策树模板，指定每棵树应仅分割一次。

```
>> rng(1);                                  % 设置重复性
t = templateTree('MaxNumSplits',1);
Mdl = fitrensemble(X,MPG,'Learners',t,'CrossVal','on');
                                            %Mdl 是一个 RegressionPartitionedEnsemble 模型
```

以下代码绘制累积的 10 折交叉验证均方误差（MSE）。并显示集成的估计泛化误差，效果如图 11-10 所示。

```
>> kflc = kfoldLoss(Mdl,'Mode','cumulative');
figure;
plot(kflc);
ylabel('10 折交叉验证均方误差 /%');
xlabel(' 学习周期 ');
```

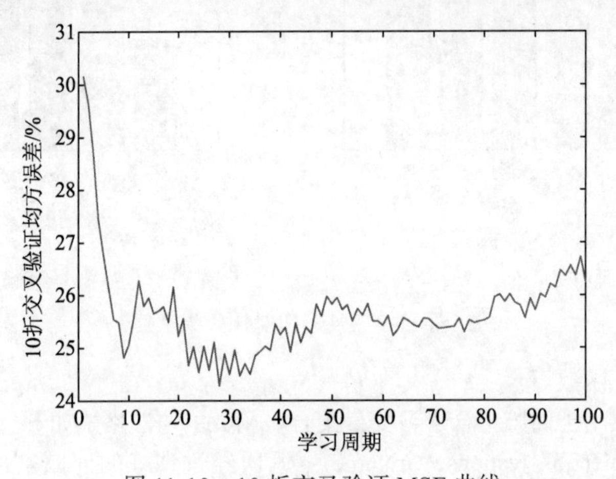

图 11-10　10 折交叉验证 MSE 曲线

kfoldLoss 默认返回泛化误差，利用返回的泛化误差绘制累积损失图可以监控，随着弱学习器在集成中积累，损失的变化情况。

如果对集合的泛化误差感到满意，那么，为了创建预测模型，需使用除交叉验证之外的所有设置再次训练集合，可以通过调整超参数（如每棵树的最大决策分割数和学习周期数）来实现。

（3）fitensemble 函数。

fitensemble 可以提升或打包决策树学习器或判别分析分类器，还可以训练 K 近邻或判别分析分类器的随机子空间集成。函数的语法格式如下。

Mdl = fitensemble(Tbl,ResponseVarName,Method,NLearn,Learners)：返回一个经过训练的集成模型对象，该对象包含将 NLearn 分类或回归学习器的集成与表 Tbl 中的所有变量相拟合的结果。ResponseVarName 是 Tbl 中响应变量的名称。

Mdl = fitensemble(Tbl,formula,Method,NLearn,Learners)：符合 formula 指定的模型。

Mdl = fitensemble(Tbl,Y,Method,NLearn,Learners)：将 Tbl 中的所有变量视为预测变量。Y 是不在 Tbl 中的响应变量。

Mdl = fitensemble(X,Y,Method,NLearn,Learners)：使用 X 中的预测数据和 Y 中的响应数据训练集成。

Mdl = fitensemble(___,Name,Value)：使用一个或多个名称 - 值对参数和任何先前语法指定的附加选项来训练集合。例如，可以指定类顺序、实现 10 折交叉验证。

【例 11-4】求集合的最优分裂数和树数。

在装袋决策树时，fitensemble 默认会生成深层决策树。可以生成较浅的树以降低模型复杂性或缩短计算时间。在提升决策树时，fitensemble 默认会生成树桩（具有一个分割的树）。可以生成更深的树以提高准确性。

```
% 加载 carsmall 数据集。指定变量加速度、位移、功率和重量作为预测值，指定 MPG 作为响应
>> load carsmall
X = [Acceleration Displacement Horsepower Weight];
Y = MPG;
% 生长并交叉验证深度回归树和树桩。指定使用代理分割，因为数据包含缺失值
>> MdlDeep = fitrtree(X,Y,'CrossVal','on','MergeLeaves','off',...
    'MinParentSize',1,'Surrogate','on');
MdlStump = fitrtree(X,Y,'MaxNumSplits',1,'CrossVal','on','Surrogate','on');
```

使用 150 棵回归树训练增强集成。使用 5 折交叉验证对集成进行交叉验证。使用序列 $[2^0,2^1,\cdots,2^m]$ 中的值改变最大分割数，其中 m 是训练样本大小。对于每个变量，将学习率调整为集合 {0.10, 0.25, 0.50, 1.00} 中的每个值。

```
>> n = size(X,1);
m = floor(log2(n - 1));
lr = [0.1 0.25 0.5 1];
maxNumSplits = 2.^(0:m);
numTrees = 150;
Mdl = cell(numel(maxNumSplits),numel(lr));
rng(1);                                          % 重复性
for k = 1:numel(lr);
    for j = 1:numel(maxNumSplits);
        t = templateTree('MaxNumSplits',maxNumSplits(j),'Surrogate','on');
```

```
        Mdl{j,k} = fitensemble(X,Y,'LSBoost',numTrees,t,...
            'Type','regression','KFold',5,'LearnRate',lr(k));
    end;
end;
```

计算每个集合交叉验证的 MSE。

```
>> kflAll = @(x)kfoldLoss(x,'Mode','cumulative');
errorCell = cellfun(kflAll,Mdl,'Uniform',false);
error = reshape(cell2mat(errorCell),[numTrees numel(maxNumSplits)
numel(lr)]);
errorDeep = kfoldLoss(MdlDeep);
errorStump = kfoldLoss(MdlStump);
```

绘制交叉验证的 MSE 随集合中树的数量增加而变化的情况，在同一张图中绘制与学习率相关的曲线，并为不同的树复杂度绘制单独的图，效果如图 11-11 所示。

```
>> mnsPlot = [1 round(numel(maxNumSplits)/2) numel(maxNumSplits)];
figure;
for k = 1:3;
    subplot(2,2,k);
    plot(squeeze(error(:,mnsPlot(k),:)),'LineWidth',2);
    axis tight;
    hold on;
    h = gca;
    plot(h.XLim,[errorDeep errorDeep],'-.b','LineWidth',2);
    plot(h.XLim,[errorStump errorStump],'-.r','LineWidth',2);
    plot(h.XLim,min(min(error(:,mnsPlot(k),:))).*[1 1],'--k');
    h.YLim = [10 50];
    xlabel '树数量';
    ylabel '交叉验证的 MSE';
    title(sprintf('最大分割次数 = %0.3g', maxNumSplits(mnsPlot(k))));
    hold off;
end;
hL = legend([cellstr(num2str(lr','学习率 = %0.2f'));...
        '树的深度';'树墩';'最小 MSE']);
hL.Position(1) = 0.6;
```

图 11-11 中，每条曲线都包含一个最小交叉验证的 MSE，该 MSE 出现在集合中最佳树数处。下列代码确定产生最低 MSE 的最大分割数、树数和学习率。

```
>> [minErr,minErrIdxLin] = min(error(:));
[idxNumTrees,idxMNS,idxLR] = ind2sub(size(error),minErrIdxLin);
fprintf('\nMin. MSE = %0.5f',minErr)
Min. MSE = 18.42979>> fprintf('\nOptimal Parameter Values:\nNum. Trees = %d',
idxNumTrees);

Optimal Parameter Values:
Num. Trees = 1>> fprintf('\nMaxNumSplits = %d\nLearning Rate = %0.2f\n',...
    maxNumSplits(idxMNS),lr(idxLR))

MaxNumSplits = 4
Learning Rate = 1.00
```

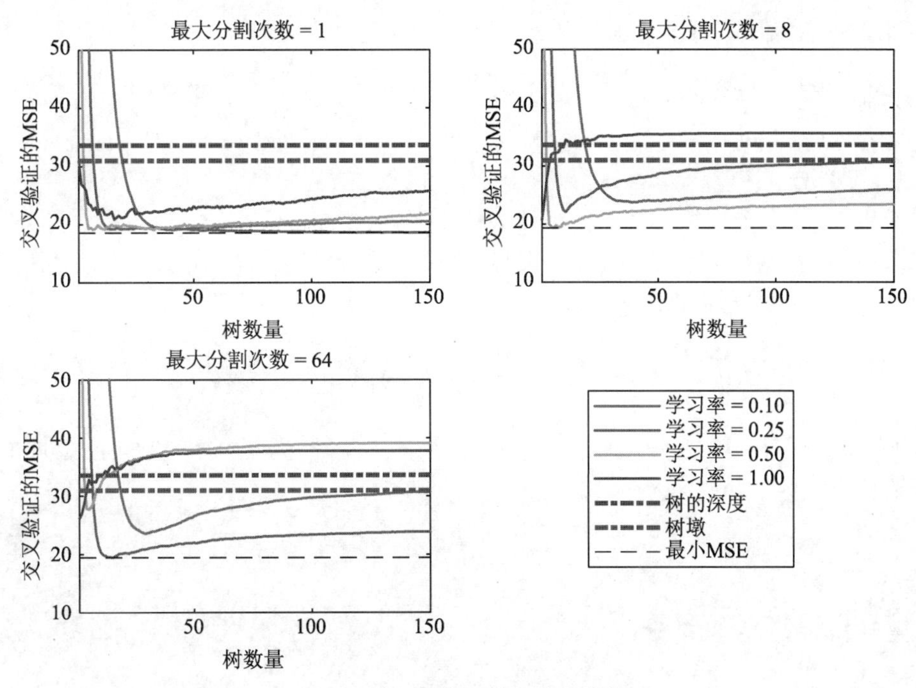

图 11-11　与学习率相关的曲线

（4）fitcecoc 函数。

fitcecoc 函数用于为支持向量机或其他分类器拟合多类模型。函数的语法格式如下。

Mdl = fitcecoc(Tbl,ResponseVarName)：使用表 Tbl 中的预测值和 Tbl.ResponseVarName 中的类标签返回完整的、经过训练的 ECOC 模型。fitcecoc 使用 $K(K-1)/2$ 二进制支持向量机模型，该模型采用一对一编码设计，其中 K 是唯一类标签（级别）的数量。Mdl 是一个 ECOC 模型。

Mdl = fitcecoc(Tbl,formula)：使用表 Tbl 中的预测值和类别标签返回 ECOC 模型。参数 formula 是响应的解释模型，是 Tbl 中用于训练的预测变量的子集。

Mdl = fitcecoc(Tbl,Y)：使用表 Tbl 中的预测值和向量 Y 中的分类标签返回 ECOC 模型。

Mdl = fitcecoc(X,Y)：使用预测值 X 和类别标签 Y 返回一个经过训练的 ECOC 模型。

Mdl = fitcecoc(___,Name,Value)：使用任何先前的语法，返回具有由一个或多个名称 - 值对参数指定的附加选项的 ECOC 模型。

[Mdl,HyperparameterOptimizationResults] = fitcecoc(___,Name,Value)：当指定 Optimize-Hyperparameters 名称 - 值对参数并使用线性或内核二进制学习器时，也会返回超参数优化详细信息。

【例 11-5】使用 ECOC 分类器估计后验概率。

使用 SVM 二进制学习器训练 ECOC 分类器。首先预测训练样本标签和类后验概率；然后预测网格中每个点的最大类后验概率，并将结果可视化。

① 加载 fisheriris 数据集。指定花瓣尺寸作为预测因子，指定物种名称作为响应。

```
>> load fisheriris
X = meas(:,3:4);
Y = species;
rng(1);                                   % 重复性
```

② 创建 SVM 模板。标准化预测因子，并指定高斯核。

```
>> t = templateSVM('Standardize',true,'KernelFunction','gaussian');
```

t 是一个 SVM 模板，它的大多数属性是空的。当训练 ECOC 分类器时，templateSVM 将适用的属性设置为默认值。

③ 使用 SVM 模板训练 ECOC 分类器。使用“FitPosterior”名称 - 值对参数将分类得分转换为类后验概率。使用“ClassNames”名称 - 值对参数指定类顺序。在训练期间使用“详细”名称 - 值对参数显示诊断信息。

```
>> Mdl = fitcecoc(X,Y,'Learners',t,'FitPosterior',true,...
    'ClassNames',{'setosa','versicolor','virginica'},...
    'Verbose',2);
正在训练第 1 个二类学习器 (SVM)，共 3 个，其中包含 50 个负观测值和 50 个正观测值。
负类索引： 2
正类索引： 1

正在拟合学习器 1 (SVM) 的后验概率。
正在训练第 2 个二类学习器 (SVM)，共 3 个，其中包含 50 个负观测值和 50 个正观测值。
负类索引： 3
正类索引： 1

正在拟合学习器 2 (SVM) 的后验概率。
正在训练第 3 个二类学习器 (SVM)，共 3 个，其中包含 50 个负观测值和 50 个正观测值。
负类索引： 3
正类索引： 2

正在拟合学习器 3 (SVM) 的后验概率。
```

Mdl 是一个 ECOC 模型。相同的 SVM 模型适用于每个二进制学习器。

④ 预测训练样本标签和类后验概率。使用“Verbose”名称 - 值对参数在计算标签和类后验概率期间显示诊断消息。

```
>> [label,~,~,Posterior] = resubPredict(Mdl,'Verbose',1);
已计算所有学习器的预测。
已计算所有观测值的损失。
正在计算后验概率 ...
>> Mdl.BinaryLoss
ans =
    'quadratic'
```

代码将一个观察值分配给产生最小平均二进制损失的类。因为所有的二进制学习器都在计算后验概率，所以二进制损失函数是二次的。

```
>> idx = randsample(size(X,1),10,1);
Mdl.ClassNames
ans =
  3×1 cell 数组
    {'setosa'    }
    {'versicolor'}
    {'virginica' }
```

```
>> table(Y(idx),label(idx),Posterior(idx,:),...
    'VariableNames',{'TrueLabel','PredLabel','Posterior'})
ans =
  10×3 table
      TrueLabel          PredLabel                     Posterior
    _______________    _______________    ______________________________
    {'virginica' }     {'virginica' }      0.0039322       0.003987
0.99208
    {'virginica' }     {'virginica' }       0.017067       0.018263
0.96467
    {'virginica' }     {'virginica' }       0.014948       0.015856
0.9692
    {'versicolor'}     {'versicolor'}     2.2197e-14        0.87318
0.12682
    {'setosa'    }     {'setosa'    }          0.999     0.00025092
0.00074638
    {'versicolor'}     {'virginica' }     2.2195e-14        0.05943
0.94057
    {'versicolor'}     {'versicolor'}     2.2194e-14        0.97001
0.029985
    {'setosa'    }     {'setosa'    }          0.999     0.00024991
0.0007474
    {'versicolor'}     {'versicolor'}      0.0085642        0.98259
0.0088487
    {'setosa'    }     {'setosa'    }          0.999     0.00025013
0.00074717
```

Posterior 的列对应于 Mdl.ClassNames 的类顺序。

⑤ 在观察到的预测空间中定义一个值网格，并预测网格中每个实例的后验概率。

```
>> xMax = max(X);
xMin = min(X);

x1Pts = linspace(xMin(1),xMax(1));
x2Pts = linspace(xMin(2),xMax(2));
[x1Grid,x2Grid] = meshgrid(x1Pts,x2Pts);
[~,~,~,PosteriorRegion] = predict(Mdl,[x1Grid(:),x2Grid(:)]);
% 对于网格上的每个坐标，绘制所有类别中的最大类后验概率
>> contourf(x1Grid,x2Grid,...
        reshape(max(PosteriorRegion,[],2),size(x1Grid,1),size(x1Grid,2)));
h = colorbar;
h.YLabel.String = '最大类后验概率';
h.YLabel.FontSize = 15;
hold on
gh = gscatter(X(:,1),X(:,2),Y,'krk','*xd',8);
gh(2).LineWidth = 2;
gh(3).LineWidth = 2;
title('鸢尾花花瓣数量和最大类后验概率')
xlabel('萼片的长/cm')
ylabel('萼片的宽/cm')
axis tight
```

```
legend(gh,'Location','NorthWest')
hold off
```

运行程序，效果如图 11-12 所示。

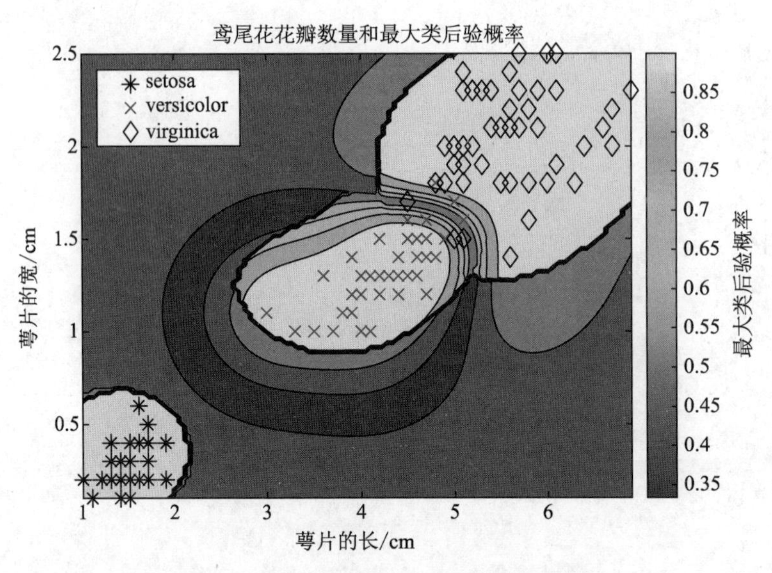

图 11-12　所有类别中的最大类后验概率

11.3.6　随机森林算法的应用

本小节展示了在构建随机回归树森林时，如何为数据集选择合适的分割预测因子选择技术，还展示了如何确定哪些预测因子对训练数据最为重要。

具体的实现步骤如下。

（1）加载和预处理数据。

加载 carbig 数据集。考虑一个模型，该模型根据汽车的汽缸数、发动机排量、功率、重量、加速度、车型年份和原产国来预测汽车的燃油经济性。将汽缸、车型年份和原产地视为分类变量。

```
>> load carbig
Cylinders = categorical(Cylinders);
Model_Year = categorical(Model_Year);
Origin = categorical(cellstr(Origin));
X = table(Cylinders,Displacement,Horsepower,Weight,Acceleration,
Model_Year,Origin);
```

（2）确定预测变量的级别。

标准 CART 算法倾向将具有许多唯一值（水平）（如连续变量）的预测因子与具有较低水平（如分类变量）的预测因子分开。如果数据是异常的或者预测变量在水平数量上差异很大，则考虑使用曲率或交互测试来进行分割预测选择，而不是标准的 CART。

对于每个预测变量，确定数据中的级别数。一种方法是定义一个匿名函数，该函数：

① 使用类别将所有变量转换为类别数据类型；

② 确定所有唯一类别，同时使用类别的缺失值；

③ 使用 numel 统计类别。

然后，将 varfun 函数应用于每个变量。

```
>> countLevels = @(x)numel(categories(categorical(x)));
numLevels = varfun(countLevels,X,'OutputFormat','uniform');
% 比较预测变量之间的等级数，效果如图 11-13 所示
figure
bar(numLevels)
title(' 预测值的等级数 ')
xlabel(' 预测变量 ')
ylabel(' 等级数 ')
h = gca;
h.XTickLabel = X.Properties.VariableNames(1:end-1);
h.XTickLabelRotation = 45;
h.TickLabelInterpreter = 'none';
```

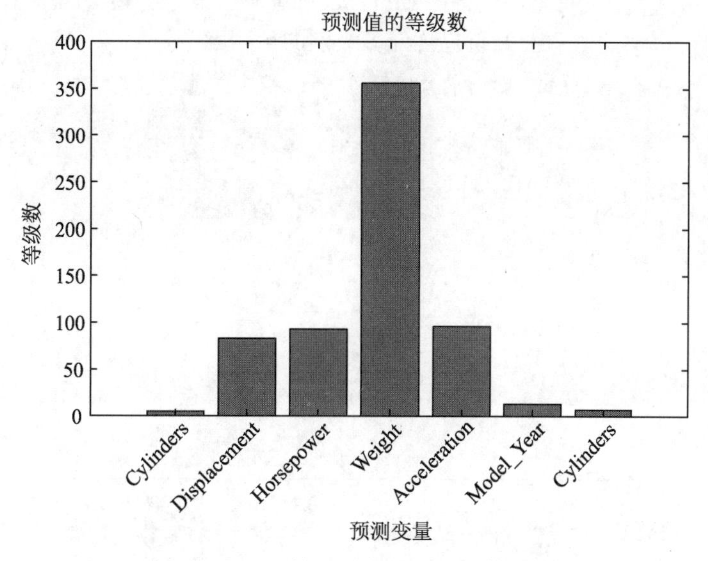

图 11-13 比较预测变量之间的等级数

连续变量的级别数比分类变量多得多。由于预测因子间的级别数差异很大，使用标准 CART，在随机森林中树的每个节点上选择拆分预测因子可能会产生不准确的预测因子重要性估计。在这种情况下，可使用曲率检验或交互检验。使用“PredictorSelection”名称 - 值对参数指定算法。

（3）训练回归树的袋装集合。

训练 200 棵回归树的袋装集合，以估计预测值的重要性值。使用以下名称 - 值对参数定义树学习器：

- 'NumVariablesToSample'、'all'：在每个节点使用所有预测变量，以确保每棵树使用所有预测变量。
- ' 预测因子选择 '、' 交互作用 - 曲率 '：指定交互作用测试的使用，以选择分割预测因子。
- 'Surrogate'、'on'：指定使用替代分割来提高准确性，因为数据集包含缺失值。

```
>> t = templateTree('NumVariablesToSample','all',...
    'PredictorSelection','interaction-curvature','Surrogate','on');
```

```
rng(1);                                                          %重复性
Mdl = fitrensemble(X,MPG,'Method','Bag','NumLearningCycles',200, ...
    'Learners',t);
Mdl 是一个 RegressionBaggedEnsemble 模型。
%使用袋外预测来估计模型 R^2
>> yHat = oobPredict(Mdl);
R2 = corr(Mdl.Y,yHat)^2
R2 =
    0.8744
```

Mdl 解释了平均值附近 87% 的变异性。

（4）预测变量重要性估计。

```
>> impOOB = oobPermutedPredictorImportance(Mdl);
```

impOOB 是一个 1×7 向量，包含与 Mdl.PredictorNames 中的预测因子相对应的预测因子重要性估计值。这些估计值不会偏向包含许多级别的预测因子。

```
%比较预测因子重要性估计值，效果如图 11-14 所示
>> figure
bar(impOOB)
title('无偏预测因子重要性估计')
xlabel('预测变量')
ylabel('重要性估计值')
h = gca;
h.XTickLabel = Mdl.PredictorNames;
h.XTickLabelRotation = 45;
h.TickLabelInterpreter = 'none';
```

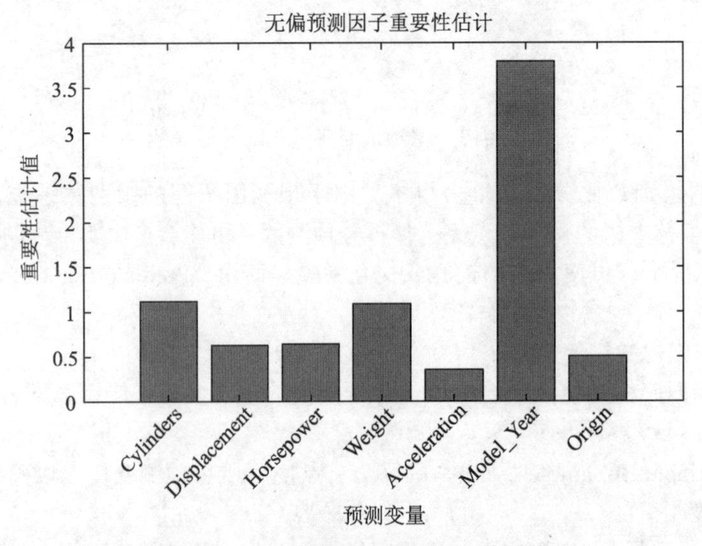

图 11-14　比较预测因子重要性估计值

从图 11-14 可以看出，重要性估计值越大，预测因子越重要；Model_Year 是最重要的预测因子，其次是 Cylinder 和 Weight。Model_Year 和 Cylinder 变量分别只有 13 个和 5 个不同的级别，而 Weight 变量有 300 多个级别。

通过排列袋外观测值来比较预测值的重要性估计值，以及通过对每个预测值的分割导致的均方误差增益求和而获得的估计值。此外，获得通过替代分割估计的预测因子关联度量，效果如图 11-15 所示。

```
>> [impGain,predAssociation] = predictorImportance(Mdl);
impGain
figure
plot(1:numel(Mdl.PredictorNames),[impOOB' impGain'])
title('预测值重要性估计比较')
xlabel('预测变量')
ylabel('重要性估计值')
h = gca;
h.XTickLabel = Mdl.PredictorNames;
h.XTickLabelRotation = 45;
h.TickLabelInterpreter = 'none';
legend('OOB排列','MSE改进')
grid on
impGain =
0.6675   0.7737   0.7459   0.7858   0.2887   0.4231   0.4128
```

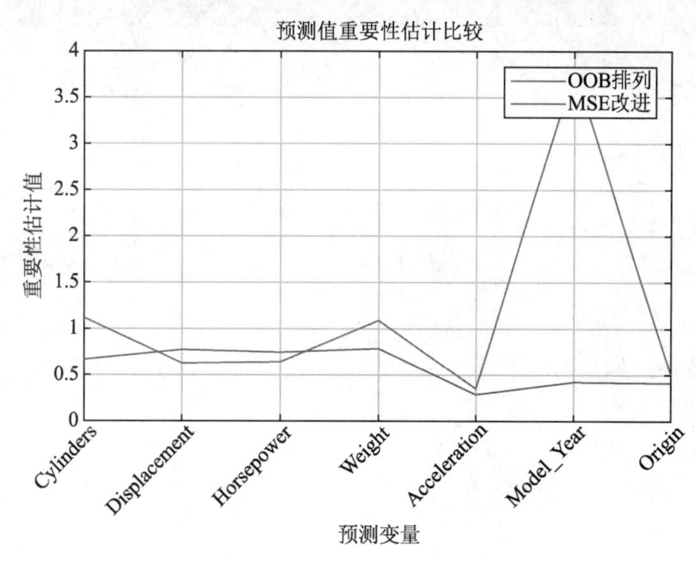

图 11-15　比较预测值重要性估计

在输出的 impGain 的值中可以看出，排量、功率和重量这些变量同样重要。

predAssociation 是预测值关联度量的 7×7 矩阵。行和列对应于 Mdl.PredictorNames 中的预测值。关联的预测度量是一个值，表示划分观测值的决策规则之间的相似性。可以使用 predAssociation 的元素来推断预测因子对之间关系的强度，如图 11-16 所示，关联的预测度量值越大表示预测因子间的相关性越高。

```
>> figure
imagesc(predAssociation)
title('预测关联估计')
colorbar
```

```
h = gca;
h.XTickLabel = Mdl.PredictorNames;
h.XTickLabelRotation = 45;
h.TickLabelInterpreter = 'none';
h.YTickLabel = Mdl.PredictorNames;
```

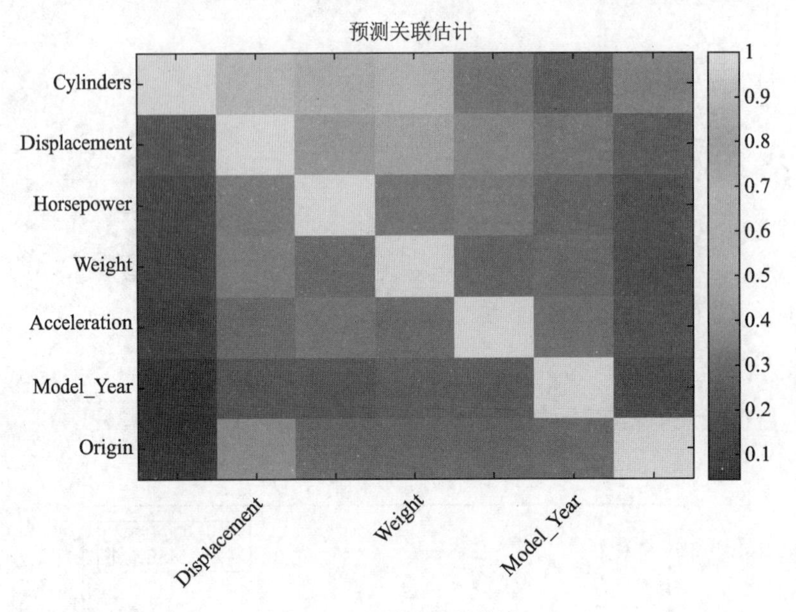

图 11-16 预测关联估计

```
>> predAssociation(1,2)
ans =
    0.6871
```

由图 11-16 及输出结果可以看出，最大的关联在汽缸和排量之间，但是该值不足以表明两个预测值之间的强关联。

（5）使用缩减预测集生长随机森林。

因为预测时间会随着随机森林中预测因子数量的增加而增加，所以可以使用尽可能少的预测因子来创建模型。

```
>> t = templateTree('PredictorSelection','interaction-curvature',
'Surrogate','on', ...
    'Reproducible',true);                 % 对于随机预测因子选择的可重复性
MdlReduced = fitrensemble(X(:,{'Model_Year' 'Weight'}),MPG,'Method','Bag',
...
    'NumLearningCycles',200,'Learners',t);
% 计算简化模型 R^2
>> yHatReduced = oobPredict(MdlReduced);
r2Reduced = corr(Mdl.Y,yHatReduced)^2
r2Reduced =
    0.8627
```

由结果可得到，简化模型的 R^2 接近完整模型的 R^2，此结果表明简化模型足以进行预测。

第 12 章

CHAPTER 12

神经网络分析

人工神经网络（Artificial Neural Network，ANN）也称为神经网络或者连接模型，它是一种模仿动物神经网络行为特征，并进行分布式并行信息处理的算法数学模型。这种网络依靠系统的复杂程度，通过调整内部大量节点之间相互连接的关系，从而达到处理信息的目的。

12.1　神经网络的概述

神经网络的研究内容相当广泛，反映了多学科交叉技术领域的特点。主要的研究工作集中在以下 3 方面。

（1）建立模型。根据对生物原始模型机理的研究，建立神经元、神经网络的理论模型。包括概念模型、知识模型、数学模型、物理化学模型等。

（2）算法。在理论模型研究的基础上构建具体的神经网络模型，以实现计算机模拟或硬件制作，包括网络学习算法的研究，这方面的工作也叫作技术模型研究。

（3）应用。在网络模型与算法研究的基础上，利用人工神经网络组成时间的应用系统，如完成某种信号处理或者模式识别的功能、构建专家系统、制成机器人、复杂系统控制等。

12.1.1　前馈神经网络

神经网络由大量的节点（或称“神经元”“单元”）相互连接构成。每个节点代表一种特定的输出函数，称为激励函数（activation function）。每两个节点间的连接都代表一个对于通过该连接信号的加权值，称为权重（weight），这相当于人工神经网络的记忆。网络的输出则由于网络的连接方式、权重值和激励函数的不同而不同。

人工神经网络通常通过一个基于数学统计学类型的学习方法得以优化，所以人工神经网络也是数学统计学方法的一种实际应用，通过统计学的标准数学方法能够得到大量的、可以用函数来表达的局部结构空间。在人工智能学的人工感知领域，通过数学统计学的应用可以来解决人工感知方面的决定问题，这种方法比起正式的逻辑学推理演算更具有优势。

前馈神经网络也称为多层感知器（Multi-Layer Perceptron，MLP），因为前馈神经网络是由多层 Logistic 回归模型（连续的非线性模型）组成的。图 12-1 为前馈神经网络的结构图。

在神经网络中，一般使用 s 型函数（即 Sigmoid 函数），如可以使用 log-sigmoid：

$$\theta_1(s)=\frac{1}{1+\mathrm{e}^{-s}}$$

或者 tan-sigmoid：

$$\theta_2(s)=\frac{e^s-e^{-s}}{e^s+e^{-s}}$$

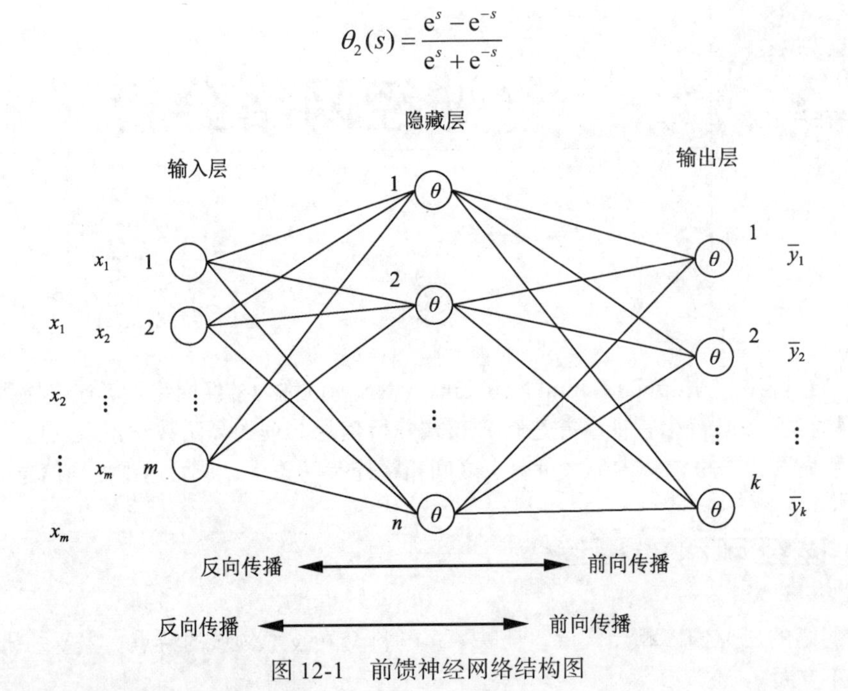

图 12-1 前馈神经网络结构图

实现神经网络的具体步骤如下。

（1）网络初始化。

为各连接权值分别赋一个（-1,1）内的随机数，设定误差函数e，给定计算精度值ε和最大学习次数M。

（2）随机选取第k个输入样本及对应期望输出。

$$x(k)=[x_1(k),x_2(k),\cdots,x_m(k)]$$
$$d_o(k)=[d_1(k),d_2(k),\cdots,d_m(k)]$$

（3）计算隐藏层各神经元的输入和输出。

$$hi_h(k)=\sum_{i=1}^{n}\omega i_h x_i(k)-b_h, h=1,2,\cdots,p$$

$$ho_h(k)=f(hi_h(k)), h=1,2,\cdots,p$$

$$yi_o(k)=\sum_{i=1}^{n}\omega i_{ho} ho_h(k)-b_o, o=1,2,\cdots,p$$

$$yo_o(k)=f(yi_o(k)), o=1,2,\cdots,p$$

（4）利用网络期望输出和实际输出，计算误差函数对输出层的各神经元的偏导数。

$$\frac{\partial e}{\partial \omega_{ho}}=\frac{\partial e}{\partial yi_o}\cdot\frac{\partial yi_o}{\partial \omega_{ho}}$$

$$\frac{\partial yi_o(k)}{\partial \omega_{ho}}=\frac{\partial\left(\sum_{h=1}^{P}\omega_{ho} ho_h(k)-b_o\right)}{\partial \omega_{ho}}=ho_h(k)$$

$$\frac{\partial e}{\partial \omega_{ho}} = \frac{\partial\left(\frac{1}{2}\sum_{o=1}^{q}(d_o(k) - yo_o(k))\right)^2}{\partial yi_o} = -(d_o(k) - yo_k(k))f(yi_o(k)) = -\delta_o(k)$$

（5）利用隐藏层到输出层的连接权值、输出层的 $\delta_o(k)$ 和隐藏层的输出计算误差函数对隐藏层各神经元的偏导数 $\delta_o(k)$。

$$\frac{\partial e}{\partial \omega_{ho}} = \frac{\partial e}{\partial yi_o} \cdot \frac{\partial yi_o}{\partial \omega_{ho}} = -\delta_o(k)ho_h(k)$$

（6）利用输出层各神经元的 $\delta_o(k)$ 和隐藏层各神经元的输出来修正连接权值 ω_{ho}。

$$\Delta\omega_{ho}(k) = -u\frac{\partial e}{\partial w_{ho}} = \mu\delta_o(k)ho_h(k)$$

$$\omega_{ho}^{N+1} = \omega_{ho}^{N} + \eta\delta_o(k)ho_h(k)$$

（7）计算全局误差。

$$E = \frac{1}{2m}\mathrm{SSE} = \frac{1}{2m}\sum_{h=1}^{m}\sum_{o=1}^{q}\mathrm{e}_j^2 = \frac{1}{2}\sum_{j=0}^{l}(\overline{y}_j - y_j)^2$$

（8）判断网络误差是否满足要求。当误差达到预设精度或学习次数大于设定的最大次数时，则结束算法。否则，选取下一个学习样本及对应的期望输出，返回到步骤（3），进入下一轮学习。

在 MATLAB 中，提供了相关函数用于创建前馈神经网络，对相关函数进行介绍如下。

（1）feedforwardnet 函数。

在 MATLAB 中，提供了 feedforwardnet 函数用于创建前馈神经网络。函数的语法格式如下。

net = feedforwardnet(hiddenSizes,trainFcn)：返回前馈神经网络，其隐藏层大小为 hiddenSizes，训练函数由 trainFcn 指定。

前馈神经网络由一系列层组成。第一层有来自网络输入的连接，每个后续层都有来自上一个层的连接，最终层产生网络的输出。可以将前馈神经网络用于任何类型的输入到输出映射。具有一个隐藏层且隐藏层中有足够多神经元的前馈网络可以拟合任何有限输入 - 输出映射问题。

前馈神经网络的一个变体是级联前向神经网络，从输入到每层及从每层到所有后续层，该网络都有额外的连接。有关级联前向神经网络的详细信息，请参阅 cascadeforwardnet 函数。

【例 12-1】使用前馈神经网络来求解简单的问题。

```
>> % 加载训练数据
[x,t] = simplefit_dataset;                %1 × 94 矩阵 x 包含输入值，1 × 94 矩阵 t 包含相
                                          % 关联的目标输出值
>> % 构造一个前馈网络，其中一个隐藏层的大小为 10
net = feedforwardnet(10);
>> % 使用训练数据训练网络 net，效果如图 12-2 所示
net = train(net,x,t);
>> % 查看经过训练的网络，如图 12-3 所示
view(net)
>> % 使用经过训练的网络估计目标
y = net(x);
% 评估经过训练的网络的性能，默认性能函数是均方误差
```

```
perf = perform(net,y,t)
perf =
   1.4639e-04
```

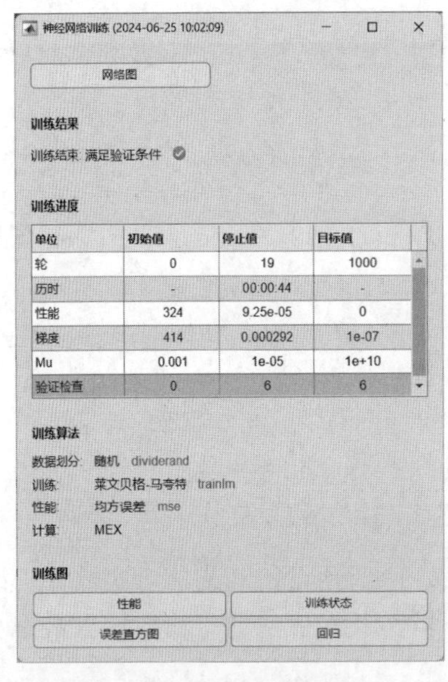

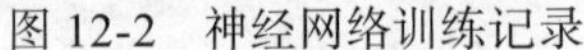
图 12-2　神经网络训练记录

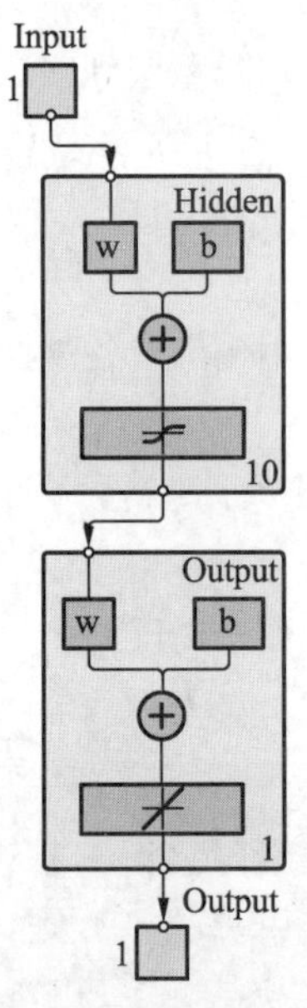

图 12-3　网络结构

（2）cascadeforwardnet 函数。

cascadeforwardnet 函数用于生成级联前向神经网络。函数的语法格式如下。

net = cascadeforwardnet(hiddenSizes,trainFcn)：返回级联前向神经网络，其隐藏层大小为 hiddenSizes，训练函数由 trainFcn 指定。

级联前向神经网络类似于前馈神经网络，但包括从输入和每个前一层到后续层的连接。如同前馈神经网络一样，其只要提供足够多的隐含神经元两层或多层级联网络便可以任意方式很好地学习任何有限输入 - 输出关系。

【例 12-2】使用级联前向神经网络来求解简单的问题。

```
>> % 加载训练数据
[x,t] = simplefit_dataset;              %1×94 矩阵 x 包含输入值，1×94 矩阵 t 包含相
                                        % 关联的目标输出值
>> % 构造一个级联前向神经网络，其中一个隐藏层的大小为 10
net = cascadeforwardnet(10);
% 使用训练数据训练网络 net，效果如图 12-4 所示
net = train(net,x,t);
>> % 查看经过训练的网络，效果如图 12-5 所示
view(net)
>> % 使用经过训练的网络估计目标
y = net(x);
% 评估经过训练的网络的性能。默认性能函数是均方误差
perf = perform(net,y,t)
perf =
   3.7072e-06
```

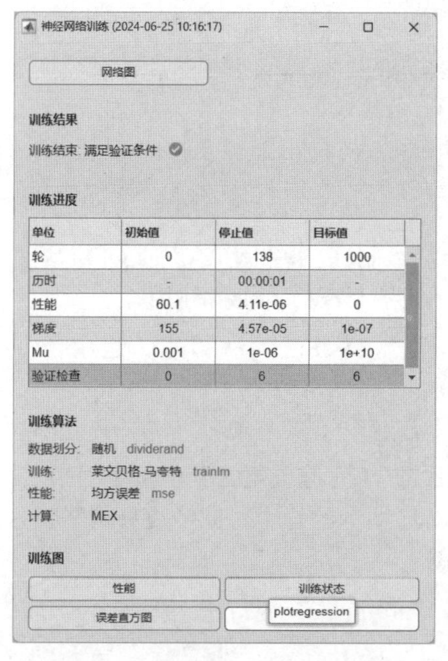

图 12-4　联级前馈神经网络训练

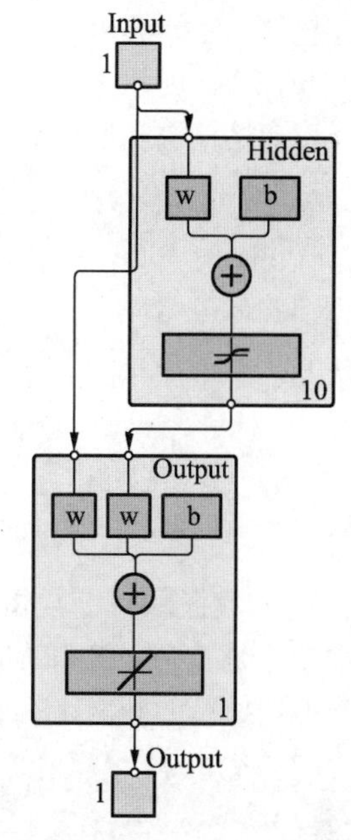

图 12-5　联级前馈神经网络结构

12.1.2　前馈神经网络的应用

前馈神经网络的应用主要表现在以下 3 方面。

（1）主要应用于感知器网络。按内容分布在网络某一处，可以存储一个外部信息，而每个神经元以分散的形式存储在感知器上。网络的分布对存储有等势作用，这种分布式存储是神经系统均匀分布在网络上的自身具备的特点。在大脑的反射弧层里面，对应感知的存储应用。

（2）主要应用于多层前馈网络。模拟人脑，分配匀称，达到自主学习功效。每个大脑皮层细胞在识别各列和各类的存储信息时，进行自动排列和分配、运算。可以链接训练记忆样本与样本输出的联系。

（3）主要应用于径向基函数神经网络。可以对周围环境进行识别和判断，处理模糊甚至不规则的推理，模仿人类识别细胞、识别图像、识别声音。对难以解析的规律性，具有良好的泛化能力，并有很快的学习收敛速度，已成功应用于非线性函数逼近，以及时间序列分析。

【例 12-3】用双输入感知器进行分类。

```
%X 中的每一个列向量都定义了一个二元素输入向量，行向量 T 定义了向量的目标类别
% 可以使用 plotpv 绘制这些向量，效果如
% 图 12-6 所示
>> X = [ -0.5 -0.5 +0.3 -0.1;  ...
      -0.5 +0.5 -0.5 +1.0];
T = [1 1 0 0];
plotpv(X,T);
title(' 向量分类 ')
```

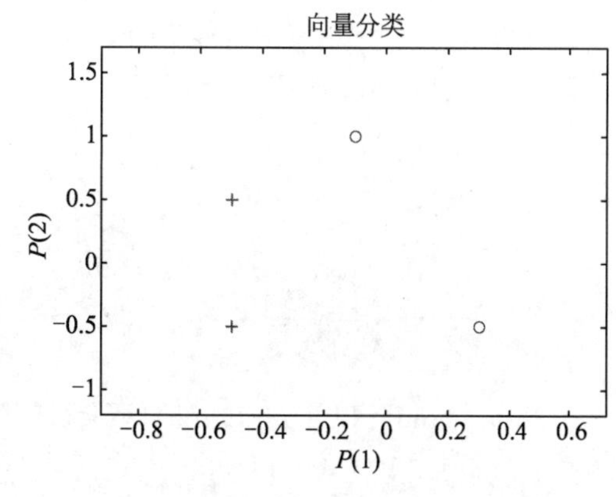

图 12-6　向量分类

感知器必须将 X 中的 4 个输入向量正确分类为由 T 定义的两个类别。感知器具有 hardlim

神经元。这些神经元能够用一条直线将输入空间分为两个类别（0 和 1）。

此处 perceptron 创建了一个具有单个神经元的新神经网络。然后针对数据配置网络，这样可以检查其初始权重和偏置值。

```
>> net = perceptron;
net = configure(net,X,T);
```

神经元初次尝试分类时，输入向量会被重新绘制，效果如图 12-7 所示。初始权重设置为零，因此任何输入都会生成相同的输出，而且分类线甚至不会出现在图上。

```
>> plotpv(X,T);
plotpc(net.IW{1},net.b{1});
title('向量被分类')
```

此处，输入数据和目标数据转换为顺序数据（元胞数组，其中每个列指示一个时间步）并复制 3 次以形成序列 XX 和 TT。adapt 针对序列中的每个时间步更新网络，并返回一个作为更好的分类器执行的新网络对象，效果如图 12-8 所示。

```
>> XX = repmat(con2seq(X),1,3);
TT = repmat(con2seq(T),1,3);
net = adapt(net,XX,TT);
plotpc(net.IW{1},net.b{1});
```

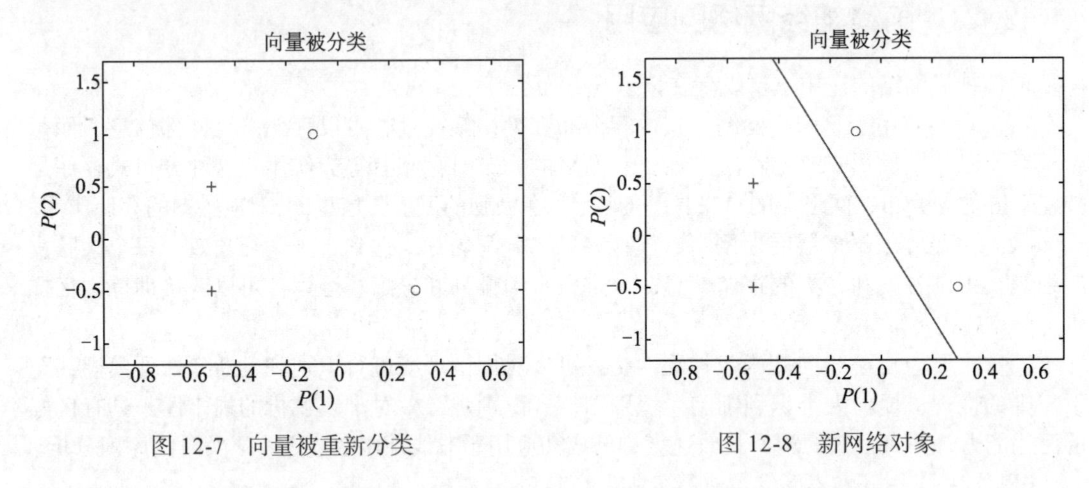

图 12-7 向量被重新分类　　图 12-8 新网络对象

新点 [0.7; 1.2] 及原始训练集的绘图显示了网络的性能。为了将其与训练集区分开来，将其显示为红色，效果如图 12-9 所示。

```
>> x = [0.7; 1.2];
y = net(x);
plotpv(x,y);
point = findobj(gca,'type','line');
point.Color = 'red';
title('向量被分类')
```

开启“hold”，以使先前的绘图不会被删除，并绘制训练集和分类线，效果如图 12-10 所示。

```
>> hold on;
plotpv(X,T);
```

```
plotpc(net.IW{1},net.b{1});
hold off;
title(' 向量被分类 ')
```

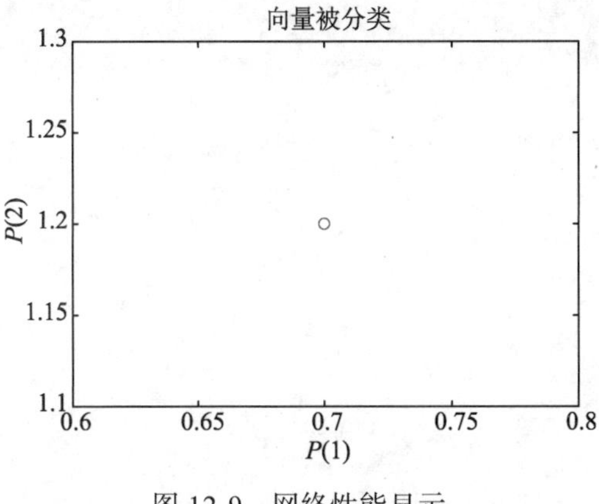

图 12-9　网络性能显示

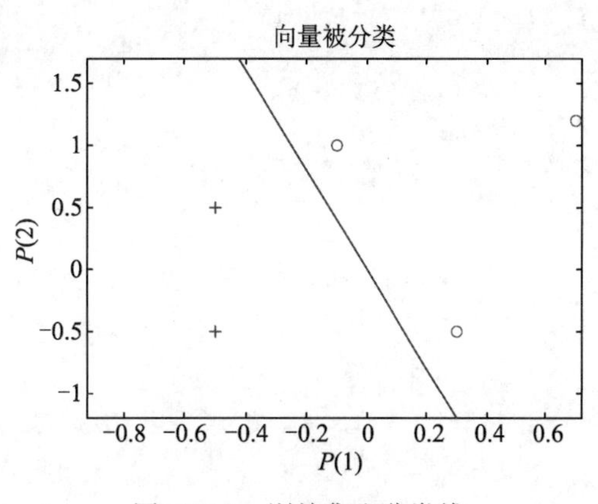

图 12-10　训练集和分类线

感知器正确地将新点（红色）分类为类别“零”（用圆圈表示）而不是“一”（用加号表示）。

【例 12-4】利用 BP 网络对加载的数据集进行预测。

```
%% 训练集 / 测试集产生
% 导入数据
load spectra_data.mat
%% 随机产生训练集和测试集
temp = randperm(size(NIR,1));
% 训练集（50 个样本）
P_train = NIR(temp(1:50),:)';
T_train = octane(temp(1:50),:)';
% 测试集（10 个样本）
P_test = NIR(temp(51:end),:)';
T_test = octane(temp(51:end),:)';
N = size(P_test,2);
%% 数据归一化
[p_train, ps_input] = mapminmax(P_train,0,1);
p_test = mapminmax('apply',P_test,ps_input);
[t_train, ps_output] = mapminmax(T_train,0,1);

%% BP 神经网络创建、训练及仿真测试
% 创建网络
net = newff(p_train,t_train,9);
% 设置训练参数
net.trainParam.epochs = 1000;
net.trainParam.goal = 1e-3;
net.trainParam.lr = 0.01;
% 训练网络
net = train(net,p_train,t_train);
% 仿真测试
t_sim = sim(net,p_test);
% 数据反归一化
T_sim = mapminmax('reverse',t_sim,ps_output);
```

```
%% 性能评价
% 相对误差 error
error = abs(T_sim - T_test)./T_test;
% 决定系数 R^2
R2 = (N * sum(T_sim .* T_test) - sum(T_sim) * sum(T_test))^2 /
((N * sum((T_sim).^2) - (sum(T_sim))^2) * (N * sum((T_test).^2) -
(sum(T_test))^2));
% 结果对比
result = [T_test' T_sim' error']
%% 绘图
figure
plot(1:N,T_test,'b:*',1:N,T_sim,'r-o')
legend('真实值','预测值')
xlabel('预测样本')
ylabel('辛烷值')
string = {'测试集辛烷值含量预测结果对比';['R^2=' num2str(R2)]};
title(string)
```

运行程序，输出如下，训练结果如图 12-11 所示，预测效果如图 12-12 所示。

```
result =
   86.6000   86.4625    0.0016
   87.2000   86.0256    0.0135
   86.3000   86.1948    0.0012
   88.2500   88.6156    0.0041
   88.5000   88.6677    0.0019
   85.1000   84.7405    0.0042
   84.4000   84.4672    0.0008
   88.0000   87.6214    0.0043
   88.6000   88.1922    0.0046
   86.1000   86.2186    0.0014
```

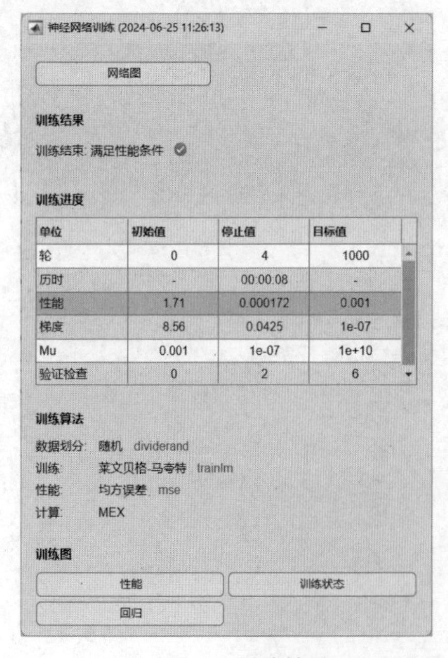

图 12-11　训练结果

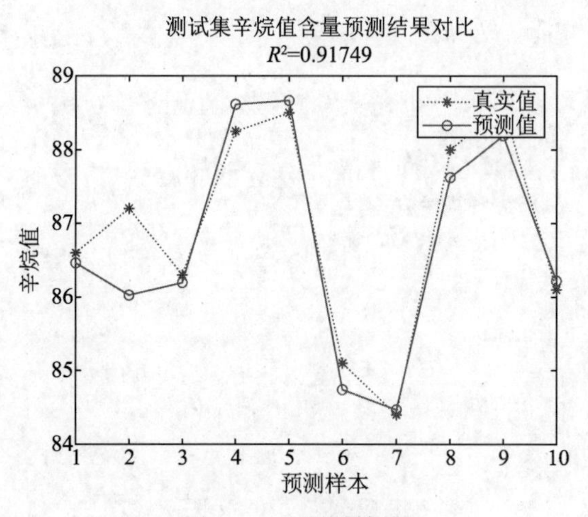

图 12-12　预测效果

【例 12-5】使用 newrb 函数创建一个径向基网络，该网络可逼近由一组数据点定义的函数。

```
>> % 定义 21 个输入向量 P 和目标向量 T，并绘图，效果如图 12-13 所示
X = -1:.1:1;
T = [-.9602 -.5770 -.0729  .3771  .6405  .6600  .4609 ...
      .1336 -.2013 -.4344 -.5000 -.3930 -.1647  .0988 ...
      .3072  .3960  .3449  .1816 -.0312 -.2189 -.3201];
plot(X,T,'+');
title(' 训练向量 ');
xlabel(' 输入向量 P');
ylabel(' 目标向量 T');
```

使用径向基函数网络拟合这 21 个数据点。径向基函数网络具有两个层，分别是径向基神经元的隐藏层和线性神经元的输出层。以下是隐藏层使用的径向基传递函数，效果如图 12-14 所示。

```
>> x = -3:.1:3;
a = radbas(x);
plot(x,a)
title(' 径向基传递函数 ');
xlabel(' 输入 p');
ylabel(' 输出 a');
```

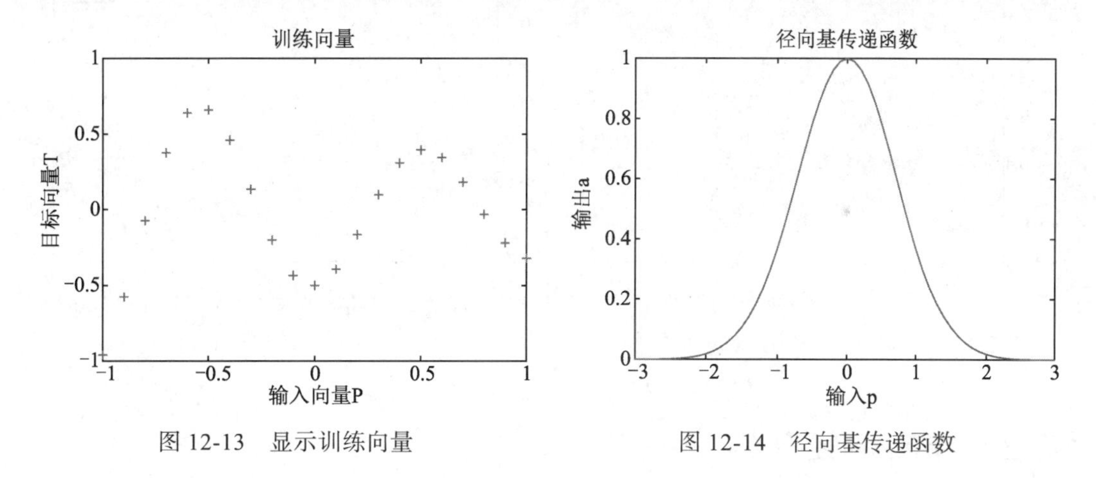

图 12-13 显示训练向量　　图 12-14 径向基传递函数

隐藏层中每个神经元的权重和偏置定义了径向基函数的位置和宽度。各个线性输出神经元形成了这些径向基函数的加权和。利用每层的正确权重和偏置值，以及足够的隐含神经元，径向基网络可以以任何所需准确度拟合任何函数。以下是 3 个径向基函数（蓝色）经过缩放与求和后生成一个函数（品红色）的实例，效果如图 12-15 所示。

```
>> a2 = radbas(x-1.5);
a3 = radbas(x+2);
a4 = a + a2*1 + a3*0.5;
plot(x,a,'b-',x,a2,'b:',x,a3,'b--',x,a4,'m-.')
title(' 径向基传递函数的加权和 ');
xlabel(' 输入 p');
ylabel(' 输出 a');
```

函数 newrb 可快速创建一个逼近由 P 和 T 定义的函数的径向基网络。除了训练集和目标，函数 bewrb 还使用了两个参数，分别为误差平方和目标与分布常数。

```
>> eg = 0.02;                                % 径向基传递函数的加权和
sc = 1;                                      % 分布常数
net = newrb(X,T,eg,sc);
NEWRB, neurons = 0, MSE = 0.176192
```

如果要了解网络性能，需重新绘制训练集，然后仿真网络对相同范围内输入的响应，最后，在同一图上绘制结果，效果如图 12-16 所示。

```
>> plot(X,T,'+');
xlabel('输入');
X = -1:.01:1;
Y = net(X);
hold on;
plot(X,Y);
hold off;
legend({'目标','输出'})
```

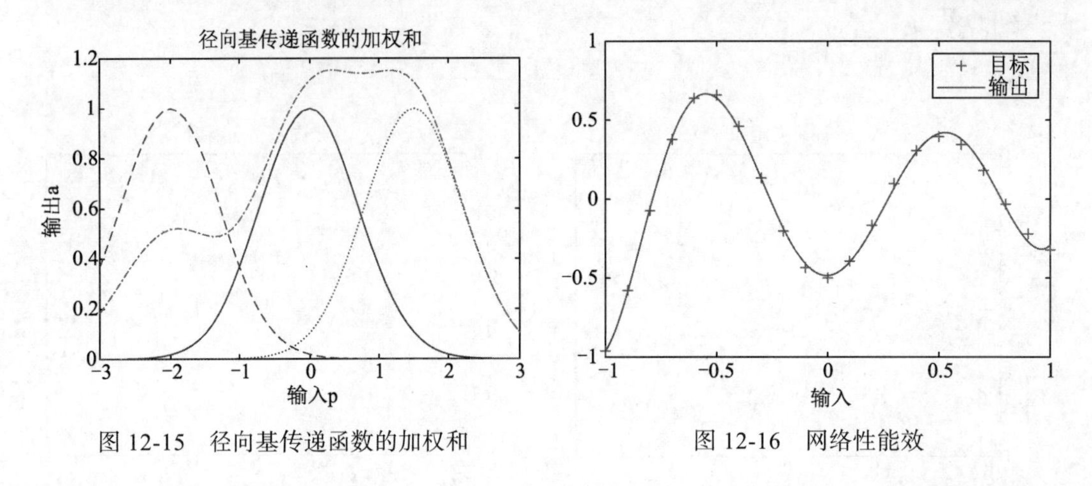

图 12-15 径向基传递函数的加权和

图 12-16 网络性能效

12.2 卷积神经网络

卷积神经网络（Convolutional Neural Network，CNN）是一种具有局部连接，权重共享等特性的深层前馈神经网络。卷积神经网络一般由卷积层、汇聚层和全连接层构成。

12.2.1 用卷积代替全连接

在全连接前馈神经网络中，如第 l 层有 n^l 个神经元，第 $l-1$ 层有 n^{l-1} 个神经元，连接边就有 $n^l \times n^{l-1}$。即权重参数的个数为 $n^l \times n^{l-1}$，当 l 和 n 都很大时，权重矩阵的参数会非常多，训练的效率会非常低。

如果用卷积代替全连接，第 l 层的净输入 z^l 与 $l-1$ 层活性值 a^{l-1} 和滤波器 $\boldsymbol{w}^l \in R^m$ 的卷积，即 $z^l = \boldsymbol{w}^l \times a^{l-1} + b^l$，其中滤波器 $\boldsymbol{w}^l$ 为可学习的权重向量，$b^l \in R^{l-1}$ 为可学习的偏置。

根据卷积的定义，卷积层有两个很重要的性质。

- 局部连接：在卷积层（假设是第 l 层）中的每个神经元都只和下一层（第 l–1 层）中某个局部窗口内的神经元相连，构成一个局部连接网络。
- 全局共享：作为参数的滤波器 $\boldsymbol{w}^l$，对于第 l 层的所有神经元都是相同的。

12.2.2　卷积层

卷积层的作用是提取一个局部区域的特征，不同大小的卷积相当于不同的特征提取器。卷积神经网络主要是针对图像处理而言的，而图像通常是二维的，为了充分利用图像的局部特征，通常将神经元组织为三维结构的神经层，其由大小（M）× 宽度（N）× 深度（D），即 D 个 $M \times N$ 的特征映射组成。

对于输入层而言，特征映射就是图像本身，如果为灰色图像，则深度为 1；如果为彩色图像（分别是 RGB 三个通道的颜色特征映射），则深度为 3。

12.2.3　汇聚层

汇聚层也叫采样层，它的作用是进行特征选择，降低特征数量，从而减少参数数量。

卷积层虽然可以明显减少网络中的连接数量，但是特征映射中的神经元个数并未显著减少。如果后边接一个分类器，而分类器的输入维数依然很高，很容易出现过拟合。因此产生了采样层，在卷积层后加一个汇聚层，从而降低特征维数，避免过拟合。

假设采样层的输入特征映射组为 $X \in R^{M \times N \times D}$，对于其中每一个映射 X^d，将其划分为很多区域 $R^d_{m,n}(1 \leqslant m \leqslant M', 1 \leqslant n \leqslant N')$，这些区域可以重叠，也可以不重叠。汇聚是指对每个区域进行下采样得到一个值，作为这个区域的概括。常见的汇聚方式有以下两种。

（1）最大汇聚（Maximum Pooling）：取一个区域内所有神经元的最大值。

（2）平均汇聚（Mean Pooling）：取一个区域内所有神经元的平均值。

典型的汇聚层是将每个特征映射划分为 2 × 2 大小的不重叠区域，然后使用最大汇聚的方式进行下采样。汇聚层也可以看作一个特殊的卷积层，卷积核大小为 $m \times m$，步长为 $s \times s$，卷积核为 max 函数或 mean 函数。过大的采样区域会急剧减少神经元的数量，造成过多的信息损失，图 12-17 为最大汇聚实例。

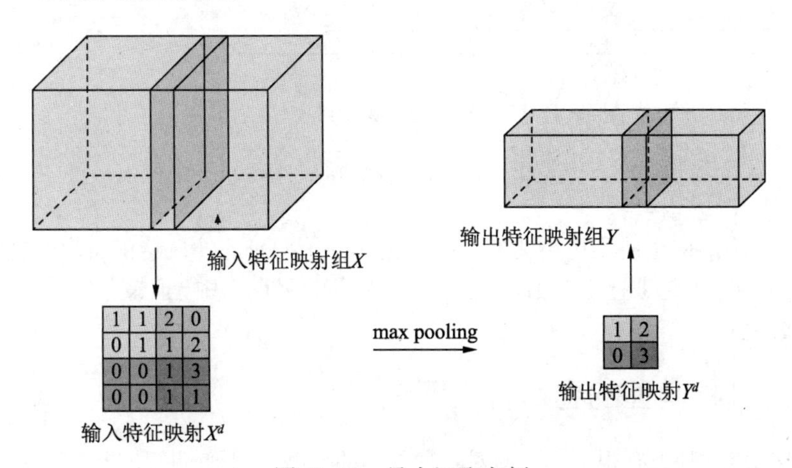

图 12-17　最大汇聚实例

12.2.4 全连接层

在全连接层中，将最后一层的卷积输出展开，并将当前层的每个节点与下一层的另一个节点连接起来。全连接层如图 12-18 所示。

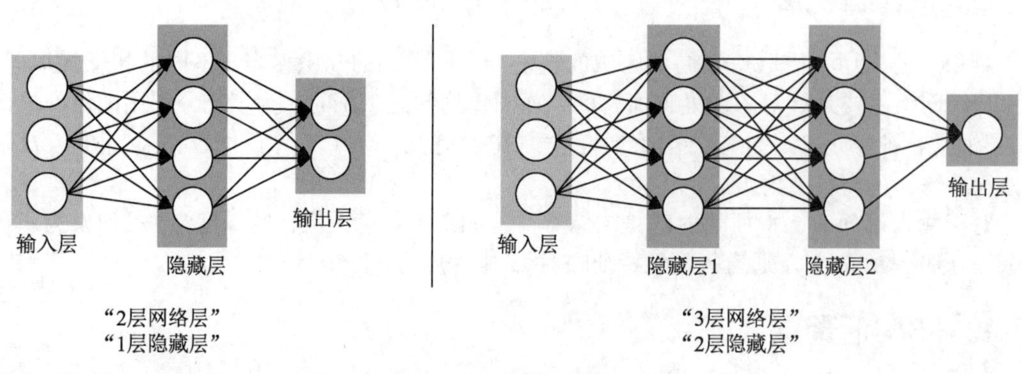

图 12-18 全连接层

对于输出层中的每个神经元，其表达式可记作

$$y=\sigma\left(\sum_{i=1}^{m}\boldsymbol{\omega}_i^{\mathrm{T}}x_i+\boldsymbol{b}\right)$$

如果输出有多个神经元，最终可以通过 Softmax 进行最终类别的判断。

12.2.5 典型的卷积神经网络结构

图 12-19 为典型的卷积神经网络结构，它由卷积层、汇聚层、全连接层交叉堆叠而成。

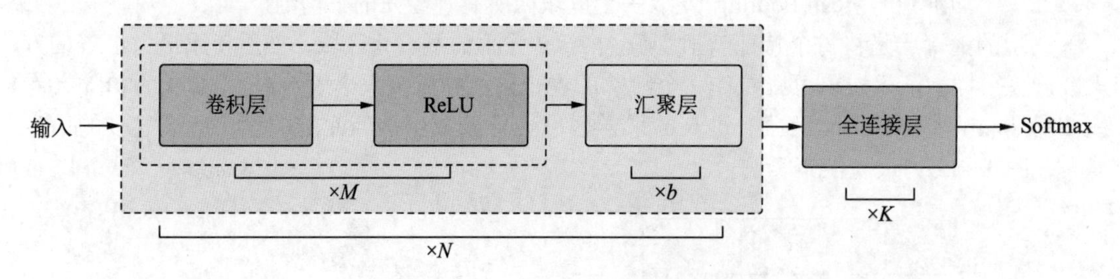

图 12-19 典型的卷积神经网络结构

卷积块由 M 个卷积层与 b 个汇聚层组成，一个卷积神经网络中可以堆叠 N 个连续的卷积块，然后连接 K 个全连接层。

目前整个网络倾向于使用更小的卷积核及更深的结构。此外，卷积操作的灵活性越来越大，汇聚层的作用变得越来越小，因此目前流行的卷积神经网络中，汇聚层的比例在逐渐降低，倾向于全连接网络。

12.2.6 几种典型的卷积神经网络

卷积神经网络的种类有很多，下面对几种常用的典型卷积神经网络进行介绍。

1. LeNet-5

LeNet-5 提出的时间比较早，是一个非常成功的卷积神经网络模型，20 世纪 90 年代在许多银行被使用，用来识别手写数字，其网络结构如图 12-20 所示。

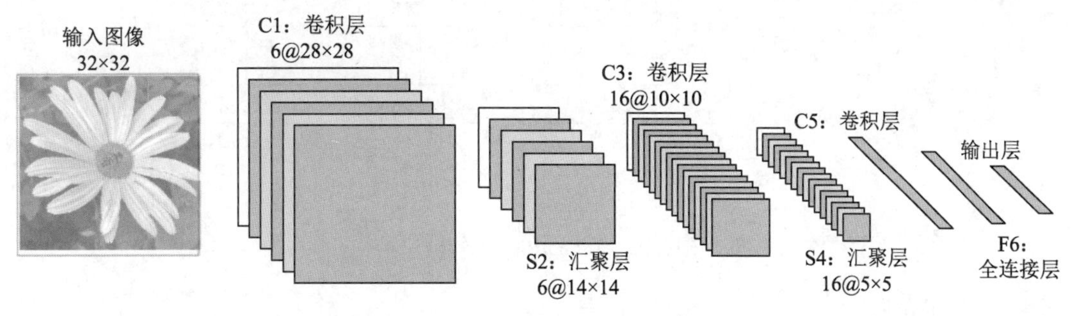

图 12-20　LeNet-5 网络结构

2. AlexNet

AlexNet 使用了深度卷积神经网络的一些技巧，如 GPU 并行训练，采用 ReLU 作为非线性激活函数，使用 DropOut 防止过拟合，使用数据增强来提高模型准确率。AlexNet 网络结构如图 12-21 所示。

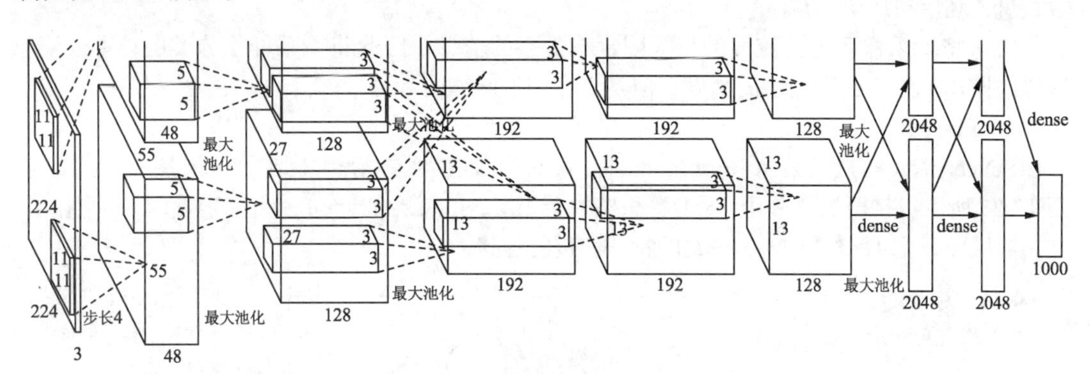

图 12-21　AlexNet 网络结构

3. Inception

在卷积神经网络中，如何定义卷积的大小是一个十分关键的问题，在 Inception 网络中，一个卷积层包含多个不同大小的卷积操作，称为 Inception 模块，Inception 网络是由多个 Inception 模块和汇聚层堆叠而成的。

Inception 模块同时使用 1×1、3×3、5×5 等大小不同的卷积核，并将得到的特征映射在深度上拼接（堆叠）起来作为输出特征映射。图 12-22 给出了 v1 版本的 Inception 模块结构，采用了 4 组平行的特征抽取方式，分别为 1×1、3×3、5×5 的卷积和 3×3 的最大汇聚，同时为了提高计算效率，减少参数数量，Inception 模块在进行 3×3、5×5 的卷积之前，3×3 的最大汇聚之后，进行一次 1×1 的卷积来减少特征映射的深度。

4. SqueezeNet 结构

SqueezeNet 能够在 ImageNet 数据集上达到近似 AlexNet 的效果，但是参数为 AlexNet 的 1/50，结合 Deep Compression 模型压缩技术，模型文件为 AlexNet 的 1/510。

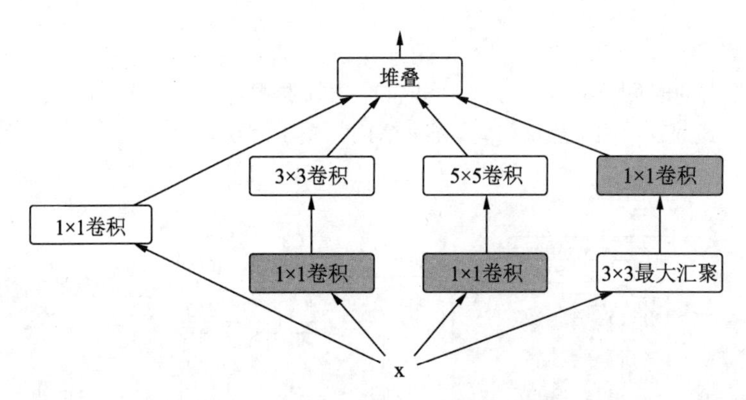

图 12-22　Inception v1 的模块结构

1）压缩策略

SqueezeNet 的模型压缩使用了 3 个策略。

（1）将 3×3 卷积替换为 1×1 卷积：通过这一步，一个卷积操作的参数数量缩小为原来的 1/9。

（2）减少 3×3 卷积的通道数：一个 3×3 卷积的计算量是 $3\times3\times M\times N$（其中 M，N 分别是输入特征图和输出特征图的通道数），该计算量过于庞大，可通过减少 M 与 N 以减少参数数量，利用挤压层实现。

（3）将下采样后置：较大的特征图含有更多的信息，因此将下采样往分类层移动。注意这样的操作虽然会提升网络的精度，但是它会增加网络的计算量。

2）Fire Module

SqueezeNet 的核心在于 Fire module，它的组成主要包括挤压层和拓展层两部分，如图 12-23 所示。挤压层是一个 1×1 卷积核的卷积层，拓展层是 1×1 和 3×3 卷积核的卷积层，在拓展层中，把 1×1 和 3×3 得到的特征图进行连接。

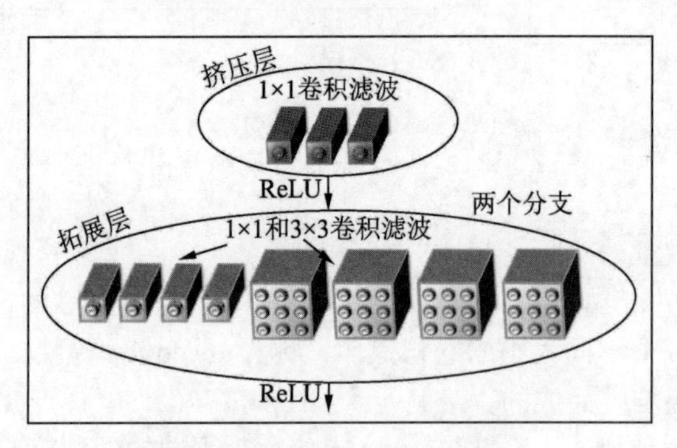

图 12-23　Fire Module 结构

Fire Module 操作过程如图 12-24 所示。

Fire module 输入的特征图大小为 $H\times W\times M$，输出的特征图大小为 $H\times M\times(e_1+e_3)$，可以看到特征图大小的分辨率是不变的，变的仅是维数，即是通道数。

首先，$H\times W\times M$ 的特征图大小经过挤压层，得到 S_1 个特征图大小，这里的 S_1 均小于 M，以达到“压缩”的目的。

其次，$H\times W\times S_1$ 的特征图输入拓展层，分别经过 1×1 卷积层和 3×3 卷积层进行卷积，再将结果进行连接，得到 Fire module 的输出，即大小为 $H\times M\times(e_1+e_3)$ 的特征图。

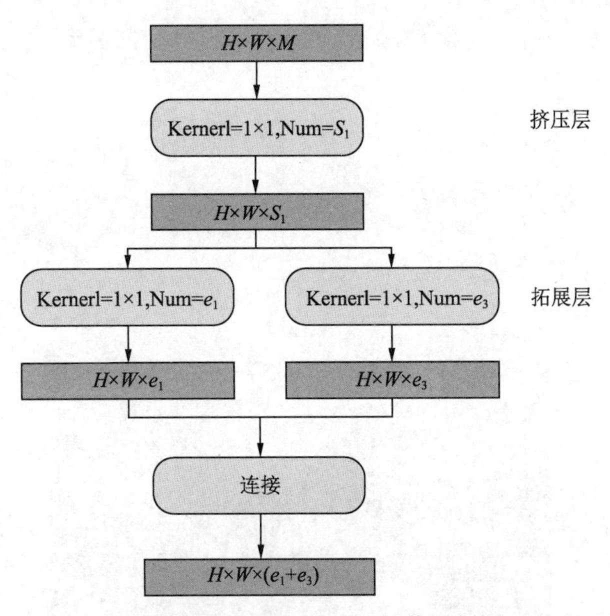

图 12-24　Fire Module 操作过程

12.2.7　卷积神经网络实现

本小节主要通过一个实例来演示 SqueezeNet 卷积神经网络在迁移学习中的应用。

在 MATLAB 中，提供了 SqueezeNet 函数用于实现 SqueezeNet 卷积神经网络。函数的语法格式如下。

net = squeezenet：返回基于 ImageNet 数据集训练的 SqueezeNet 网络。

net = squeezenet('Weights','imagenet')：返回基于 ImageNet 数据集训练的 SqueezeNet 网络。此语法等效于 net = squeezenet。

lgraph = squeezenet('Weights','none')：返回未经训练的 SqueezeNet 网络架构。

【例 12-6】实例说明如何微调预训练的 SqueezeNet 卷积神经网络以对新的图像集合进行分类。

具体实现步骤如下。

（1）加载数据。

解压缩新图像并加载这些图像作为图像数据存储。imageDatastore 根据文件夹名称自动标注图像，并将数据存储为 imageDatastore 对象。imageDatastore 对象可以存储大图像数据，包括无法放入内存的数据，并在卷积神经网络的训练过程中高效分批读取图像。

```
>> unzip('MerchData.zip');
imds = imageDatastore('MerchData', ...
    'IncludeSubfolders',true, ...
    'LabelSource','foldernames');
```

将数据划分为训练数据集和验证数据集。将 70% 的图像用于训练，30% 的图像用于验证。splitEachLabel 将 imds 数据存储拆分为两个新的数据存储。

```
>> [imdsTrain,imdsValidation] = splitEachLabel(imds,0.7,'randomized');
```

MerchData 数据集非常小包含 55 幅训练图像和 20 幅验证图像。显示一些实例图像，如图 12-25 所示。

```
>> numTrainImages = numel(imdsTrain.Labels);
idx = randperm(numTrainImages,16);
I = imtile(imds, 'Frames', idx);
figure
imshow(I)
```

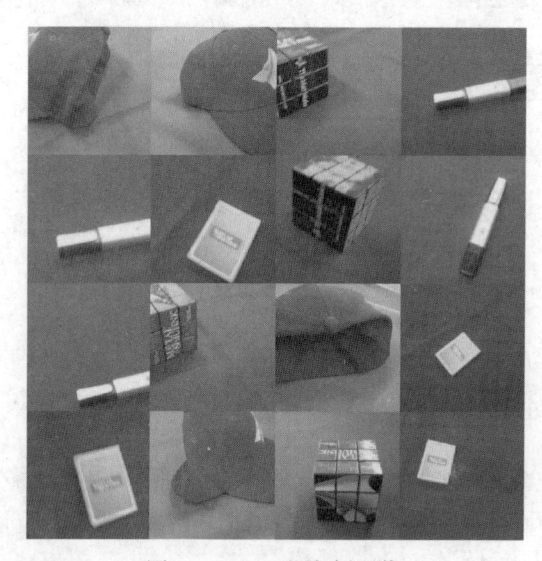

图 12-25　一些实例图像

（2）加载预训练网络。

加载预训练的 SqueezeNet 神经网络。

```
>> net = squeezenet;
```

使用 analyzeNetwork 可以交互可视方式呈现网络架构及有关网络层的详细信息，效果如图 12-26 所示。

```
>> analyzeNetwork(net)
```

图 12-26　网络架构及有关网络层的详细信息

第一层（图像输入层）需要大小为 227×227×3 的输入图像，其中 3 是颜色通道数。

```
>> inputSize = net.Layers(1).InputSize
inputSize =
   227   227     3
```

（3）替换最终层。

网络的卷积层会提取最后一个可学习层和最终分类层用来对输入图像进行分类的图像特征。SqueezeNet 中的 'conv10' 和 'ClassificationLayer_predictions' 这两个层包含如何将网络提取的特征合并成类概率、损失值和预测标签的相关信息。要对预训练网络进行重新训练以对新图像进行分类，需将这两个层替换为适合新数据集的新层。

```
>> lgraph = layerGraph(net);                          % 从经过训练的网络中提取层图
```

查找要替换的两个层的名称，可以手动执行此操作，也可以使用支持函数 findLayers-ToReplace 自动查找。

```
>> [learnableLayer,classLayer] = findLayersToReplace(lgraph);
[learnableLayer,classLayer]
```

在大多数网络中，具有可学习权重的最后一层是全连接层。而在某些网络（如 SqueezeNet）中，最后一个可学习层是一个 1×1 卷积层。在这种情况下，需将该卷积层替换为新的卷积层，其中滤波器的数量等于类的数量。要使新层中的学习速度快于迁移的层，可增大卷积层的 WeightLearnRateFactor 和 BiasLearnRateFactor 值。

```
>> numClasses = numel(categories(imdsTrain.Labels))
numClasses =
     5
>> newConvLayer =  convolution2dLayer([1, 1],numClasses,'WeightLearnRateFactor',
10,'BiasLearnRateFactor',10,"Name",'new_conv');
lgraph = replaceLayer(lgraph,'conv10',newConvLayer);
```

分类层指定网络的输出类，将分类层替换为没有类标签的新分类层。trainNetwork 会在训练时自动设置层的输出类。

```
>> newClassificatonLayer = classificationLayer('Name','new_classoutput');
lgraph = replaceLayer(lgraph,'ClassificationLayer_predictions',
newClassificatonLayer);
```

（4）训练网络。

网络要求输入图像的大小为 227×227×3，但图像数据存储中的图像具有不同大小。使用增强的图像数据存储可自动调整训练图像的大小。指定要对训练图像额外执行的增强操作：沿垂直轴随机翻转训练图像，以及在水平和垂直方向上随机平移训练图像最多 30 个像素。数据增强有助于防止网络过拟合和记忆训练图像的具体细节。

```
>> pixelRange = [-30 30];
imageAugmenter = imageDataAugmenter( ...
    'RandXReflection',true, ...
    'RandXTranslation',pixelRange, ...
    'RandYTranslation',pixelRange);
```

```
augimdsTrain = augmentedImageDatastore(inputSize(1:2),imdsTrain, ...
    'DataAugmentation',imageAugmenter);
```

要在不执行进一步数据增强的情况下自动调整验证图像的大小，需使用增强的图像数据存储，而不指定任何其他预处理操作。

```
>> augimdsValidation = augmentedImageDatastore(inputSize(1:2),imdsValidation);
```

指定训练选项。对于迁移学习，需保留预训练网络的较浅层中的特征（迁移的层权重）。要减慢迁移层中的学习速度，需将初始学习速率设置为较小的值。将小批量大小指定为 11，以便在每轮训练中考虑所有数据。软件在训练过程中每 ValidationFrequency 次迭代验证一次网络。

```
>> options = trainingOptions('sgdm', ...
    'MiniBatchSize',11, ...
    'MaxEpochs',7, ...
    'InitialLearnRate',2e-4, ...
    'Shuffle','every-epoch', ...
    'ValidationData',augimdsValidation, ...
    'ValidationFrequency',3, ...
    'Verbose',false, ...
    'Plots','training-progress');
```

训练由迁移层和新层组成的网络。默认情况下，trainNetwork 使用 GPU（如果有）；否则，trainNetwork 将使用 CPU。还可以使用 trainingOptions 的 'ExecutionEnvironment' 名称 - 值对组参数指定执行环境。

```
% 效果如图 12-27 所示
>> netTransfer = trainNetwork(augimdsTrain,lgraph,options);
```

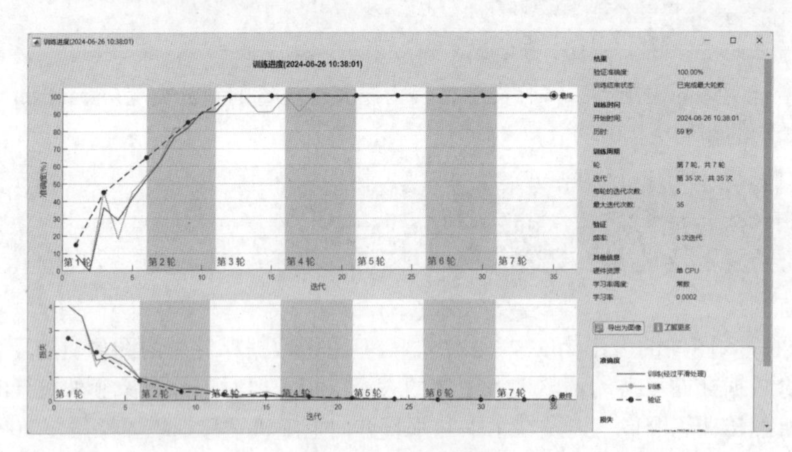

图 12-27　训练进度

（5）对验证图像进行分类。

使用经过微调的网络对验证图像进行分类。

```
>> [YPred,scores] = classify(netTransfer,augimdsValidation);
```

显示 4 个实例验证图像及预测的标签，效果如图 12-28 所示。

```
>> idx = randperm(numel(imdsValidation.Files),4);
figure
for i = 1:4
    subplot(2,2,i)
    I = readimage(imdsValidation,idx(i));
    imshow(I)
    label = YPred(idx(i));
    title(string(label));
end
```

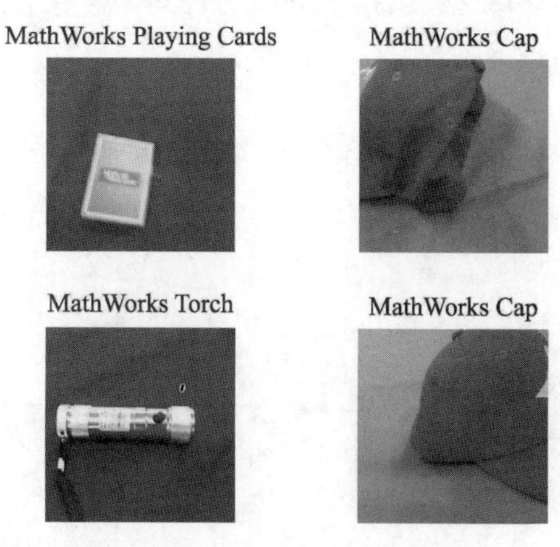

图 12-28　验证图像及预测的标签

计算针对验证集的分类准确度，准确度是网络预测正确的标签的比例。

```
>> YValidation = imdsValidation.Labels;
accuracy = mean(YPred == YValidation)
accuracy =
     1
```

12.3　循环神经网络

循环神经网络（Recurrent Neural Network，RNN）是一类具有短期记忆能力的神经网络，在循环神经网络中，神经元不仅可以接收其他神经元的信息，还可以接收自身的信息，形成一个环路结构。前馈神经网络是一个静态网络，不能处理时序数据，可以通过以下 3 种方法增强网络记忆能力。

- 延时神经网络。
- 有外部输入的非线性自回归模型。
- 循环神经网络。

12.3.1　循环神经网络概述

给定一个输入序列 $x=(x_1,x_2,\cdots,x_T)$，循环神经网络通过下式更新带反馈边的隐藏层的活性值 h_t：

$$h_t=(h_{t-1},x_t)$$

循环神经网络结构如图 12-29 所示。

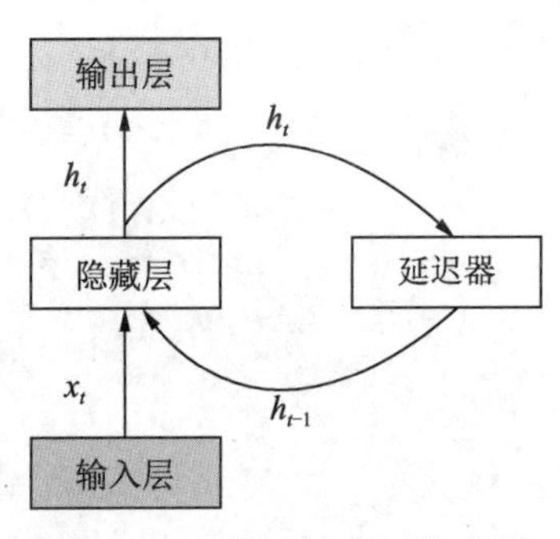

图 12-29 循环神经网络结构

1. 一般的循环神经网络

图 12-29 展示了一个简单的循环神经网络，其整个结构分为 3 层：输入层、隐藏层和输出层。其中 t 时刻，隐藏层的状态 h_t 不仅与输入 x_t 有关，还与上一个时刻的隐藏层状态 h_{t-1} 有关。

由于隐藏层多了一个自身到自身的输入，因此该层被称为循环层。循环神经网络多种类型，基于循环的方向划分为单向循环神经网络和双向循环神经网络。

1）单向循环神经网络

对单向循环神经网络展开后的效果图如图 12-30 所示。

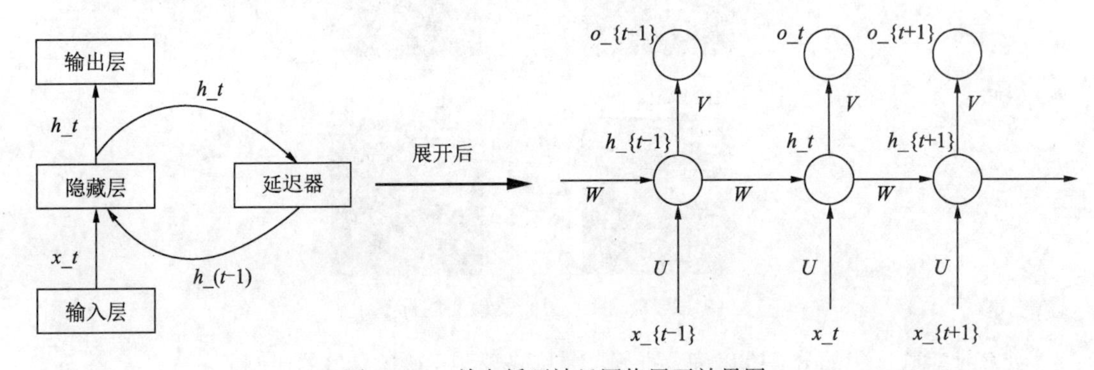

图 12-30 单向循环神经网络展开效果图

图 12-30 可理解为网络的输入通过时间往后传递，当前隐藏层的输出 h_t 取决于当前层的输入 x_t 和上一层的输出 h_{t-1}，因此当前隐藏层的输出信息包含之前时刻的信息，表达出对之前的信息的记忆能力。单向循环神经网络表达式为

$$o_t = g(V \times h_t)$$
$$h_t = f(U \times x_t + W \times h_{t-1})$$

其中，o_t 为输出层的计算公式；h_t 为隐藏层的计算公式；$g(\cdot)$ 和 $f(\cdot)$ 为激活函数。

2）双向循环神经网络

双向循环神经网络的主要思想是训练一个分别向前和分别向后的循环神经网络，表示完整的上下文信息，两个循环神经网络对应同一个输出层，因此可以理解为两个循环神经网络的叠加，对应的输出结果根据两个神经网络输出状态计算获得，将双向循环神经网络按照时间序列结构展开，如图 12-31 所示。

从图 12-31 可以看出，隐藏层需要保留两部分，一部分为由前向后的正向传递 h_t，另一部分为由后向前的反向传递 h'_t，最新的信息输出 o_t。双向循环神经网络的表达式如下：

$$o_t = g(V \times h_t + V' \times h'_t)$$
$$h_t = f(U \times x_t + W \times h_{t-1})$$
$$h'_t = f(U' \times x_t + W' \times h'_{t+1})$$

2. 深度循环神经网络

前面介绍的单向循环神经网络和双向循环神经网络都只有一个隐藏层，但是在实际应用中，为了增强表达能力，往往引入多个隐藏层，即深度循环神经网络，如图 12-32 所示。

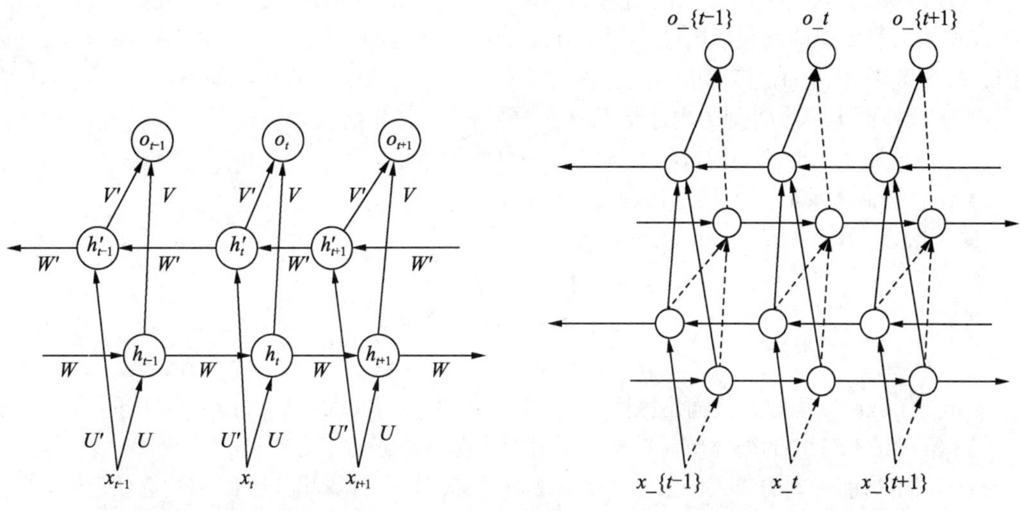

图 12-31 双向循环结构展开　　图 12-32 深度循环神经网络结构

同样可以得到深度循环神经网络的表达式：

$$
\begin{aligned}
& o_t = g(V^{(i)} \times h_i^{(i)} + V'^{(i)} \times h_t'^{(i)}) \\
& h_t^{(i)} = f(U^{(i)} \times h_t^{(i-1)} + W^{(i)} \times h_{t-1}) \\
& h_t'^{(i)} = f(U'^{(i)} \times h_t'^{(i-1)} + W'^{(i)} \times h_{t+1}') \\
& \vdots \\
& h_t^{(1)} = f(U^{(1)} \times h_t + W^{(1)} \times h_{t-1}) \\
& h_t'^{(1)} = f(U'^{(1)} \times h_t + W'^{(1)} \times h_{t+1}')
\end{aligned}
$$

从公式可以看出，最终的输出依赖于两个维度的计算，横向上是内部前后信息的叠加，即按照时间的计算；纵向上是每一时刻的输入信息在逐层之间的传递，即按照空间结构的计算。

3. 长短期记忆网络

长短期记忆（Long Short-Term Memory，LSTM）网络是循环神经网络的一个变体，可以有效地解决简单循环神经网络的梯度爆炸和梯度消失问题。LSTM 网络的改进包含以下两点：新的内部状态；门机制。

1）新的内部状态

LSTM 网络引入一个新的内部状态 c_t 专门进行线性的循环传递，同时（非线性）传输信息给隐藏层的外部状态 h_t：

$$
\begin{aligned}
c_t &= f_t \otimes c_{t-1} + i_t \otimes \tilde{c}_t \\
h_t &= o_t \otimes \tanh(c_t)
\end{aligned}
$$

其中，f_t、i_t、o_t 为 3 个门中用来控制信息传递的路径；$\otimes$ 为向量元素乘积；c_{t-1} 为上一时刻的记忆单元；$\tilde{c}_t$ 是通过非线性函数得到的候选状态：

$$\tilde{c}_t = \tanh(W_c x_t + U_c h_{t-1} + b_c)$$

在每个时刻 t，LSTM 网络的内部状态 c_t 记录了当前时刻为止的历史信息。

2）门机制

LSTM 网络引入门机制来控制信息的传递，f_t、i_t 和 o_t 分别为遗忘门、输入门和输出门中用来控制信息传递的路径。电路中门是 0 或 1，表示关闭和开启，LSTM 网络中的门是一种软门，取值范围为 (0,1)，表示以一定比例的信息通过，其 3 个门的作用如下。

- f_t：控制上一个时刻的内部状态 c_{t-1} 需要遗忘的信息量。
- i_t：控制当前时刻的候选状态 $\tilde{c}_t$ 需要保存的信息量。
- o_t：控制当前时刻的状态 c_t 需要输出为 h_t 的信息量。

3 个门的计算公式如下：

$$i_t = \sigma(W_i x_t + U_i h_{t-1} + b_i)$$
$$f_t = \sigma(W_f x_t + U_f h_{t-1} + b_f)$$
$$o_t = \sigma(W_o x_t + U_o h_{t-1} + b_o)$$

其中，σ 为 Logsitic 函数，其输出区间为（0,1）；x_t 为当前输入；h_{t-1} 为上一时刻的外部状态。图 12-33 给出了 LSTM 的循环单元结构，其计算分为 3 个过程。

（1）利用当前时刻的输入 x_t 和上一时刻的外部状态 h_{t-1} 计算出 3 个门和候选状态 $\tilde{c}_t$。

（2）结合遗忘门 f_t 和输入门 i_t 来更新记忆单元 c_t。

（3）结合输出门 o_t 将内部状态信息传递给外部状态 h_t。

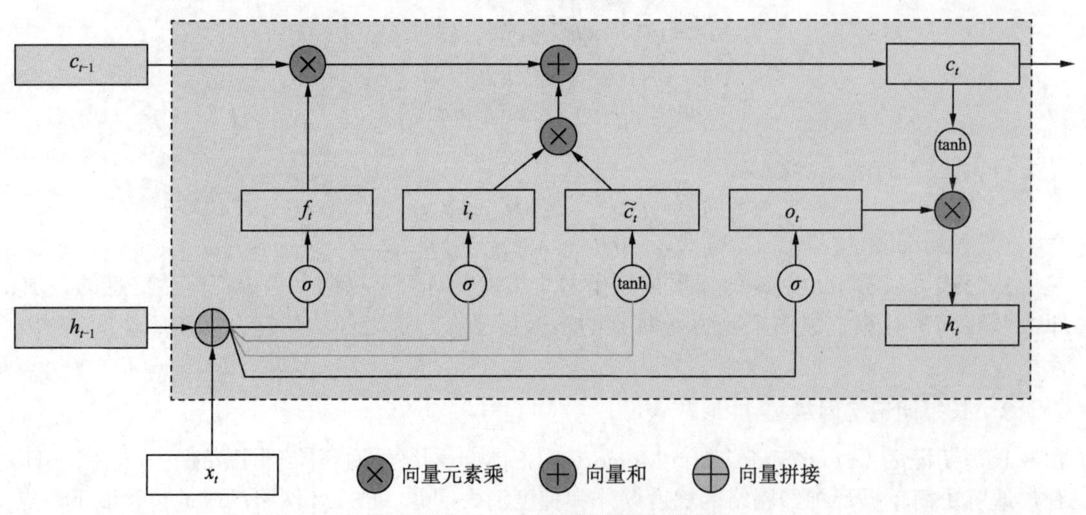

图 12-33 LSTM 的循环单元结构

通过 LSTM 循环单元，整个网络可以建立长距离的时序依赖关系，可以用以下公式描述：

$$\begin{bmatrix} \tilde{c}_t \\ o_t \\ i_t \\ f_t \end{bmatrix} = \begin{bmatrix} \tanh \\ \sigma \\ \sigma \\ \sigma \end{bmatrix} \left(W \begin{bmatrix} x_t \\ h_{t-1} \end{bmatrix} + b \right)$$
$$c_t = f_t \otimes c_{t-1} + i_t \otimes \tilde{c}_t$$
$$h_t = o_t \otimes \tanh(c_t)$$

其中，x_t 为当前时刻的输入；W 和 b 为网络参数。

4. GRU 网络

门控单元（Gate Recurrent Unit，GRU）网络是一种比 LSTM 网络更加简单的循环神经网络。在 LSTM 网络中，遗忘门和输入门是互补关系，比较冗余，GRU 网络将遗忘门和输入门合并成一个门：更新门。同时 GRU 直接在当前的状态 h_t 和上一个时刻的状态 h_{t-1} 之间引入线性依赖关系。

在 GRU 网络中，当前时刻的候选状态 $\tilde{h}_t$ 为

$$\tilde{h}_t = \tanh\left[W_h x_h + U_h (r_t + h_{t-1}) + b_h\right]$$

其中，$r_t \in [0,1]$ 为重置门，用来控制候选状态 $\tilde{h}_t$ 的计算是否依赖上一时刻的状态 h_{t-1}，公式为

$$r_t = \sigma(W_r x_t + U_r h_{t-1} + b_r)$$

当 r_t 为 0 时，候选状态 $\tilde{h}_t$ 只与当前输入 x_t 有关，与历史状态无关；当 r_t 为 1 时，候选状态 $\tilde{h}_t$ 与当前输入 x_t、历史状态 h_{t-1} 都有关。

GRU 网络当前状态 h_t 的更新方式为

$$h_t = z_t \otimes h_{t-1} + (1 - z_t) \otimes \tilde{h}_t$$

其中，$z \in [0,1]$ 为更新门，用来控制当前状态需要从历史状态中保留的信息量（不经过非线性变换），以及需要从候选状态中获取的信息量。z_t 的计算公式为

$$z_t = \sigma(W_z x_t + U_z h_{t-1} + b_z)$$

- 如果 z_t=0，当前状态 h_t 和历史状态 h_{t-1} 为非线性函数。
- 如果 z_t=0，r=1，GRU 网络退化为简单循环网络。
- 如果 z_t=0，r=0，当前状态 h_t 只与当前输入 x_t 有关，与历史状态 h_{t-1} 无关。

GRU 网络循环单元结构如图 12-34 所示。

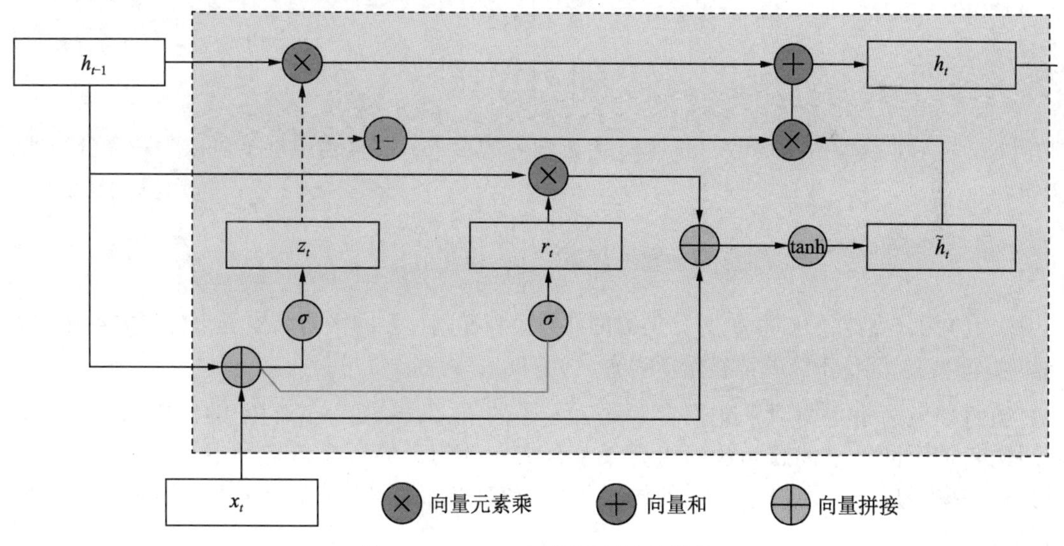

图 12-34　GRU 网络循环单元结构

5. RecNN

递归神经网络（Recursive Neural Network，RecNN）是循环神经网络在有向无循环图上的拓展，递归神经网络一般结构为树状层次结构，如图 12-35 所示。

图 12-35（a）包含 3 个隐藏层 h_1、h_2、h_3，其中 h_1 由两个输入 x_1、x_2 计算得到，h_2 由两个输入 x_3、x_4 计算得到，h_3 由两个隐藏层 h_1、h_2 计算得到。

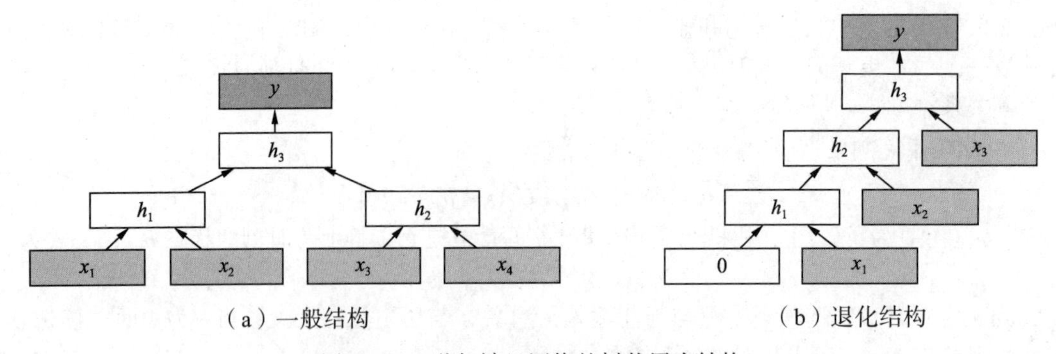

（a）一般结构 （b）退化结构

图 12-35 递归神经网络的树状层次结构

对于一个节点 h_i，它可以接收来自节点集合 π_i 中所有节点的消息，并更新自己的状态，如下所示：

$$h_i = f(h_{\pi_i})$$

其中，h_{π_i} 表示 π_i 集合中所有节点状态的拼接，$f(\cdot)$ 是一个与节点状态无关的非线性函数，可以为一个单层的前馈神经网络，图 12-35(a) 所示的递归神经网络可表示为

$$h_1 = \sigma\left(W\begin{bmatrix} x_1 \\ x_2 \end{bmatrix} + b\right)$$

$$h_2 = \sigma\left(W\begin{bmatrix} x_3 \\ x_4 \end{bmatrix} + b\right)$$

$$h_3 = \sigma\left(W\begin{bmatrix} h_1 \\ h_2 \end{bmatrix} + b\right)$$

其中，σ 表示非线性激活函数，W 和 b 为可学习的参数，同样输出层 y 可以为一个分类器，比如：

$$h_3 = g\left(W' \begin{bmatrix} h_1 \\ h_2 \end{bmatrix} + b'\right)$$

其中，$g(\cdot)$ 为分类器，W' 和 b' 为分类器的参数。当递归神经网络的结构退化为图 12-35(b) 所示的结构时，就等价于简单神经循环网络。

递归神经网络主要用来建模自然语言句子的语义，给定一个句子的语法结构，可以使用递归神经网络来按照句法的组合关系合成一个句子的语义，句子中每个短语成分可以分成一些子成分，即每个短语的语义可以由它的子成分语义组合而来，进而合成整句的语义。

同样可以使用门机制来改进递归神经网络中的长距离依赖问题，如树结构的长短期记忆网络模型就是将 LSTM 网络的思想应用到树结构的网络中，来实现更灵活的组合函数。

12.3.2 循环神经网络的实现

要为时间序列预测训练 LSTM 网络，需训练具有序列输出的回归 LSTM 网络，其中，响应（目标）是将值移位了一个时间步的训练序列。也就是说，在输入序列的每个时间步，LSTM 网络都学习预测下一个时间步的值。有两种预测方法：开环预测和闭环预测。

开环预测仅使用输入数据预测序列中的下一个时间步。对后续时间步进行预测时，需要从数据源中收集真实值并将其用作输入。例如，假设要使用时间步 1 到 $t-1$ 中收集的数据来预测序列的时间步 t 进行预测，需等到记录下时间步 t 的真实值，并将其用作输入进行下一次预测。在进行下一次预测之前，如果有可以提供给 RNN 的真实值，则使用开环预测。

闭环预测通过使用先前的预测作为输入来预测序列中的后续时间步。在这种情况下，模型不需要真实值便可进行预测。例如，假设要仅使用在时间步 1 到 $t-1$ 中收集的数据预测序列的时间步 t 至 $t+k$ 的值。要对时间步 i 进行预测，需使用时间步 $i-1$ 的预测值作为输入。使用闭环预测来预测多个后续时间步，或在进行下一次预测前没有真实值可提供给 RNN 时使用闭环预测。

【例 12-7】使用 LSTM 网络预测时间序列数据。

具体实现步骤如下。

（1）加载数据。

从 WaveformData 加载实例数据，数据为 1 元胞数组。

```
>> load WaveformData
>>% 查看前几个序列的大小
data(1:5)
ans =
  5×1 cell 数组
    {3×103 double}
    {3×136 double}
    {3×140 double}
    {3×124 double}
    {3×127 double}
% 查看通道数。为了训练 LSTM 网络，每个序列必须具有相同数量的通道
>> numChannels = size(data{1},1)
numChannels =
     3
>> % 可视化绘图中的前几个序列，效果如图 12-36 所示
>> figure
tiledlayout(2,2)
for i = 1:4
    nexttile
    stackedplot(data{i}')
    xlabel(" 时间步 ")
end
```

```
>>% 将数据划分为训练集和测试集。将 90% 的观测值用于训练，其余的用于测试
numObservations = numel(data);
idxTrain = 1:floor(0.9*numObservations);
idxTest = floor(0.9*numObservations)+1:numObservations;
dataTrain = data(idxTrain);
dataTest = data(idxTest);
```

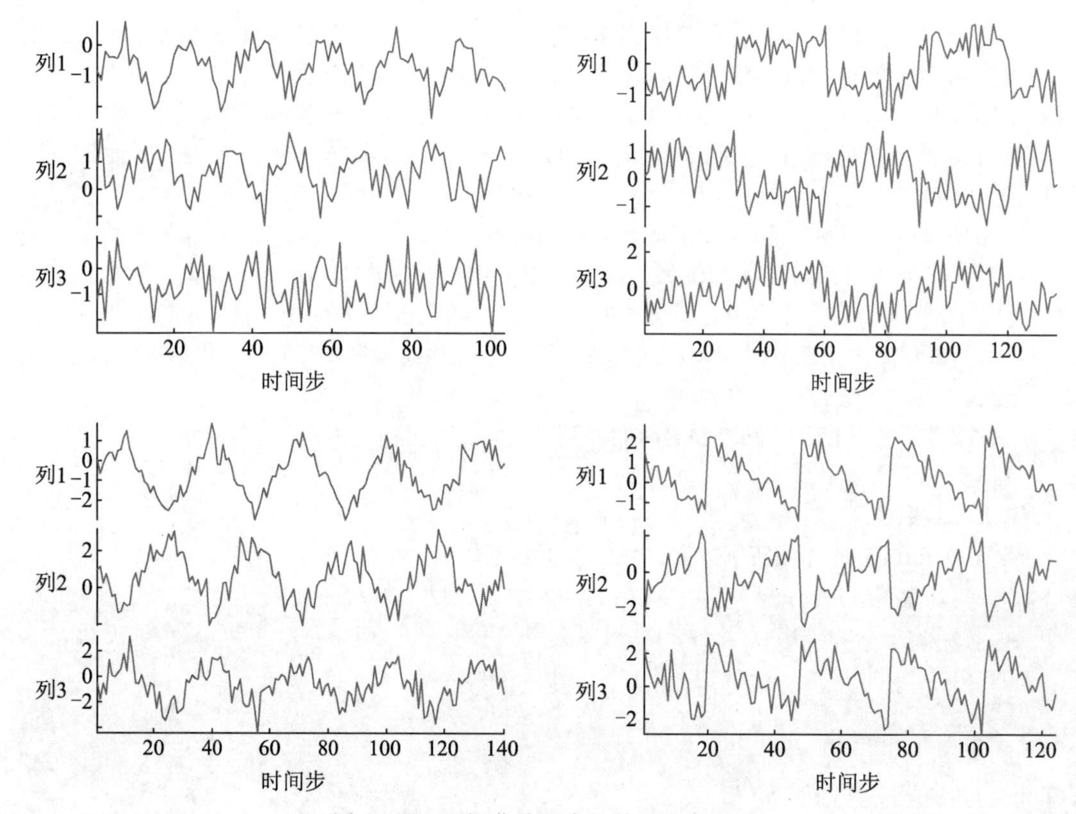

图 12-36　可视化绘图中的前几个序列图

（2）准备要训练的数据。

要预测序列在将来时间步的值，需将目标指定为将值移位了一个时间步的训练序列。也就是说，在输入序列的每个时间步，LSTM 网络都学习预测下一个时间步的值，预测变量是没有最终时间步的训练序列。

```
>> for n = 1:numel(dataTrain)
    X = dataTrain{n};
    XTrain{n} = X(:,1:end-1);
    TTrain{n} = X(:,2:end);
end
```

为了更好地拟合并防止训练发散，需将预测变量和目标值归一化为零均值和单位方差。在进行预测时，还必须使用与训练数据相同的统计量对测试数据进行归一化。

```
>> muX = mean(cat(2,XTrain{:}),2);
sigmaX = std(cat(2,XTrain{:}),0,2);
muT = mean(cat(2,TTrain{:}),2);
sigmaT = std(cat(2,TTrain{:}),0,2);

for n = 1:numel(XTrain)
    XTrain{n} = (XTrain{n} - muX) ./ sigmaX;
    TTrain{n} = (TTrain{n} - muT) ./ sigmaT;
end
```

（3）定义 LSTM 网络架构。

创建一个 LSTM 回归网络，步骤如下。

① 使用输入大小与输入数据的通道数匹配的序列输入层。

② 使用一个具有 128 个隐含单元的 LSTM 层。隐含单元的数量确定该层学习的信息量。使用更多隐含单元可以产生更准确的结果，但更有可能导致训练数据过拟合。

③ 要输出通道数与输入数据相同的序列，需包含一个输出大小与输入数据通道数匹配的全连接层。

④ 最后一层为一个回归层。

定交 LSTM 神经网络架构的代码为

```
>> layers = [
    sequenceInputLayer(numChannels)
    lstmLayer(128)
    fullyConnectedLayer(numChannels)
    regressionLayer];
```

（4）指定训练选项。

指定训练选项，主要包括以下内容：

① 使用 Adam 优化进行训练。

② 进行 200 轮训练。对于较大的数据集，可能不需要像良好拟合那样进行这么多轮训练。

③ 在每个小批量中，对序列进行左填充，使它们具有相同的长度。左填充可以防止 RNN 预测序列末尾的填充值。

④ 每轮训练都会打乱数据。

⑤ 在绘图中显示训练进度。

⑥ 禁用详尽输出。

```
>> options = trainingOptions("adam", ...
    MaxEpochs=200, ...
    SequencePaddingDirection="left", ...
    Shuffle="every-epoch", ...
    Plots="training-progress", ...
    Verbose=0);
```

（5）训练循环神经网络。

使用 trainNetwork 函数以指定的训练选项训练 LSTM 网络，训练进度记录如图 12-37 所示。

```
>> net = trainNetwork(XTrain,TTrain,layers,options);
```

（6）测试循环神经网络。

使用从训练数据计算出的统计量来归一化测试数据。将目标指定为值移位了一个时间步的测试序列，将预测变量值指定为没有最终时间步的测试序列。

```
>>for n = 1:size(dataTest,1)
    X = dataTest{n};
    XTest{n} = (X(:,1:end-1) - muX) ./ sigmaX;
    TTest{n} = (X(:,2:end) - muT) ./ sigmaT;
end
```

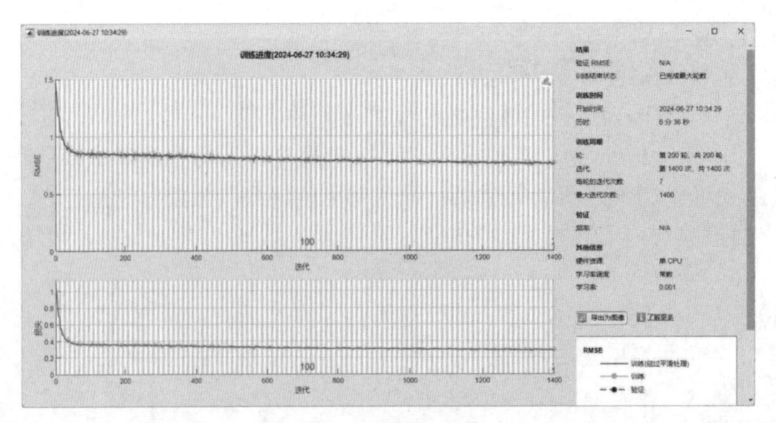

图 12-37　训练进度记录

使用测试数据进行预测，指定与训练相同的填充选项。

```
>>YTest = predict(net,XTest,SequencePaddingDirection="left");
```

为了计算准确度，对于每个测试序列，需计算预测和目标之间的均方根误差（Root Mean Square Error，RMSE）。

```
>>for i = 1:size(YTest,1)
    rmse(i) = sqrt(mean((YTest{i} - TTest{i}).^2,"all"));
end
```

在直方图中可视化误差，值越低，表示准确度越高，效果如图 12-38 所示。

```
>>figure
histogram(rmse)
xlabel("RMSE")
ylabel(" 频率 ")
```

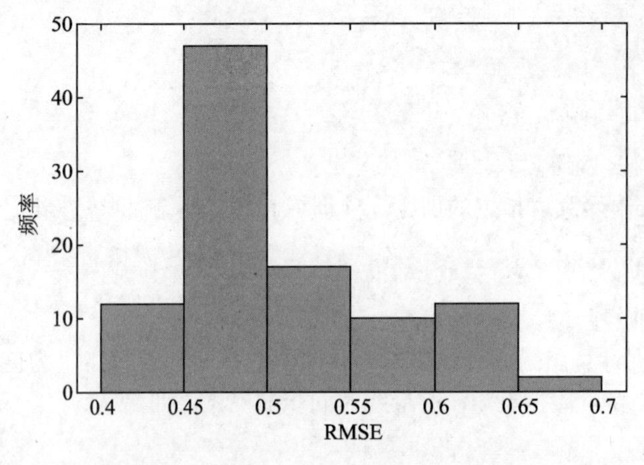

图 12-38　误差图

计算所有测试观测值的 RMSE 均值。

```
>> mean(rmse)
ans =
```

```
    single
      0.5102
```

（7）预测将来时间步。

给定输入时间序列或序列，要预测多个将来时间步的值，需使用 predictAndUpdateState 函数一次预测一个时间步，并在每次预测时更新 RNN 状态。对于每次预测，使用前一次预测作为函数的输入。

（8）绘制测试序列。

在绘图中可视化其中一个测试序列，效果如图 12-39 所示。

```
>> idx = 2;
X = XTest{idx};
T = TTest{idx};
figure
stackedplot(X',DisplayLabels=" 通道 " + (1:numChannels))
xlabel(" 时间步 ")
title(" 测试序列 " + idx)
```

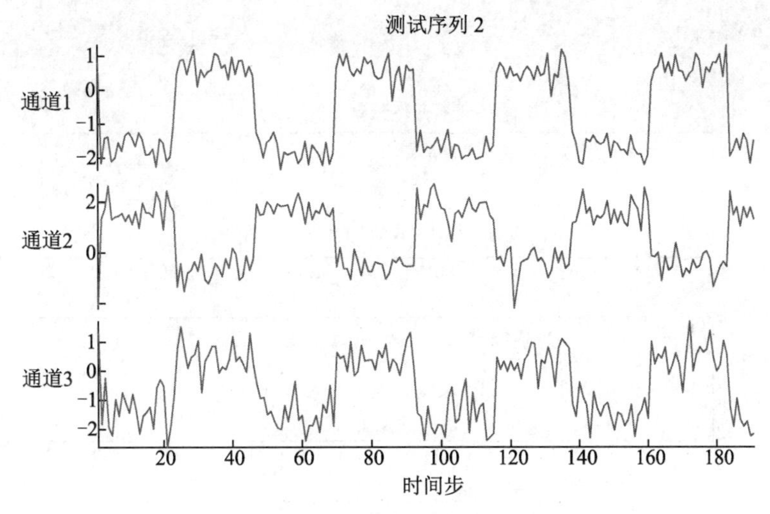

图 12-39　测试序列 2

（9）开环预测。

首先使用 resetState 函数重置状态来初始化 RNN 状态，然后使用输入数据的前几个时间步进行初始预测。使用输入数据的前 75 个时间步更新 RNN 状态。

```
>> net = resetState(net);
offset = 75;
[net,~] = predictAndUpdateState(net,X(:,1:offset));
```

要进行进一步的预测，需遍历时间步并使用 predictAndUpdateState 函数更新 RNN 状态。通过遍历输入数据的时间步并将其用作 RNN 的输入，预测观测值的其余时间步的值。第一个预测是对应于时间步 offset + 1 的值。

```
>> numTimeSteps = size(X,2);
numPredictionTimeSteps = numTimeSteps - offset;
```

```
Y = zeros(numChannels,numPredictionTimeSteps);
for t = 1:numPredictionTimeSteps
    Xt = X(:,offset+t);
    [net,Y(:,t)] = predictAndUpdateState(net,Xt);
end
```

将预测值与目标值进行比较，效果如图 12-40 所示。

```
>> figure
t = tiledlayout(numChannels,1);
title(t,"开环预测")
for i = 1:numChannels
    nexttile
    plot(T(i,:))
    hold on
    plot(offset:numTimeSteps,[T(i,offset) Y(i,:)],'--')
    ylabel("通道" + i)
end
xlabel("时间步")
nexttile(1)
legend(["输入" "预测"])
```

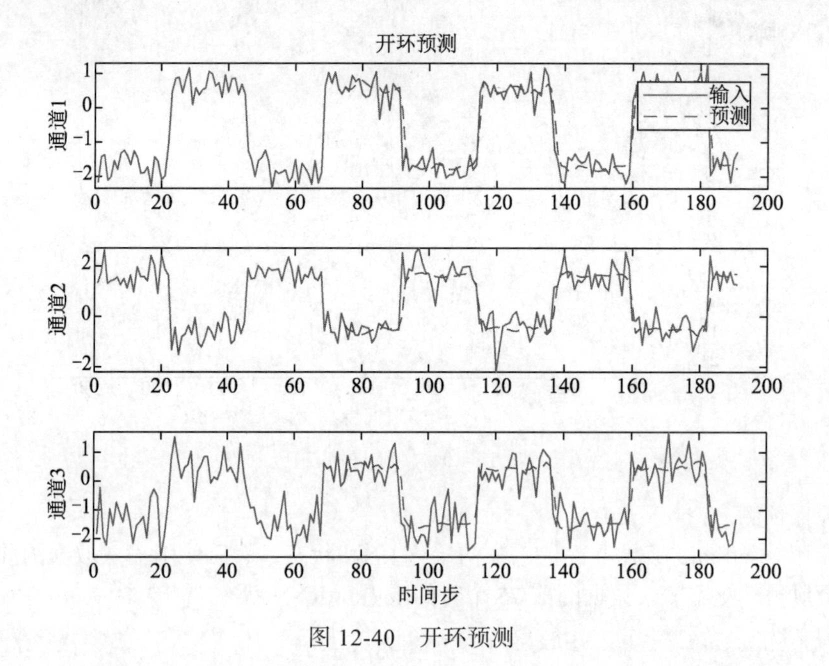

图 12-40　开环预测

（10）闭环预测。

首先使用 resetState 函数重置状态来初始化 RNN 状态，然后使用输入数据的前几个时间步进行初始预测 Z。使用输入数据的所有时间步更新 RNN 状态。

```
>> net = resetState(net);
offset = size(X,2);
[net,Z] = predictAndUpdateState(net,X);
```

要进行进一步的预测，需遍历时间步并使用 predictAndUpdateState 函数更新 RNN 状态。

通过将先前的预测值迭代传递给 RNN 来预测接下来的 200 个时间步。由于 RNN 不需要输入数据来进行任何进一步的预测，因此可以指定任意数量的时间步来进行预测。

```
>> numPredictionTimeSteps = 200;
Xt = Z(:,end);
Y = zeros(numChannels,numPredictionTimeSteps);
for t = 1:numPredictionTimeSteps
    [net,Y(:,t)] = predictAndUpdateState(net,Xt);
    Xt = Y(:,t);
end
```

在绘图中可视化预测值，效果如图 12-41 所示。

```
>> figure
t = tiledlayout(numChannels,1);
title(t," 闭环预测 ")

for i = 1:numChannels
    nexttile
    plot(T(i,1:offset))
    hold on
    plot(offset:numTimeSteps,[T(i,offset) Y(i,:)],'--')
    ylabel(" 通道 " + i)
end

xlabel(" 时间步 ")
nexttile(1)
legend([" 输入 " " 预测 "])
```

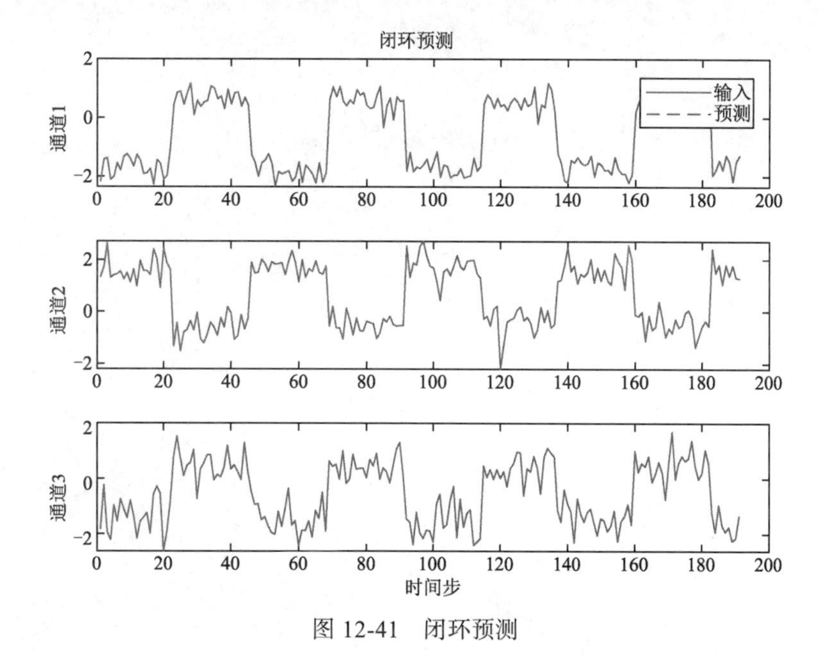

图 12-41　闭环预测

闭环预测允许预测任意数量的时间步，但与开环预测相比，其准确度可能会降低，因为 RNN 在预测过程中不会访问真实值。